中国移动创新系列丛书

创新之光
CHUANGXIN ZHIGUANG

企业专利秘籍
QIYE ZHUANLI MIJI

黄晓庆 魏 冰 主编
王振凯 周 奇 副主编

知识产权出版社
全国百佳图书出版单位

内容提要

本书以专利创新管理为视角，从初识专利、申请专利，到运用专利、管理专利，向广大读者揭示了专利创造的全部秘密。本书以案例讲专利的方式，通过数百个鲜活创新案例的剖析将专利领域的众多专业知识轻松地呈现给读者。专利本身是一门科学，怎么申请专利，怎么保护企业的发明创造，本书就是这些经验的总结和归纳，并提升为创新文化的诉求，变成可以跟大家共享的知识。

本书通俗幽默，适合企业专利创新人员和广大专利发明人阅读，也适合想要了解专利的普通读者。

责任编辑：陆彩云　高志方　　责任出版：卢运霞

图书在版编目（CIP）数据

创新之光：企业专利秘籍/黄晓庆，魏冰主编. ——北京：知识产权出版社，2013.8

（中国移动创新系列丛书）

ISBN 978-7-5130-2212-5

Ⅰ. ①创… Ⅱ. ①黄… ②魏… Ⅲ. ①企业管理－专利－研究－中国 Ⅳ. ①G306 ②F279.23

中国版本图书馆CIP数据核字(2013)第183442号

创新之光——企业专利秘籍

黄晓庆　魏冰　主编

王振凯　周奇　副主编

出版发行：	知识产权出版社			
社　　址：	北京市海淀区马甸南村1号	邮　编：	100088	
网　　址：	http://www.ipph.cn	邮　箱：	lcy@cnipr.com	
发行电话：	010－82000893	传　真：	010－82000860 转 8353	
责编电话：	010－82000860 转 8110/8512	责编邮箱：	gaozhifang@cnipr.com	
印　　刷：	北京富生印刷厂	经　销：	新华书店及相关销售网点	
开　　本：	787mm×1092mm　1/16	印　张：	15.5	
版　　次：	2013年9月第1版	印　次：	2013年9月第1次印刷	
字　　数：	365千字	定　价：	48.00元	

ISBN 978-7-5130-2212-5

出版权专有　　侵权必究

如有印装质量问题，本社负责调换。

编写委员会

主　编： 黄晓庆　魏　冰

副主编： 王振凯　周　奇

编　委： 程卫东　喻　炜　徐中强　张　晓

　　　　　吴成剑　禹俐萌　郭振鹏

序一

知识经济时代，知识产权是企业参与市场竞争的核心竞争力。大力提高知识产权创造、管理、保护、运用能力，是我国增强自主创新能力、建设创新型国家的迫切需要，并已成为我国科技进步、经济发展和提升综合国力的必然选择。2008年，我国发布了《国家知识产权战略纲要》，这是国家层面首次将运用知识产权制度促进经济社会全面发展作为国家的重要发展战略。党的十八大明确提出，要通过"实施知识产权战略，加强知识产权保护。促进创新资源高效配置和综合集成，把全社会智慧和力量凝聚到创新发展上来。"

近年来，专利的创造、运用，在我国提升自主创新能力、促进产业结构调整和发展方式转变过程中发挥了重要作用。尤其是在以信息通信产业为代表的技术领域，出现了一大批有影响力的专利事件，充分反映出企业间的市场竞争与知识产权运用密切关联。知识产权已成为支撑企业发展的战略性资源。企业作为技术创新体系的主体，应将加强知识产权工作作为提升创新驱动发展能力的基本实现路径，着重提高企业知识产权管理能力，大力实施企业知识产权战略，积极开展专利的储备、管理、开发、转化应用，不断促进创新链、产业链、市场需求有机衔接，切实将知识产权实际转化为企业发展的内生动力和外部效应。

令人欣喜的是，以中国移动为代表的一些国内骨干企业越来越重视知识产权工作，并取得显著成绩。截至2012年底，中国移动已累计提交国内专利申请5000余件，向欧、美、日等多个国家和地区提交国际专利申请近400件，累计获得国内发明专利授权1200余件、国际专利授权70余件，2012年度授权量位列国内企业第九、中央企业第二。中国移动在不断加强专利保护力度的同时，还非常注重专利工作与标准化工作的有机融合，积极推动下一代移动通信等关键技术领域核心专利进入3GPP、ITU等国际标准化组织和专利池，为我国自主知识产权通信技术的国际化推广发挥了积极作用。

《创新之光：企业专利秘籍》，是一本凝聚了中国移动研究院多年专利创新实践的诚意之作，它以专利创新管理教科书为视角，从初识专利、申请专利，到运用专利、管理专利，向广大读者揭示了中国移动专利创造的全部秘密。更难能可贵的是，该书语言风趣幽默、立意新颖，通过"以案例讲专利"的方式，通过数百个鲜活创新案例的剖析将专利领域的众多专业知识轻松地呈现给读者。相信本书定能给各类读者提供有益的启发和帮助！

国家知识产权局专利管理司司长　马维野

序二

2011年6月，北电公司的6000余项专利以45亿美元被苹果等几家公司联合组成财团收购，折合每项专利价值75万美元。

2011年8月，谷歌宣布斥资125亿美元收购摩托罗拉移动，目标主要是该公司的17000项专利，实际上摩托罗拉移动的专利价值占该交易价值的一半还多，也就是平均每项专利40万美元。

近年，三星与苹果两大手机厂商之间的科技专利世纪大战，主战场就是各自拥有的ICT领域专利。

……

这些案例无不预示着无形资产尤其是以专利为代表的知识产权日益成为国家与国家、企业与企业之间竞争的焦点，已经成为国家发展和企业运营的核心要素。引用一组数据，世界上20个左右的创新型国家拥有全球90%以上的发明专利；以知识产权为核心的无形资产对全球500强企业发展的贡献率已超过80%。专利越来越成为企业获得竞争优势的利器，成为企业参与国际竞争的制高点。

中国的企业身处的内外环境是快速变化的、充满挑战的，面对的专利挑战是迫切的，接触的专利信息传递是多样的，面临的企业增长是快速的，而中国企业却几乎没有试错时间。如何尽快提升企业的专利创新水平，如何能够在精彩绝伦的商战江湖中拥有倚天屠龙的神兵利器，如何能够在面对江湖大佬时不但能够敢于亮剑，而且使用各种招式，各种变换，层出不穷？最好的方法是找到成熟的最佳实践经验。

任何的先进经验，不管是管理方法还是管理文化都是可以学习的。我本人在中国长大，后来去美国读书，然后进入美国贝尔工作室工作，后来回国担任中国移动通信研究院院长。我不觉得中国工程师和美国工程师在基础上有任何差别，只要用心去学，就没有学不到的东西。20年前的贝尔实验室就已经有了代表着弘扬创新文化这样一种精神的展示——专利墙，上面有很多著名人物的头像，墙上有代表他们做出的卓越贡献的专利展示，在那有通信业最牛的人，比如说信息论的创立者香农的头像放在那，因为他是贝尔实验室的研究员。在很多非常重要的领域，比如噪音方面的奈奎斯特，发明光纤的华人高锟，发明晶体管的威廉·肖克利，这些人的头像都放在那里，贝尔实验室有一种创新文化的象征，这种创新文化推动恰恰是中国移动通信研究院希望推动的文化，这种文化是鼓励我们的研发人员创新非常重要的基础。

在这一点上，作为中国移动的研发创新引擎的中国移动研究院做了很多有益的尝试。在研究院，我们建立了一个比较有效专利管理的体制，包括专利申请的体制、专利保护的研究、以及研究怎么保护创新的体制。我非常高兴的告诉大家，近几年，研究院已经基本实现科研人员年均"一人一个专利"的优异指标，相比较我在贝尔实验室要求一年申请0.7个专利，目前已经实现了这个目标。2013年4月26日正值第十三个世界知识产权日，中国移动的专利墙在研究院创新大厦落成，中国移动通过这样的形式表彰那些为企业创新做出过贡献的员工，更重要的是激励中国移动的五十万员工都关注创新、参与创新。我们中国企业完全有这个能力去进行发明创造。

专利本身是一门科学，怎么申请专利，怎么保护企业的发明创造，这是一门科学。可以这么说，这本书就是这些经验的总结和归纳，我们希望能够把这些年总结出来的全套的方法论，提升为创新文化的诉求，变成可以跟大家共享的知识。这本书是由研究院的科技管理部的同事来编写的，这些同事本身也都是在这个领域内的资深专家，由他们组织来写的这部书，是真心实意把我们中国移动在专利上的最佳实践经验分享给社会。

中国移动通信研究院院长　黄晓庆

目　　录

第一篇：初识专利

第1章　专利的前世今生 ······ 3
1.1　专利与蘑菇 ······ 3
1.2　专利江湖 ······ 4
1.3　专利是创新的风向标 ······ 7
1.4　专利促进了技术创新 ······ 10

第二篇：制造专利

第2章　申请前的准备 ······ 15
2.1　新手上路 ······ 15
2.2　专利宝库检索 ······ 19
2.3　判断是否可以申请专利 ······ 22
2.4　交底自己的发明 ······ 28
2.5　专利申请文件的撰写 ······ 33

第3章　制造专利技巧 ······ 39
3.1　什么是好专利 ······ 39
3.2　技术领先 ······ 42
3.3　专利包装 ······ 52
3.4　专利布局 ······ 56
3.5　专利挖掘 ······ 67
3.6　权利要求 ······ 73
3.7　迎合市场需求 ······ 81

第4章　专利申请阶段 ······ 89
4.1　专利申请的必经阶段 ······ 89
4.2　专利申请的费用 ······ 93

第5章　专利授权阶段 ······ 101
5.1　专利审查：不是授权路上的拦路虎 ······ 101

  5.2 专利授权路漫漫：万里长征第一步 ·················· 104
  5.3 时限问题：千里之堤，溃于蚁穴 ···················· 109
第 6 章 专利复审阶段 ······································· 110
  6.1 驳回与复审 ··· 110
  6.2 什么专利可以复审 ··································· 117
  6.3 复审失败之后 ·· 120
第 7 章 专利无效 ··· 122
  7.1 专利无效 ·· 122
  7.2 无效是一种反制武器 ································ 127
第 8 章 专利的国际化 ······································· 130
  8.1 在别人山头上插红旗 ································ 130
  8.2 如何到别人的山头上插红旗 ······················· 132

第三篇：运用专利

第 9 章 专利的运用 ··· 141
  9.1 进攻 ·· 141
  9.2 防御 ·· 143
  9.3 另一种防御 ··· 148
  9.4 熟悉专利规则决定成败 ······························ 149
第 10 章 专利标准化 ··· 151
  10.1 专利与标准的开始 ································· 151
  10.2 专利与标准的结合 ································· 156
  10.3 标准专利的深度解析 ······························ 165
  10.4 专利池的形成 ······································· 175
第 11 章 专利奖励与激励 ··································· 184
  11.1 申请专利与奖励 ···································· 184
  11.2 国家专利奖励介绍 ································· 188

第四篇：管理专利

第 12 章 企业专利工作的多样化 ························ 193
  12.1 构建企业专利工作的"理想国" ················ 193
  12.2 企业如何玩转专利 ································· 198
  12.3 我的专利，我做主 ································· 201
  12.4 如何在专利丛林中生存 ··························· 210

第13章 企业专利工作的展开落实 ········· 213
13.1 21世纪缺什么，人才 ········· 213
13.2 信息平台的建设 ········· 215
13.3 企业专利工作如何实现 ········· 216
13.4 企业专利工作如何保持常胜 ········· 217

附 录

一、专利申请技术交底书模版 ········· 223
二、专利申请检索报告模版 ········· 226
三、专利咨询记录单模版 ········· 229
四、海外专利申请审核意见表模版 ········· 230
五、海外专利申请OA答复审核意见表模版 ········· 231
六、海外专利申请OA答复策略确认函模版 ········· 232
七、国际检索报告分析表模版 ········· 233
后记 ········· 234

第一篇：初识专利

相信对很多人来说，专利这个词并不新鲜，至少可以通过刺激的新闻标题混个脸熟，比如某公司为专利侵权买单多少亿美金，但说到专利制度具体怎么玩，就一头雾水了。本篇主要介绍专利到底是什么，专利制度有什么特点。

第 1 章　专利的前世今生

1.1　专利与蘑菇

古代中国是一个创新能力很强的伟大国度。先人们发明了造纸术、指南针、火药、活字印刷术、地震仪等新奇的东西。蔡伦、毕昇、张衡这些发明家个个都慷慨无比，他们带着笑容，展开双臂，将这些新技术都无偿送给了全人类。但是在千百年后的美国，伟大的发明家爱迪生，却依靠自己的发明创造发财致富。

其实，发明创造在猿人时代就有了。猿人们将石头磨尖以击杀猎物；将肉风干以保存猎物；钻木取火以烧烤猎物……之后的人们发明了制作陶器的技术、炼铜炼铁的技术，还发明了将铜和铁制作成兵器和农具的技术。人类正是伴随着这些技术革新而不断进化发展的。但发明创造长久以来没有被视为一种财产，而是一种知识。既然是知识，那当然大家都可以掌握，可以利用。所以发明家们往往只是作为学者或者匠人被对待，能留个名儿就不错了。

把发明家和商人、财主这样的词联系在一起的历史，不超过两三百年。西方人发明了一种制度，使得发明家们能够获得巨大的经济回报。这种制度看似巧妙，其实逻辑简单得不能再简单了：只有一条，国家直接下命令，对别人做出的发明，除非发明人允许，否则其他人不能抄袭。大道至简！就这样，发明创造从知识变成了财产。当然，不是所有的发明创造都受这个命令的管辖。怎么区分呢？更简单了，给那些受这个命令管辖的发明创造取个新名字就行了：就叫"专利"吧。

其实，我们也希望专利制度的原始逻辑能够再复杂一点，尤其是对于已经理解了本书前两部分内容的读者。对于所有财产权的逻辑，大抵都是如此简单粗暴。你可以将一项专利类比成一个蘑菇。在几万年前，有一个采蘑菇的女猿人，唱着歌，提着篮子，蹦蹦跳跳地，在森林里面采到一个蘑菇。她将蘑菇带回到部落里，这个蘑菇是部落的公共财产，由部落长老决定谁来吃它。

后来，不管是什么原因吧，大家慢慢觉得不应该这样，蘑菇应该由小姑娘（女猿人此时已经进化成了小姑娘）来决定谁来吃，因为是她采到了蘑菇。如果有人抢小姑娘的蘑菇，这个人将在部落里受到鄙视而无法生存。所以你看，这时候蘑菇已经变成了小姑娘的私人财产。是什么造成这种性质转变的呢？是部落里的人"都觉得应该这样"。这就是一种习惯法。而鄙视就是对违反这种规则的惩罚。

再后来，部落扩大、联合，形成了国家。人心散了，队伍不好带了。光靠鄙视已经不好使了。你鄙视我？我还鄙视你呢！国家于是颁布法律，规定不准抢别人的蘑菇，违反者砍手砍脚。这便是对财产权的制定法保护。

因此，一个蘑菇从部落的公有财产到小姑娘的个人财产的转变，无非来自于法律的（包括习惯法）的命令，违抗怎么办？那法律就予以惩罚。

这和专利制度的逻辑是一样的。几万年前，有一个人叫燧人氏允婼，闲极无聊，唱着歌，用一根木头钻另外一根木头，钻着钻着就起火了。这种方法被部落里其他人知道了，于是大家需要火的时候都来使用这种方法。此时钻木取火这一方法属于部落的公有财产。和蘑菇唯一不同的是，部落的成员从来没有在某一天觉得一项技术应该归发明它的人所有。

后来，又后来，再后来，相比于蘑菇，真的是很后来，出于某种原因，国家颁布了法律，规定对于某些技术，由发明者来决定谁用。这些技术就成为了发明家的私人财产，美其名曰"专利"。

我们畅想一下：中国人如果对四大发明拥有专利的话，或许世界将会是另外一种格局，因为未获得专利许可，哥伦布也不能使用指南针！他甚至不能用地图（因为要制造地图用的纸也需要获得专利许可），那船还不得被海风吹得晕头转向？

> 小贴士：专利制度使得原来属于共有财产的"发明创造"变成了私有财产。这种转变是由法律直接规定的。这种规定的合理性是什么？有不同的学说来对此进行论证。这些论证主要是基于哲学和经济学，非常艰涩难懂。这里我们简单介绍几种比较流行的观点：（1）劳动价值论。即进行发明创造需要进行劳动，就像采蘑菇需要劳动一样，需要把财产权赋予为其付出劳动的人，这才符合正义。（2）人格权论。认为财产是人格的外化。而发明创造这种智力成果更是与人格不可分割，只能属于其创造者。（3）激励论。认为国家通过专利制度，给予发明人以奖励，刺激更多的发明产生，从而推动社会整体的进步。

1.2 专利江湖

前面我们把专利和蘑菇进行了类比，是想让你明白专利是一种财产权。但这并不是说专利与蘑菇没有区别。作为一种无形财产，相对于传统意义上的财产，有着一些重大的区别。当然，区别之一是一个有形，一个无形。对此我们不想过多阐述，否则有侮辱您智商之嫌。其实这一特征会在法律保护上带来重大的意义，但这不是一本法学专著，我们就不过多阐释了，有兴趣的朋友可以看看下面的小贴士。

> 小贴士：如果你是一个从事传统法律工作的人，你主要研究的对象是人的行为。两个人之间是买卖一盘蘑菇，还是赠送一盘蘑菇，或者是出租一盘蘑菇？或者一个人把另一个人的蘑菇抢了，到底是不是侵权？诸如此类。无论如何，作为一个法学家来说，蘑菇本身没啥好研究的。但如果你是一个专利律师或者专利法专家，你会发现你主要的工作内容，就是在研究两个东西"像不像"的问题。在申请专利或者无效别人专利时，需要比较专利的发明创造和现有技术"像不像"（就是有没有新颖性、创造性）；在专利侵权诉讼中，需要比较专利的发明创造和

被诉侵权产品中的技术"像不像"(就是是否相同或者等同);甚至在一些涉及技术合同的案件当中,比如小明委托小花开发一项技术,最后小花没完全开发出来,小明要想证明小花违约,需要比较合同中写的那个技术与小花实际开发的技术"像不像"。专利工作者的大部分精力投入到比较"像不像"当中,正是由于专利的无形性决定的,你很难界定到底专利保护的范围是什么。

我们来说另外一个有意思的特征。假设你有一盘蘑菇,别人要吃,需经你允许;当然你也可以自己吃掉,大快朵颐。假如你有一项专利,别人要实施,需经你允许;但你是不是可以自己实施呢?

答案是:不一定。我们来举几个例子说明一下。

> **案例**:假设在某一个国家,叫T国吧,没有专利制度。人们渴了,只能用手捧着喝池子里的水。有一个发明家小明,觉得这样非常不方便,于是发明了一个杯子,这个杯子由杯底和杯壁构成,杯壁的一端绕杯底闭合,杯壁的另一端开口(一个简单的杯子,用语言描述还真不太好说清楚)。A:小明能够实施自己的发明吗?B:小花能实施小明的发明吗?
>
> 后来T国政府颁布了专利法。之后有一天,小花突然觉得小明发明的杯子有一个缺陷:在用杯子喝开水的时候,会很烫,不好拿。于是小花就在小明发明的基础上进一步改进,给杯子增加了一个杯把。但小花一激动,没"hold"住,还没申请专利呢,第二天就把这个新发明到处宣扬,弄得大家都知道了。C:小花能实施自己的发明吗?D:另外一个人小刚能实施小花的发明吗?
>
> 再后来有一天,小刚突然觉得小花发明的杯子也有一个缺陷:如果有人喝不完水,将杯子放在桌上,可能会落灰。于是小刚又做出改进,在杯子上加了一个盖子。小刚把这个发明申请了专利。E:小刚能实施自己的发明吗?F:另一个人小强能实施小刚的发明吗?
>
> 再后来,小强发现小刚的发明也有缺陷,盖子不太好拿。于是小强就又在盖子上中间加了一个小阖。G:小强能实施自己的发明吗?H:另一个人小米能实施小强的发明吗?

A:小明能够实施自己的发明吗?

答案:可以。

B:小花能实施小明的发明吗?

答案:可以。因为小明的发明不受专利保护,属于公有物。

C:小花能实施自己的发明吗?

答案:可以。

D:另外一个人小刚能实施小花的发明吗?

答案:可以。因为小花的发明没有申请专利,属于公有物。

E:小刚能实施自己的发明吗?

答案:可以。

F：另一个人小强能实施小刚的发明吗？

答案：不可以。因为小刚申请了专利。

G：小强能实施自己的发明吗？

答案：不可以。因为实施他自己的发明，会侵犯到小刚的专利。

H：另一个人小米能实施小强的发明吗？

答案：不可以。因为会同时侵犯到小强和小刚的专利。

我们大部分的人都并不伟大。有时候你觉得你做出了一个重大发明，但其实可能也只是在前人基础上的一个改进而已，真正的原创性发明少之又少。如果以前的那项发明申请了专利并且我们新的发明落入到了这个专利范围之内，那么对于新的发明，即使是发明者也不能任意实施。

再举一个简单的例子。前面几部分中我们已经介绍了专利权利要求的概念。不妨此处再简单回忆一下：专利的权利要求决定了专利保护范围的大小；权利要求是由技术特征构成的。

假设你申请了一项专利，权利要求由A、B、C、D四个技术特征构成。但之前可能有一项发明，它的技术特征是A、B、C。如果之前的这个发明被申请了专利，权利要求中的技术特征是A、B、C，那么你的专利就落到了它的保护范围中。这时你想实施自己的这件专利，就必须得到之前专利的权利人的允许。当然，如果之前这个发明没有申请专利，那你不用受到限制。

> **案例**：昆药公司曾经于1993年5月29日申请了一项名为"灯盏花素粉针剂及制备方法"的专利。2000年2月9日获得授权。1995年4月10日，龙津公司申请名称为"注射用灯盏花素冻干剂制备工艺"的发明专利，2000年8月30日年授权公告。昆药公司发现龙津公司生产该药品，认为龙津公司擅自使用与昆药公司专利方法相同的技术方案生产药品，侵犯其专利权。
>
> 龙津公司认为自己比窦娥还冤呢！他们说其产品是按照自己的专利生产的，这专利是国家都认可的啊！为什么还侵权呢？
>
> 最后，法院认为审查被控产品是否侵权，判断方法是将被控产品与原告的专利保护范围进行对比，即使龙津公司按照自己的专利方法生产药品，只要生产出的产品落入昆药公司产品专利的保护范围，同样构成侵权。
>
> 所以，如果你有一项专利，只意味着你拥有了禁止别人实施的权力，并不代表你自己有权实施。要想实施，需要先进行专利检索，确保你这项专利并没有被之前的某项专利所覆盖。关于检索的一些话题，我们将在下一节中进行介绍。

这一节，我们已经了解了专利是一种针对发明创造的无形财产权。从财产权的本质上来讲，它与一套房子，一只蘑菇没有什么区别。但是，从权利的功能来讲，传统的有形财产所有人，可以对财产进行占有、使用、收益、处分；而专利作为一种无形财产，权利人没法占有它（你没法将一件发明创造握在手里），不一定能够使用/实施它（因为可能侵犯别人的权力）；你可以允许别人使用，并从其中获得收益；你当然也可以抛弃它。专利最重要的一种能力，不在于你能够享用它，而在于你可以禁止别人享用它。

正是由于这种"禁止权"，使得专利已经超出了传统财产的意义。是的，它不是一只蘑菇，它更是一件武器，它可以攻城拔寨，可以抵御外侮，可以一剑封喉。各种招式，各种变换，层出不穷，演绎出了精彩绝伦的专利江湖。

小贴士：发明，是指对产品、方法或者其改进所提出的新的技术方案。

实用新型，是指对产品的形状、构造或者其结合所提出的适于实用的新的技术方案。

外观设计，是指对产品的形状、图案或者其结合以及色彩与形状、图案的结合所作出的富有美感并适于工业应用的新设计。

要成为一个技术方案必须具备以下三要素：一是解决了技术问题；二是采取了技术手段；三是获得了技术效果。对于构成一项技术方案而言，这三个具备技术属性的要素相辅相成、缺一不可。只解决了技术问题而没有采用技术手段，或者只采用技术手段而没解决技术问题并获得技术效果的方案，都不属于专利法意义上的技术方案。

正如美国总统林肯所说："专利制度给天才之火浇上了利益之油"，原文为："The patent system added the fuel of interest to the fire of genius."催生出更多的"灵光一闪"，并将好点子用工业化来推广，造福大众，这就是专利制度最基本的作用。

小贴士：这句话是当年林肯在签署美国第一部《专利法》的时候说的，一针见血地指出建立专利制度的意义：通过给予发明创造（天才之火）一定的利益保护（利益之油），积极促进科技的发展（火上浇油那还了得！）。

1.3 专利是创新的风向标

通过公开的专利信息能不能探测到技术创新的方向？这个问题提出得好，而且这个问题又是一个仁者见仁智者见智的问题，先普及一些基础知识，然后结合一些案例，对于这个问题的答案大家可以自己去思考。

专利和创新有一个最基本的关系：创新是专利的源泉，专利是对创新的保护，二者只有结合在一起，才能真正发挥出科技进步的优势和力量。

企业创新有很多类型，最基本的两种：技术研究创新、产品开发创新。从研究出一个技术到最后开发出产品需要经过很多年，最初的技术突破往往还无法形成有竞争力或者普及性质的产品，产品开发需要更长的时间。

以液晶技术发展为例，液晶技术获得突破是在1968年，1973年夏普公司首次用在电子计算器上，1985年，东芝首次把液晶技术和电脑技术生产出了笔记本电脑，而后在1994年东芝又推出了转为笔记本电脑使用的TFT液晶显示屏，至此，TFT液晶显示屏才初步定型，并开始快速发展通道。

从技术研究到推出产品再到产品的发展，经过了数十年，在这数十年当中产出了无数个专利，如果你研究这些专利的轨迹，就可以知道技术发展、产品发展的过程，如果你继续研究这方面技术有关的专利，那么你就可以知道这些技术当前发展的趋势，你甚至可以提前预测未来要推出的产品，很酷吧。

小贴士：向国家申请专利是有程序要求的，其中很重要的一个程序是公开程序，简单的说就是要把专利的内容向公众公开，按照中国《专利法》的要求，除了国防专利需要保密之外，一般专利都会在申请后18个月公开，公开之后，只要能上网，谁都可以查到这些专利。

你也许又会说了，能不能不公开啊？我是开公司的，如果都公开了，我的竞争对手就都知道了我的研究方向。我非常理解专利权人的这个心态，但是，你要考虑到两点：首先，国家赋予你排他性的垄断使用权，你有一个义务就是向公众公开你的研究成果，可以使大家借鉴、学习你的技术成果；其次，因为你有排他性的垄断使用权，如果不公开，你无法向他人主张你的权利。最后，换位思考一下，你也可能使用别人的专利啊，所以公开是必须而且是有利的。

好了，上面是一些枯燥的知识，下面向大家展示一下21世纪最伟大公司之一的一些专利案例：

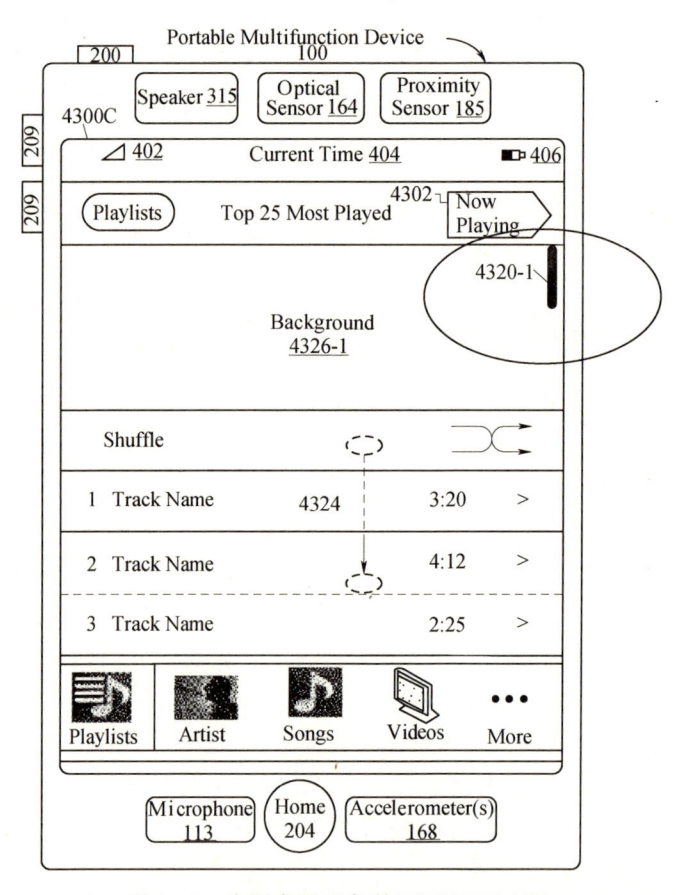

图1-1　本图来源于专利 US 8223134 B1

案例1：苹果公司2012年3月5日申请的美国专利，公告号为：US 8223134 B1（该专利母案的申请日为2008年1月4日；该母案的临时申请案的申请日为2007年1月7日，你可以简单理解这篇专利最早是2007年1月7日申请）：主要涉及内容是当触摸屏用户在一定时间内不使用时，屏幕一侧的滚动条会自动消失；若用户再次需要使用滚动条时，只要点击屏幕即可再次出现滚动条。可以简单举一个实用例子，当读者朋友在用iPad阅读某文章时，如果想跳到某一章节阅读，可以点击屏幕，则屏幕出现一个滚动条，你可以选择希望阅读的章节，点击即可进入该章节；当长时间不点击屏幕，则滚动条会自然消失，从而不影响阅读（图1-1）。

案例2：苹果公司在2010年5月14日申请的美国专利，公开号为：US 2011/0279961A1：在屏幕和主设备时间设置防冲击隔振垫，一旦设备有坠落或冲击的趋势，防冲击隔振垫将会迅速膨胀以保护用户的设备屏幕不会破碎（图1-2）。

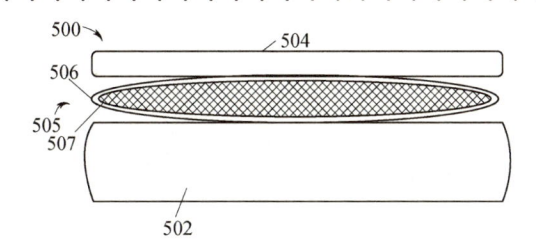

图1-2　本图来源于专利申请 US 2011/0279961A1

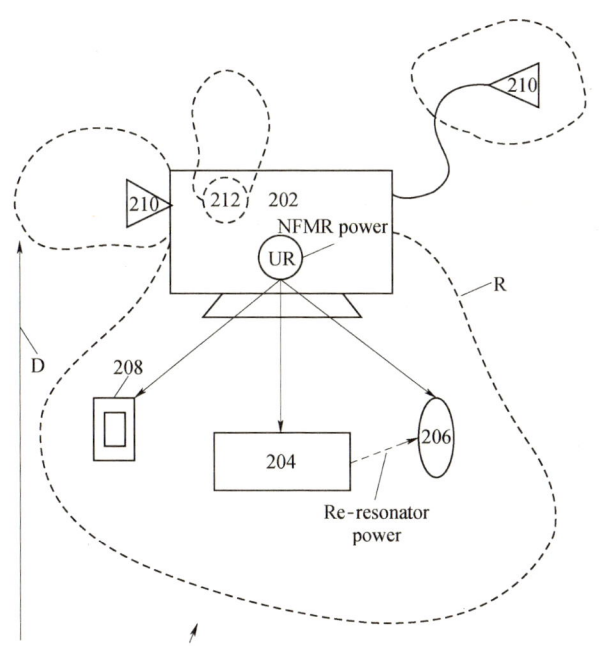

图1-3　本图来源于专利申请 WO 2011/062827 A2

案例3：苹果公司在 2010 年 11 月 10 日申请的 PCT 专利，公开号为：WO 2011/062827 A2（该专利母案为 2009 年 11 月 17 日申请的美国专利，申请号为 61/262086）：可通过 iMac 台式机或 MacBook 笔记本电脑为 iPad、iPhone 等设备充电（图 1-3）。

案例4：苹果公司在 2011 年 11 月 17 日申请的美国专利，公开号为：US 2012/0114251 A1（该专利母案的申请日为 2005 年 8 月 11 日；该母案的临时申请案的申请日为 2004 年 8 月 23 日）：通过抓取三维对象的二维图像，分析该二维图形的曲线、点、轮廓等特征，并根据这些数据生成三维图像，通过该功能可以实现人脸识别等（图 1-4）。

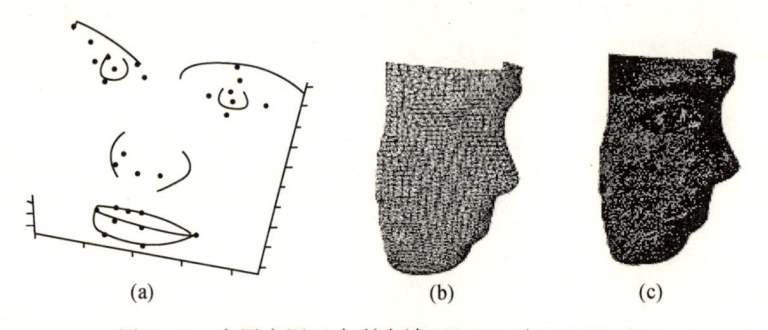

图 1-4　本图来源于专利申请 US 2012/0114251 A1

案例 1 的专利技术已经用在当前的产品上，案例 2、3、4 的专利技术是否会用在未来产品上？业界厂家是否会紧跟苹果在这些领域投入创新？这些问题的答案由读者来决定吧！

小贴士：在以上四个案例里面，出现了一些专业名词，例如公告号、母案、临时案、公开号等，因为专利的相关规定分为实质性要求和程序性要求，在程序上分为多个阶段，每一个阶段的要求也不一样，导致专利的相关知识是比较复杂，如果你不是专利的专业人士的话，肯定会晕掉，但是没有关系，如果你需要用到以上知识，一个很简单的办法可以解决，这一点我会在本书第二部分的第 9 章向您介绍。

1.4　专利促进了技术创新

专利有一个很核心的价值：专利促进了技术创新！

你可能会觉得只是专利工作者为了强调专利多么重要才这样说，其实不然，事实胜于雄辩，我们先来看几个鲜活的例子。

2011 年美国科技公司研发费用 10 强排名：微软（94 亿美元）、辉瑞（84 亿美元）、英特尔（84 亿美元）、默克（83 亿美元）、强生（75 亿美元）、IBM（63 亿美元）、思科

(56亿美元)、谷歌(52亿美元)、礼来(50亿美元)、甲骨文(44亿美元)。

你算过共有多少钱吗？共有685亿美元，超过4300亿人民币。

2011年中国国内企业研发费用最高的是华为，其研发费用为37.6亿美元。

你肯定会问，这些与专利有什么关系？

前面也介绍过专利法立法的初衷：如果，没有一个好的保护制度，谁愿意投入那么多去做研发？你投入很多钱做研发，成果出来之后别人可以随意模仿，那你还愿意投入吗？还愿意投入那么多吗？都不愿意投入，创新就会逐渐消亡了；投入越多，创新才会越快越强！

> 小贴士：还有一点我不得不说，美国专利制度比中国发展得早，也完善很多，保护力度大很多；同时，巧合的是美国的科技发展水平远远高于中国，美国企业的研发投入也远远大于中国。这两方面是不是有内在的逻辑关系呢？

你可能又说，企业投入研发很大的目的是为了做产品，不能都归功于有专利制度，正如你所说，专利制度只是让企业投入研发的时候心里更踏实，积极性更高；但是除此之外，专利制度对创新的促进还体现在以下两点：

(1) 有了专利制度，你的创新即使公开也可以得到保护，并且只有公开才可以获得保护，那么客观上就促使大家可以心甘情愿地积极地公开创新成果，更多的人就可以在此基础上进行更进一步的技术创新，从这方面上讲，专利制度通过保护专利权人的利益促进了技术创新！

(2) 另一方面，专利也从技术信息公开传播的角度积极促进了技术创新。目前世界上专利说明书总累积公开量超过5000万件，世界上90%以上的发明成果曾以专利文献的形式发表过。这可是一座信息宝库啊，人类科学技术知识的最大"图书馆"，并且可以方便、快捷地查询，能不促进技术创新吗！

第一篇介绍完了，我们一起简单总结一下：专利是什么？是对创新的保护，是对智力成果的保护；专利有什么用？专利可以提高大家进行创新的积极性，促进社会经济的发展和科学技术的进步；当然，你拥有了专利，也可以通过专利获得巨大的收益！一句话，这是利国利民的事！

第二篇：制造专利

通过第一篇的介绍，相信你对专利有一个初步的了解，也知道了专利的巨大价值，想必对申请专利也有了浓厚的兴趣，那么你肯定要问，怎么才能拥有专利？答案其实很简单，去申请专利！在本书的第二篇，我们将详细向你介绍如何做出好的专利！

第 2 章　申请前的准备

2.1　新手上路

你是新手吗？如果是，那最好，因为你将不会有一些不正确的观点，你要做的就是看这本书即可。我们一起开始上路吧！

❋ **发明创造其实很简单**

先声明一点，不是说只有发明家才能申请专利，我们不可能都是爱迪生，社会需要爱迪生，可是社会更需要的是一大批基层的劳动者，包括体力劳动者和脑力劳动者。世界上绝大多数的专利都出自于这些劳动者，如果你是劳动者，那么你就具备产出专利的条件。

> 小贴士：不得不多说一句，我们上小学的时候都学过爱迪生的故事，潜移默化地使很多人觉得搞发明创造都是发明家的事情，都把搞专利放在神坛的位置，其实不然，这是我们教育的一个缺失，给小孩子树立正面典型可以，但是不要都用"大发明家"，要知道，只有很少的人才能成为"大发明家"，也就意味着很多人的理想最后都破灭了，这是有一点残酷。

❋ **以中国专利申请 200480035188.8 为例**

该专利要保护的技术方案是一个电暖床，其要解决的技术问题是因为以前用的都是电水保温暖床，需要对水加热再将热传导至空气再到睡床，使得结构复杂，不时加水，有时候水还会流出弄湿床或产生危险等。

针对这个问题，一个发明人提出了一个技术方案，申请专利并获得了授权。这个技术方案的主要想法是在床架上设置一个加温箱。

方案为：一种电暖床，包括床架 1 及弹簧褥垫 2，所述的床架上装有至少一个加温箱 3，其由箱体、电热管和电热管支架组成，电热管支架固定在箱体的底部，电热管两端安装在支架上。这个发明的结构不但可用于睡床、婴儿床等，还可直接应用于沙发椅，只需将加温箱安装在沙发垫下的沙发架中，在沙发垫对应加温箱的部位开口，使加温箱散热于沙发垫内即可（文字后的标号请见图 2-1）。

❋ **以中国专利申请 03107435.9 为例**

这是一个关于桌子的专利，这个专利要解决的问题非常简单，大家都知道桌子有腿，桌子腿一般与地面有一个固定的高度，从桌面到地面有一个空间，在当今住房面积非常紧张的情况下，如何充分利用这部分空间？这个专利就是解决这个问题的。

这个专利提出一种适用于家用电器如微波炉的桌子，其能有效地利用桌子下面的空间

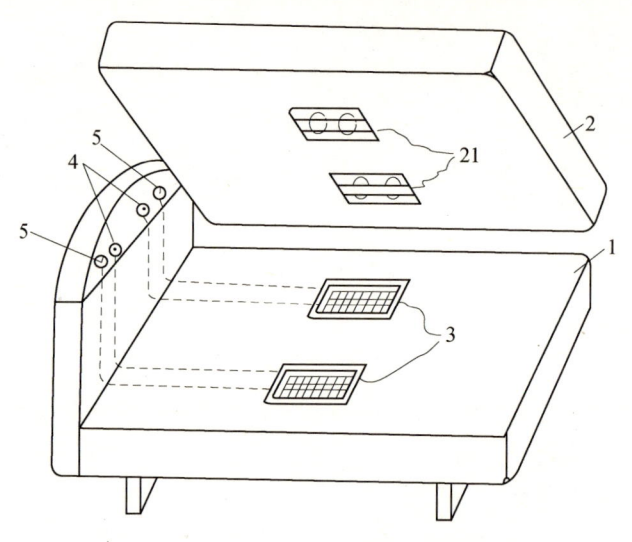

图 2-1　本图来源于中国专利 100531622C

放置电器，桌子能围绕电器移动、使用、复原并有效地存放。

具体方案为：一种适用于箱体的桌子，包括基本形成为平面的桌面部分，以及从桌面部分向下延伸以形成外部轮廓以容纳箱体的桌腿部分，其中桌面部分的下表面与箱体的上表面配合，桌腿部分的内表面与箱体的侧面相配合，所述桌子还包括连接桌面部分的边缘和桌腿部分的边缘的手柄（可以参照图 2-2）。

小贴士：上面这两个专利都很简单吧，而且还获得了专利授权。你可能想不到这个桌子的专利是谁申请的，是三星公司，当今全球市值最高的科技类公司。它申请的专利也不过如此。只要留意生活中的细节，面对需求或不便，再多思考一个环节，这样的方案你也一定能想到。

你会发现，我们一提到专利经常会有图，不是我们为了有趣或者是增加篇幅，而是因为有图的情况下可以很快理解这个专利的主要思想。通过这一点也可以得到一个启示，不管自己申请专利也好，还是阅读别人的专利也好，为了让别人或者你

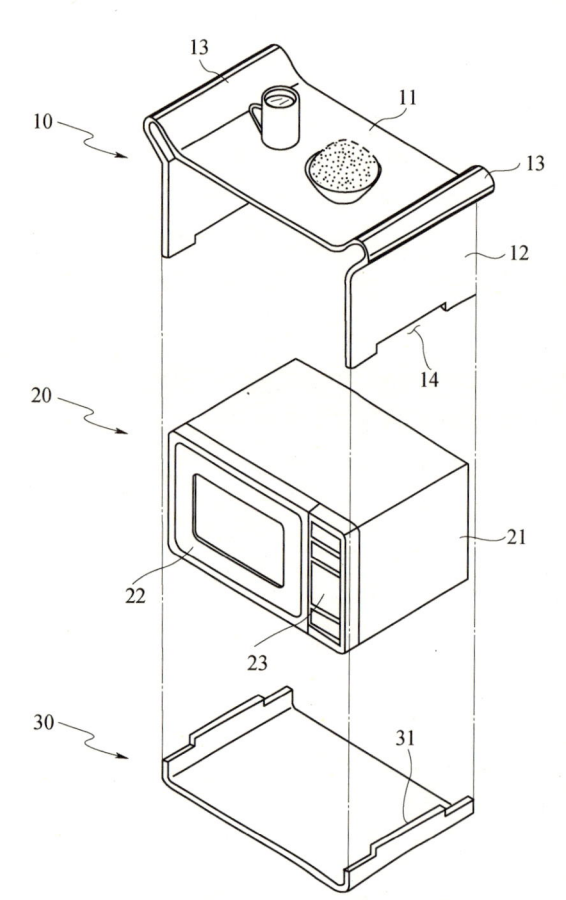

图 2-2　本图来源于中国专利 1224364C

自己尽可能快捷、清楚地理解方案，要关注附图。

以上两个案例进一步说明，专利无处不在，只要你能发现问题并给出一种解决方案即可。如果你是技术人员，每天做的事情原本就是解决技术问题；如果你是非技术人员，每天也会遇到生活中的问题，而这些问题大多可通过技术方案来解决。

> 小贴士：专利工作中所指的问题必须是技术问题。以通信领域为例，技术问题是指通信设备负载过大、处理时延较长、生产率低下、资源利用率低等技术性的问题，而不是商业运营、管理或社会等方面的问题，比如市场竞争强度的评估、用户消费行为的分析等。

❋ 发现技术问题，你需要的就是用技术方案解决技术问题

现在你是不是感觉到专利并不复杂了，只要你解决了技术问题，你就放心大胆地去申请专利吧！

对于有些技术方案，不同的表达可能产生完全不同的效果，从技术的角度描述解决的问题和产生的效果尤为重要，应尽力引导国家知识产权局审查员认同该发明构成技术方案。例如，一种获取人口信息的方法，主要是利用移动终端获取用户数据，进一步获取人口信息，如果从获取人口信息的角度阐述本发明解决的问题，产生的效果是快速获取某区域人口信息，该发明则容易被审查员认为本发明要解决的不是技术问题，产生的不是技术效果。但如果从获取某区域终端数量或终端密度的角度说明本发明要解决的问题，产生的效果也是提高获取某区域终端数量或终端密度的准确度等，则审查员容易认为该发明构成技术方案，属于专利法保护范围。

这还有一个反面的案例：

该专利申请提出的方案是基于市场结构与市场竞争程度的关联性原理而设计的一个评估方法，通过对市场中竞争者的数量和竞争者占据的市场份额两大关键因素建立计算模型，来刻画市场竞争的激烈程度，其竞争强度评估指数能够简洁有效地定量刻画一个区域市场的竞争状况，有利于对同一区域市场的竞争强度进行历史比较，以及对不同区域的竞争强度进行横向比较。利用不同管理区域竞争强度评估指数的横向比较分析，为不同运营区域的分类管理提供依据；还可以利用竞争强度评估指数的历史变化比较，来对不同时期经营策略的调整提供参考依据。

本申请要解决的问题实质上是如何制定出能够有效衡量市场竞争强度的评估方法，从而为管理决策提供参考依据，显然这只是商业管理上的问题，该问题不具备技术性，不能构成专利意义上的技术问题。其次，本申请也没有采用遵循自然规律的技术手段，而仅仅是根据发明人自己的主观意志和分析判断过程重新定义了一套关于竞争程度的评估公式，根据人为制定的评估模型来进行数据选取和计算，对评估对象抽取特定数据进行一系列指定的数值计算。最后，本申请所能达到的效果也仅仅是获得一种计算值作为市场竞争强度的评价指标，从而为管理部门的决策提供参考，这也不是遵循自然规律的技术效果，不具有技术性。

这个专利最终没有获得授权。

> 小贴士：对于可能不被认定为技术方案的发明，可以检索同类发明近年来在中国已授权的专利，尤其是知识产权实力较强的公司的专利，了解其描述角度、

描述方式等"包装"技巧。在技术方案"三要素"的描述过程中，一定要排除与人的主观感受相关联的内容。

❋ "有没有"与"像不像"

尽管构成技术方案的都可以申请专利，但是并不是所有的技术方案都应当或适合进行专利申请。一方面，专利法规定了专利授权的条件，不满足相关条件的专利申请不可能获得授权；另一方面，有些发明市场应用价值很低，或几乎很难发现别人侵权，这些发明可能并不适合进行专利申请。

我们不会随随便便就鼓捣你去申请专利，那绝对是忽悠人，专利申请虽然不复杂，只要是技术方案即可，但是还是要满足一定条件才可以获得授权，才能发挥价值。

从发明人的角度，初期主要需要了解《专利法》在技术方案方面规定的授权条件，也就是《专利法》对技术方案创新水平的要求。

你可能觉的创新水平有一点不好理解，没有关系，简单地说，你提出的技术方案与原先已经存在的技术方案相比，若能解决"有没有"和"像不像"的问题，则作为发明人，你就可以放心大胆地去申请专利了。

我们先说什么是"有没有"：也就是你想申请专利的技术方案，必须是新的技术方案，在你申请专利之前，业内没有一样的技术方案存在。

小贴士：对于已经公知的技术来说，任何人都不应当也没有权利通过将它申请专利获得垄断权而由此剥夺公众自由使用的权利。

"有没有"的要求即是《专利法》所定义的"新颖性"，目的就在于防止将已经公知的技术批准为专利，它是授予发明和实用新型专利权最为基本的条件。

但仅仅是解决了"有没有"问题还不够，因为虽然它是新的，但如果普通技术人员很容易想到，也不应当授予专利权，否则专利就会太滥太多，对公众正常的生产经营活动产生不应当的限制。所以，还应当解决"像不像"的问题，即你的技术方案还必须与之前的技术方案相比"不那么像"。"像不像"不但要求申请专利的技术方案与现有技术不同，并且要求申请专利的技术方案相比现有技术不是显而易见的，即不是本领域技术人员容易想到的，同时还能够带来一定的技术进步。

小贴士：除了满足新颖性要求之外，《专利法》对技术方案的创新程度进行了进一步的规定，也就是通常所说的《专利法》要求的"创造性"。

"有没有"和"像不像"是由本领域普通技术人员根据专利技术方案提出之前已经公开的技术进行判断的。其中，"有没有"要求申请专利的技术方案与已经公开的现有技术有区别；"像不像"要求区别从未被揭示，或者区别与现有技术的结合产生了"1＋1＞2"的效果。

在评价一个技术方案是否满足"有没有"和"像不像"要求时，关键在于与已经公开的现有技术进行比较。在专利申请阶段，我们需要了解的主要是申请专利以前在国内外公开的技术，如公开的专利文献、科技论文、学术报告、公开的标准文稿等。这些内容一般需要通过专利文献和科技文献的检索获得。

下面我们进一步介绍关于专利的一个重要技能。

2.2 专利宝库检索

在你申请专利之前，你应具备一个很重要的技能，就是检索！下面，就向你介绍一下对于专利文献的检索。

> 小贴士：想申请专利的人很多，世界上每天都有人在不停地申请专利，而且还都是他们很创新的想法，所以这可是一座大宝库啊。必须充分利用这座宝库，在利用之前，我们先来了解一下这座宝库！

❀ 宝库有多大

据统计，目前世界各国每年出版的专利文献数量到达 100 万件以上，占科技出版物总量的 1/4，目前专利说明书总累积出版量约为 5000 万件。据世界知识产权组织（WIPO）统计，世界上 90% 以上的发明成果曾以专利文献的形式发表过，并且其中的许多发明成果仅通过专利文献公开，并不见诸于其他科技文献。

专利文献无论是形式上还是内容上都具有区别于其他类型文献的特殊之处，主要表现在：

（1）专利文献集技术、法律、经济信息于一体，是一种数量巨大、内容广博的战略性信息资源；

（2）专利文献的技术内容往往先于实际产品，是获取新技术最快的一种信息源；

（3）专利文献的格式规范，具有统一的分类体系，便于检索、阅读；

（4）专利文献对发明创造的揭示清楚、完整。

如果你在企业工作，有效利用专利文献信息可以提高研发的起点，从他人的发明创造中获得启示，开拓创新思路，并避免侵犯他人专利权。

如果你是个人，在撰写技术方案前，也需要检索相关的国内外专利文献，判断自己的技术方案别人是否已经做过或有类似想法，以避免重复劳动，浪费人力和物力资源。

❀ 开启宝库的钥匙

单纯从检索这个角度讲，检索专利文献与检索其他文献的基本要求和技能是一样的，专利检索的最主要要求有三点：

（1）你要知道去哪些地方去检索；

（2）你要掌握阅读专利文献的技能；

（3）专利有很多分类和著录项目，如果你掌握了这方面的知识，可以提高检索效率。

先说检索的途径，前面已经提到过中欧美是世界上三大专利局，当然检索也就离不开这三个局，除此之外，一般情况下再加上 WIPO 局即可。

中国的专利检索网址，具体见表 2-1：

表 2-1　　　　　　　　　　　中国的专利检索网址

数据库	网址
中国国家知识产权局官网	http://www.sipo.gov.cn/
中外专利数据库服务平台	http://search.cnipr.com/
中国专利信息中心	http://www.cnpat.com.cn/
Soopat 专利搜索引擎	http://www.soopat.com/
中国药物在线	http://www.drugfuture.com/
欧洲专利局检索网站	http://worldwide.espacenet.com/?locale=en_EP
美国专利商标局专利检索网站	http://www.wipo.int/patentscope/search/zh/structuredSearch.jsf

以上介绍了检索的网址，与一般的检索类似，常用的专利检索方式是按照关键词进行检索。

检索步骤包括：

第一，针对本发明所要保护的技术点选择本领域通用或常用的技术术语作为关键词，不要仅在发明名称中选择；

第二，对于选取的关键词进行逻辑组合；

第三，根据检索的结果调整检索关键词。

通常，技术术语有不同的表达方式，例如，在检索与短消息有关的文献时，应考虑短消息、短信、短信息服务（SMS）等多个关键词。同时在专利文献中可能与平常采用的技术词汇有所不同，可以通过阅读一两篇相关度高的专利文献，从中选取专利文献中的用词作为关键词。另外，在选取关键词时，除了技术方案的核心内容，还可以结合所属的技术领域、解决的技术问题、预期的技术效果综合考虑。

专利文献的分类号是检索时可以利用的有效工具。专利文献与图书一样，通过特定的分类方法将同类技术的专利文献聚集在一起，因此，我们可以利用找到的相关专利文献的分类号结合关键词去寻找有没有更接近的已有技术。例如，分类号 H04Q7/30 下包括了通讯领域所有与基站设备相关的专利。

> **案例：一种游戏操控外壳**
>
> 初始技术方案介绍：本技术方案提出了一种用于具有触摸屏的手持设备（例如使用触摸屏的手机，下面以手机为例进行说明）的游戏操控外壳，具体如正面视图和侧面视图所示。该游戏操控外壳具有操控按键，并且具有可以与手机连接通信的集成电路；进一步地，该游戏操控外壳可以利用自带的电池或者利用手机来供电。在将手机装入该游戏操控外壳时，两者整体呈现出一种 PSP 的外观和操纵感受。
>
> 检索前的技术分析：
>
> 可以理解，本技术方案提供的游戏操控外壳不一定要应用于具有触摸屏的手机，即使该手机不具有触摸屏也可以适用本游戏操控外壳，即该游戏操控外壳与触摸屏并无关联性。另外，该游戏操控外壳仅仅是一个外置的操控装置，其可以与手机通信，将游戏的控制信息发送给手机，从这一点来说，本技术方案除了外观上的特征之外，与现有技术中的外接的操控手柄相比并没有实质性区别特征。

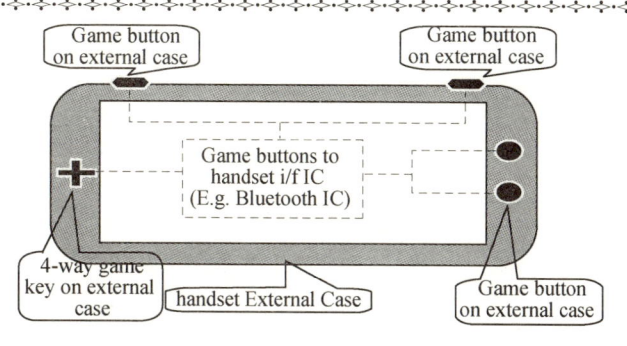

手持设备的正面视图

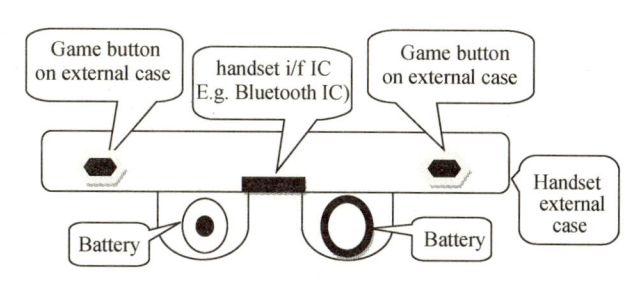

手持设备的侧面视图

在检索时，首先需要根据技术方案的核心思想确定关键字。例如，本技术方案中，可以利用"游戏、移动终端、手机、操控、外壳、触摸屏、外置"等关键字中的一个或者多个的任意组合进行检索。对于某些关键字，如"移动终端"，如果只是利用它进行检索，会出现大量文件，此时可以逐步增加关键字，例如再用"移动终端 操控"进行检索，如果检索出的结果还是太多，则可以进一步增加关键词，根据"移动终端 操控 外壳"来检索。另一种检索方式是逐步减少关键字，例如在一开始用关键字"移动终端 操控 外壳 游戏"进行检索，若检索不到相关文件，再逐步减少关键词，扩大检索范围，比如利用"移动终端 操控 外壳"来检索。

在检索过程中发现如下专利申请（实用新型）：

名称：一种手机与游戏手柄相结合的娱乐手机

申请号：200820145748.0

申请日：2008-10-06

本实用新型公开了一种可以与游戏手柄相结合的娱乐手机，它包括手机 A 部分与游戏手柄 B 部分。手机 A 侧面有一连接端口 A1，以及与 A1 固定相连接的手机 A 的主板 A2；游戏手柄 B 中央有一插槽，该插槽能容纳手机 A，并且刚好能与手机 A 紧密结合，插槽底部有一能与连接端口 A1 相连接并能传递数据信息的连接端口 B1，游戏手柄 B 背部有一游戏软件插槽 B2，B2 内部有游戏软件数据读取器 B3，B3 固定与主板 B4 相连接，游戏手柄侧面有一记忆卡插槽 B5。手机 A 与游戏手柄 B 相结合，通过 A1、B1 两个连接端口的数据传递，游戏手柄 B 将所读取的软件数据传达给手机 A。

到此，这个检索工作就算是告一段落。

小贴士：那么通常情况下由谁来完成专利检索呢？建议由我们发明人自己来完成。一方面，发明人最了解自己的技术方案，在掌握了基本的检索技巧后，完全有能力进行提案前的自检；另一方面，发明人在检索的过程中，也可以了解同一领域他人的发明创造，对专利提案进行扩展，并启迪研发思路。

多年经验告诉我们，发明人做检索是效率最高、收益最大的方式，因为只有自己才知道最想要什么，才最容易、准确地做出判断。当然，在某些情况下，专利工作者可以起到一个辅助性的作用——协助你检索。

当你检索到你需要的专利文献后，阅读文献也是需要技巧的。

我们在拿到一份专利文献时，应先明确自己需要什么信息，然后再到对应部分去读取相应信息。扉页一般包括专利申请名称、申请日、申请号（或专利号）、申请人、发明人、公开日、公开号、国际专利分类号等信息。从申请日中可以了解这项技术是什么时候的创新；从申请人可以看出是哪家公司的专利；从名称、摘要和摘要附图中可以初步了解该专利申请所涉及的技术领域以及所采用的基本技术方案。

通常在阅读完摘要及摘要附图之后，我们就可以明确是否有进一步深入阅读专利全文的必要。如果该文献与自己所研究的技术领域不相关，或者仅阅读摘要及摘要附图就能够明确该文献所公开的技术方案，则无需进一步阅读全文；反之，若我们认为该文献可能涉及自己所关心的技术方案，则需深入阅读扉页之后的说明书和权利要求书内容。

说明书通常包括发明名称、技术领域、背景技术、发明内容、附图说明和具体实施方式几个部分，详细的技术方案主要在具体实施方式部分进行描述。

小贴士：鉴于权利要求的专业性较强，研发人员阅读起来比较晦涩，同时考虑到权利要求记载的技术方案与说明书表达的技术方案实质上是相同的，因此一般不推荐研发人员通过阅读权利要求书来理解技术方案。

另外，说明书附图部分通常包括对理解技术方案有辅助性作用的方法流程图、设备结构图或电路图，其作用主要在于用图形补充说明文字部分的描述，使人能够直观地、形象化地理解发明技术方案。针对我们较为熟悉的技术领域，很可能仅通过说明书附图就能够了解专利文献所公开的技术内容。为提高专利文献的利用效率，我们在熟悉专利文献利用之后，可以直接通过说明书附图来进行方案理解，若有疑问再从说明书中查找相应的文字描述。

小贴士：我们在本书中不能附上一个整篇专利来讲解如何阅读，如果你希望深入学习这方面的知识，你可以向公司内或者周边认识的专利工作者求助。

2.3　判断是否可以申请专利

我们已经了解，专利要获得授权，需要技术方案具有一定的创新水平，即需要满足新颖性和创造性的要求。如果在我们申请专利之前，别人已经做出了相同的发明，那么，我们的专利申请很可能被驳回。为了降低因为缺乏新颖性和创造性而被驳回的可能，我们在技术方案提交专利申请前应当对自己的发明创造进行初步的检索，然后进行一个初步的判断。

❀ 判断是一个专业活

前面我们已经介绍了检索的基本知识，同时也给出了检索的实例，那么，若检索出相关文献后，怎么做判断，做什么判断？其实我们要做的就是进行前面已经提到过的"有没有"和"像不像"的判断，只不过前面我们只是给出了基本概念，现在要用到这些知识了。

这样的判断相比较而言是稍微专业的活，所以，我们先上理论，再给几个实例，以让大家可以理论结合实践地去理解专业的"判断"。

理论知识一

新颖性，是指该发明或者实用新型不属于现有技术；也没有任何单位或者个人就同样的发明或者实用新型在申请日以前向专利局提出过申请，并记载在申请日以后（含申请日）公布的专利申请文件或者公告的专利文件中。

现有技术应当是在申请日以前公众能够得知的技术内容。

理论知识二

发明的创造性，是指与现有技术相比，该发明有突出的实质性特点和显著的进步。

发明有突出的实质性特点，是指对所属技术领域的技术人员来说，发明相对于现有技术是非显而易见的。如果发明是所属技术领域的技术人员在现有技术的基础上仅仅通过合乎逻辑的分析、推理或者有限的试验可以得到的，则该发明是显而易见的，也就不具备突出的实质性特点。

发明有显著的进步，是指发明与现有技术相比能够产生有益的技术效果。例如，发明克服了现有技术中存在的缺点和不足，或者为解决某一技术问题提供了一种不同构思的技术方案，或者代表某种新的技术发展趋势。

> 小贴士：关于新颖性和创造性的详细解释，在官方的《审查指南》中有超过20页内容，所以以上只是最基本的精华内容所在。如果你现在看不明白也没有关系，我们后面会展开介绍，并且还有杀手锏。

❀ 新颖性是如何判断的

新颖性是专利授权最重要的条件之一。这种判断应该是通过与现有的方案比对进行的。

具体而言，首先需要通过检索或基于自己的经验获得与本技术方案相关的已经公开的其他解决方案。通过与其他解决方案的对比，确认本技术方案与已经公开的方案是否属于同一技术领域，所解决的技术问题、技术方案和产生的技术效果是否实质上相同，如果实质上相同，则本技术方案就不具有新颖性。对于此种情形，我们应重新寻找发明点，不再继续申请。

> **案例：**
> 一项名称为"一种利用移动通信终端文字短信的使用限制方法"的技术方案，包括如下步骤：在锁定设置中，将用户输入的密码登录为锁定设置密码；在接收到文字短信之后，判断短信内容中是否包括了以上登录的锁定设置密码，如果属实，对使用限制文字短信的接收进行确认；在接收上述使用限制文字短信之后，通过变更移动通信终端工作环境，设置锁定功能。检索到的对比文件公开了一种用短消息防盗用的方法，具体步骤包括：修改锁定SIM卡的PIN码，收短信，判断短信中是否包含PIN码，如果包含，锁定SIM卡和按键。
> 对比文件与本技术方案所属技术领域相同，解决的技术问题相同，采用的技术手段相同，产生的技术效果也相同，因此，技术方案就没有新颖性。

> **案例：**
> 这个案例涉及中国对世界的巨大贡献——"杂交水稻"，这是一项具备极高原创性和社会效益但因丧失新颖性而不能获得专利保护的发明。到底怎么回事呢？下面我们详细介绍：
> 袁隆平院士研制发明出了"杂交水稻"，为缠绕人类的粮荒、饥荒问题的解决带来了曙光，袁隆平也因此获得很多荣誉和奖励，其"为缓解人类饥饿做出了贡献"是全世界有目共睹的。然而，在因此项技术而带来的收获中，专利权却是个例外。袁隆平院士的"杂交水稻"在美国申请过专利，如专利授权后，此技术广阔的应用前景，将给权利人带来极大的经济收益。但遗憾的是，袁隆平院士在申请专利前发表过相关论文，导致该技术丧失了新颖性而被美国专利局驳回申请。

小贴士：目前很多高校在老师职称评级、学生毕业设计中都会涉及专利和发表论文事项，需要注意的是，如果有可以申请专利的技术方案，一定要在申请专利后，再对相关主题发表论文。这样做的目的就是不要因发表论文在先申请专利在后而破坏技术方案本应有的新颖性。不仅仅是高校师生应当注意，在社会各行业，如果涉及专利申请事宜的，都要注意不应当在专利申请前公开其拟申请专利的技术方案。

前面提到的"杂交水稻"案例因在申请专利前公开发表相关论文而致技术方案丧失了新颖性。正如前文所述，"为公众所知"应当采取广泛的理解，严格确定新颖性。这里要注意的是，"为公众所知"是一种接触信息的可能性，而非实然状态。试想，如果你希望了解到某项技术信息，只要你通过正常的途径就能够取得该信息，那么相关技术方案就是"为公众所知"的，而不要求一定了解该技术信息。公开的方式除了常见的发表论文、展示技术方案等以外，在标准组织中进行公开也属于公开的一种。

再介绍另外一种因公开导致丧失新颖性的情形，我们知道标准组织通常有国际标准组织、国家标准组织、行业标准组织以及企业标准组织等类型。在国际标准组织、国家标准组织以及行业标准组织中进行公开的，由于标准组织不存在对外保密等措施，公开程度高，因此必然构成"为公众所知"。

以下便是一个在相关标准组织中将技术公开而丧失新颖性的案例。

> **案例：**
> 原告李中诉被告扬中市某公司侵犯其专利权。原告李中称其于2001年2月8日向国家专利局提出一项名为"消防用球阀"的实用新型专利申请，后于2001年12月12日被授予实用新型专利权。原告发现江苏省扬中市某公司销售此"消防用球阀"，对其提出了侵犯专利权的诉讼。但这家江苏扬中市某公司辩称其销售的球阀并不侵权，理由是其完全是按照在原告专利申请之前即已公布的国家标准生产的球阀，即原告专利的对象实际上是现有技术。被告对此提出原告专利不具有新颖性的无效宣告请求。专利复审委经审查支持被告这一请求，原告败诉。

关于新颖性的判断还有几种特殊情况：

其一，如果技术方案与已有方案相比，其区别仅在于技术方案采用一般（上位）概念，而已有方案采用具体（下位）概念，则专利提案不具有新颖性。

> **案例：**
> 如果技术方案提出采用移动终端读取二维码的方式登机，而已有方案具体公开了采用手机读取二维码登机的相同技术方案，移动终端是手机的上位概念，因此，本技术方案不具有新颖性。反之，如果本技术方案采用具体（下位）概念，而已有方案采用一般（上位）概念，则本技术方案具有新颖性。

其二，如果本技术方案与已有方案的区别仅仅是所属技术领域惯用手段的直接替换，则本技术方案也没有新颖性。例如，已有技术公开了对于网管告警自动发送email通知，本技术方案的发明点在于将email通知改为自动发送短信通知，则属于专利提案与已有方案的区别点是所属技术领域惯用手段的直接替换，专利提案不具有新颖性。

> 小贴士：你可能还会问，如果检索到别人的发明跟自己一样，是否申请专利？我们的建议是先进一步挖掘技术上的区别点，如果方案确实完全相同，则不再提交专利申请，因为，申请也不会被授权，实际上只会造成人力和财力的浪费。

❀ 创造性是如何判断的

如果通过比较现有的解决方案，发现存在差别后，即具备新颖性的情况下，应进一步判断是否具有创造性，即判断与现有技术的差别是否是一般技术人员容易想到的，即是否是显而易见的。

创造性的判断通常按照三个步骤进行：

第一，通过检索后，确定最接近的已有技术方案。例如，与本技术方案技术领域相同、解决的技术问题和技术效果相同或最接近，或公开了本技术方案技术特征最多的技术方案。

第二，确定本技术方案与最接近的已有技术方案的区别点以及该区别点要解决的技术问题。

第三，判断该区别点是否是公知常识，或者该区别点及其所要解决的技术问题是否在披露本技术方案的对比文件或其他对比文件中已经公开。

如果本技术方案与最接近的已有技术方案的区别点是公知常识，或该区别点及其所要解决的技术问题已经在该技术方案所在的对比文件或其他对比文件中公开，则本技术方案不具备创造性。

> **案例：**
> 一件名为："移动终端、电子书阅览装置、更新系统及阅览方法"的技术方案，提供了一种电子书阅读装置，及包含电子书阅读装置的移动终端；电子书更新系统，电子书阅读控制方法。最接近的技术方案为一种"无线电子书阅读器"，该技术方案公开了一种无线电子书阅读器装置。本技术方案与最接近的对比文件的区别点仅在于利用空中下载方式从服务器中更新电子书，但该方式属于本领域的惯用手段，对本领域技术人员来说是显而易见的。

因此，本技术方案不具有创造性。

在很多发明技术方案中，不少属于组合发明，对于这类发明的创造性判断具有一定难度。组合发明，顾名思义，是将某些技术方案进行组合，构成一项新的技术方案。在进行组合发明创造性的判断时通常需要考虑：组合后的各技术单元在功能上是否彼此相互支持、组合的难易程度、已有技术方案中是否存在相同或类似的组合以及组合后的技术效果。

> **案例：**
> 一项带有电子表的圆珠笔的发明，发明的内容是将已知的电子表安装在已知的圆珠笔的笔身上。将电子表同圆珠笔组合后，两者仍各自以其常规的方式工作，在功能上没有相互作用和相关支持的关系，只是一种简单的叠加，因而，这种组合发明不具备创造性。

在上一节中我们曾经举过关于具有触摸屏的手持设备的一个案例，当时也检索到一篇对比文件，我们来看看就检索到的对比文件如何进行判断：

检索到的实用新型与本技术方案的外盒并不完全相同，但是该游戏手柄同样具有游戏按键，同样能与手机通信，将控制信息发送给手机。可见，该实用新型公开了本技术方案的几乎全部技术特征，与该实用新型和/或现有的外接的操控手柄相比，本技术方案的创造性存在很大风险。这样的技术方案即使进行专利申请，授权前景也十分渺茫。

这是一个从头到尾详细讲解"判断"的案例。

案例：

作为发明人，你发现了一个技术问题，现有技术在 PMIP 标准规范 RFC5213 中，切换时，MAG 没有缓存，切换前后的 MAG 之间也未定义接口，在切换过程中，虽然能保持 IP 地址不变，但由于切换过程中，MAG 和 LMA 均未缓存数据包，有可能造成在切换过程中数据包的丢失，对于丢包敏感的业务，在切换过程中会影响用户感受。

你是这个领域的专家，所以你想到了一个解决这个技术问题的技术方案：

首先对 LMA 功能进行扩展，在收到 MN 某个 MAG 发送的 MN 离开消息，立即分配一块缓冲区。LMA 收到 MAG 发送的 MN 离开消息后，开始缓存 LMA 发给此 UE 的数据（下行数据）。LMA 处理切换 PBU，建立到新的 MAG 的隧道，新隧道建立成功后，LMA 停止对此 UE 下行数据的缓存。将之前缓存的数据通过新的隧道发给新的 MAG。

通过 LMA 分配缓冲区，缓存部分数据，避免切换过程中数据包的丢失。

经过你的检索，你发现某一件专利与你提出的技术方案非常接近，具体为：

专利名称：一种基于本地移动管理域中路由优化的切换方法

申请人：华为技术有限公司

申请号：200610063571.5

申请日：2006-11-09

公开日：2008-05-14

该专利文件第 8 页中描述：为解决 MN 从同一 LMA 下的 MAG1 移动到 MAG2 时，在切换过程中数据通道的建立，MN 的上行数据能尽快发送到 CN 上，并最小化切换过程中的数据丢失率。NETLMM 工作组草案提出的解决方案是：由 MN 的原服务 MAG1 缓存从 CN 过来的数据，当 MN 附着到目标 MAG2 时，再把缓存的数据转发到目标 MAG2 上，并建议新的隧道。其中详细步骤中，也有通知缓存及通道建立后的通知缓存停止过程。

(1) 新颖性判断

如前所述，新颖性要求你提出来申请专利的技术方案与现有公开的技术方案不同。结合对比专利 200610063571.5 中公开的内容与本技术方案的比较如下：

本技术方案中，对 LMA 功能进行扩展，在收到 MN 某个 MAG 发送的 MN 离开消息，立即分配一块缓冲区。LMA 收到 MAG 发送的 MN 离开消息后，开始缓存 LMA 发给此 UE 的数据（下行数据）。LMA 处理切换 PBU，建立到新的 MAG 的隧道，新隧道建立成功后，LMA 停止对此 UE 下行数据的缓存，将之前缓存的数据通过新的隧道发给新的 MAG。

对比专利 200610063571.5 中公开了如下内容：由 MN 的原服务 MAG1 缓存从 CN 过来的数据，当 MN 附着到目标 MAG2 时，再把缓存的数据转发到目标 MAG2 上，并建立新的隧道。其中详细步骤中，也有通知缓存及通道建立后的通知缓存停止过程。

> 通过上述方案的内容比较可以得出：两者都是利用缓存解决数据丢失问题，但本技术方案通过在 LMA 进行缓存，而对比专利中公开的方案则是在原服务 MAG1 缓存。从这个角度两者存在一定的差别，专利提案具有新颖性。
>
> （2）创造性判断
>
> 刚才我们已经反复强调，专利申请的条件中，不仅要求申请专利的方案是新颖的，还应是非显而易见的，即专利还应具有创造性，也即我们还需要进行创造性判断。
>
> 本技术方案与对比专利 200610063751.5 公开的内容的唯一差别在于：对比专利中公开了 MAG 进行缓存，本技术方案是在 LMA 中进行缓存。由于 MAG 与 LMA 作为 PMIP 中的两个节点，对于本领域内的一般技术人员而言，从解决本发明问题（切换过程中数据包的丢失）的角度来说，采用了相同的手段（通知缓存，进行数据缓存，缓存停止，缓存数据上传等），技术效果也一样。换而言之，对于本领域内的技术人员，其根据对比专利中公开的在 MAG 进行缓存解决数据包丢失，容易联想到本技术提案中在 LMA 中进行缓存的方案。

你肯定又要说，先检索、后判断，包括了很多工作，我是生手，肯定会漏掉部分工作的，怎么办？

那我们就开始进入到下一步工作。

2.4 交底自己的发明

假设你作为发明人，发现了一个技术问题，提出了一个解决方案，并且自己又进行了检索，初步判断你提出的技术方案不存在"有没有"和"像不像"的问题，那是不是就可以去国家知识产权局申请专利了？告诉你，还不可以，你需要把你的发明交底给别人。为什么要这样做？听我慢慢给你解释。

❋ **交底是必不可少的**

在给你解释之前，我要先上一个案例，让你看看这样一段文字你是否能看得懂：

CN 101155530 B　　　　　　**权 利 要 求 书**　　　　　　1/2 页

1. 家具，该家具包括主体（11），该主体具有至少一个侧壁（14,15;14',15';61），其中在所述至少一个侧壁的面向家具使用者的端面（42）上设有至少一个在该端面敞开且延伸进入侧壁（14,15;14',15';61）内的存放空间（23,24,23'），该家具具有用于封闭该存放空间（23,24,23'）的盖件（26），所述盖件（26）是配件（35,35',46）的组成部分，并且该配件在所述端面上安装在所述至少一个侧壁（14,15;14',15';61）的基体（36;36'）上，其中所述存放空间全部或至少部分地由所述配件（35,35',46）的壳体（38,38'）形成。

2. 根据权利要求1所述的家具，其特征在于，所述盖件（26）是回转盖。

3. 根据权利要求1或2所述的家具，其特征在于，在所述存放空间（23,24,23'）内设有或能够设有至少一个功能件（30）。

4. 根据权利要求3所述的家具,其特征在于,所述至少一个功能件(30)相对于所述存放空间(23,24,23')可转动地设置,从而使得该功能件可以在不使用时摆入所述存放空间(23,24,23')内,而在使用时可以从所述存放空间(23,24,23')中摆出。

5. 根据权利要求3所述的家具,其特征在于,所述至少一个功能件(30)相对于所述存放空间(23,24,23')可移动地设置,从而使得该功能件在不使用时可以推入所述存放空间(23,24,23')内,而在使用时可以从所述存放空间(23,24,23')中抽出。

6. 根据权利要求3所述的家具,其特征在于,所述存放空间(23,24,23')设有用于所述至少一个功能件(30)的支架(25)。

7. 根据权利要求6所述的家具,其特征在于,所述支架(25)由所述盖件(26)形成。

8. 根据权利要求6所述的家具,其特征在于,所述至少一个功能件(30)可更换地设置在所述支架(25)上。

一份典型的专利申请文件包括请求书、说明书、说明书附图、权利要求书、说明书摘要、摘要附图等,其中最核心的是说明书和权利要求书,每一部分都有严格的格式要求和内容要求。

小贴士:作为业内普遍的说法,我们把发明人展示自己发明方案的这个过程称为"交底",也就是把自己的发明方案的底交给专利代理人或者专利工程师。更进一步,作为发明人,你需要撰写技术交底书。

交底书的撰写通常围绕:别人做了什么、我为什么还要做、我是怎么做的、我这么做有什么好处这样的思路进行。

为了便于我们更快更好地完成交底,把需要晒的内容分为了八个部分,分别是发明名称、技术领域、现有技术的技术方案、现有技术的缺点及本申请提案要解决的技术问题、本申请提案的技术方案的详细阐述、本申请提案的关键点和欲保护点、本申请提案的技术优点、其他有助于理解本申请提案的技术资料。

每个部分具体撰写的内容和注意事项如下:

(1) 发明名称:用本技术领域的通用技术术语写明本提案所要求保护的技术方案的名称,注意不得使用商业性宣传用语。

(2) 技术领域:写明要求保护的技术方案所属的技术领域,如无线、核心网、传输与IP、网管、业务支撑、数据业务或其他(包括通信电源及其他外围支持技术等)。

(3) 现有技术的技术方案:这部分应写明两项内容,其一是作为本申请提案基础且能够帮助代理人理解本申请提案的公知技术,这部分内容以与本申请提案密切相关的公知技术为限,且简单介绍即可;其二是现有技术中与本申请提案最为接近的技术方案,这部分要写明现有的技术方案是怎样实施的,尤其是对现有技术方案与本申请提案的不同之处要描述清楚,清楚到足以让阅读交底书的人能够符合逻辑地推导出现有技术方案的缺点,而不能只给出现有技术方案的缺点。

(4) 现有技术的缺点及本申请提案要解决的技术问题:写明现有技术中所存在的缺点,以及本申请提案要解决的技术问题。所写现有技术缺点必须是本申请提案能够解决的缺点,且所写缺点应当是技术性的缺点,比如资源利用率低、网络实体负荷过大等,而不能是管理性或商业性的缺点,如商业运行上的缺点等。

（5）本申请提案的技术方案的详细阐述：尽可能详细地描述本提案的技术方案，说明技术方案是怎样实现的，如何解决了现有技术存在的技术问题，而不能只有原理，也不能只介绍功能。对于本申请提案相对于现有技术的改进部分，需要详尽地描述。另外，除描述最佳技术方案外，如有可替代方案，也需要进行描述；若涉及标准，则需要给出与标准提案相一致的实例。

（6）本申请提案的关键点和欲保护点：按重要程度从高到低的顺序，依次列出本申请提案与现有技术不同的各个区别点。

（7）本申请提案的技术优点：写明本申请提案相比于现有技术所具有的优点，并逐一说明本申请提案是因为采用了怎样的技术手段才能具有某个优点。这里所说的优点是指技术上的优点，而不是管理上或商业上的优点，并且应是本提案技术方案直接带来或必然带来的优点，而不能是还需结合其他技术才能带来的优点。

（8）其他有助于理解本申请提案的技术资料：与本提案技术方案相关且有助于理解本申请提案的技术资料，如术语解释、协议、标准、论文、之前提交的专利申请文件等。

小贴士：我们都是专利界的资深人士，如果只是告诉你要完成这八部分内容那就体现不出我们的价值了，所以，我们接着有一些经验分享给大家。

技术交底书撰写的基本思路是：别人是怎么做的，我为什么要做，我是怎么做的，我这样做好在哪儿。要将现有技术的技术方案描述清楚，以及现有技术中存在的缺点，自己的发明采用什么技术手段能够克服这些缺点，详细描述技术方案，详细到本领域普通技术人员依据其可直接再现该方案。

技术交底书撰写时较为常见的问题如下：

（1）对现有技术方案的描述仅是对背景技术的介绍或描述公司目前采用的技术。我们应当结合检索情况，着重描写与本发明最接近的现有技术实施方案。需要注意的是，已递交专利局但尚未公开的专利申请、采取了保密措施处于保密状态的技术内容或者项目组内部讨论的技术内容都不属于现有技术。

（2）在本提案要解决的技术问题描述中仅阐述了现有技术方案在管理上或者效果上的缺点。我们应当描写现有技术的技术性缺点。

（3）对本发明的技术方案描写不够清楚、具体。我们应当尽可能详尽地描述本发明的技术方案，并尽量描述多个典型的具体应用的实例。

涉及系统、装置类的申请，应写明各个组成部分及各组成部分间的连接关系、位置关系，并写明各个部分的功能，所述连接关系包括物理连接和数据流连接、信号流连接。涉及方法的申请，应清晰地给出处理步骤、参数设置方式等，以及实际使用中的流程、实施条件等。涉及软件的申请，应清楚地给出软件的处理过程、步骤、实现条件、流程图以及实现的功能，若涉及硬件，则应结合硬件部分说明。涉及算法的申请，应清楚给出条件、步骤、计算公式，以及将该算法与具体装置及技术参数相结合的方案。

在交底的过程中，公司内部专利工程师以及外部专利代理人，常常会要求发明人补充技术内容。有些情况下，需要就技术方案的实现细节进一步补充；有些情况下，需要补充更多的实施实例；有些情况下，公司内部专利工程师以及外部专利代理人根据经验对技方案进行了扩展，需要发明人提供扩展后的详细技术方案。

不管是以上什么情况，希望发明人都积极配合，尽量按照专利管理人员和专利代理人的要求尽快补充完善，为专利管理人员确定申请文件撰写策略和代理人撰写申请文件提供充足素材，避免后续专利申请因为公开不充分、不具备创新性等原因而被驳回的情况。

根据我们的经验，"交底"过程如果没有做充分的话，会造成很严重的后果，所以希望发明人要重视这个"晒"自己发明的过程；在此，我们再拿一个不成功案例来给大家提个醒。

> **案例：移动流媒体业务的数据连接切换方法，2006 年申请**
>
> 该专利被审查员认为该申请的说明书未对发明做出清楚、完整的说明，不满足充分公开的要求，因此予以驳回。之后检查了整个过程，发现如果交底的过程做得更好的话，完全可以避免这个问题，下面我们一起来看看问题所在。
>
> 这篇专利的背景技术为：现有的 3G 网络中基于两个数据连接实现流媒体业务，一个数据连接承载控制流，一个数据连接承载媒体流，2G 网络中基于一个数据连接实现流媒体业务；现有的移动流媒体业务的数据连接切换方法中，当终端在 3G 网络发起流媒体业务时，如果在终端播放流媒体过程中，发生由 3G 网络向 2G 网络的切换，则将造成承载该用户控制流的第一个数据连接切换成功，而承载媒体流的第二个数据连接切换失败，从而使得用户流媒体播放中断。
>
> 本专利申请的技术方案为：为了解决背景技术中的问题，本申请提出一种新的移动流媒体业务的数据连接切换方法，在从 3G 网络向 2G 网络切换时，根据 2G 网络版本信息及 2G 网络支持的数据连接数目将数据连接参数搬移到 2G 网络。若 2G 网络只支持一个数据连接，那么在将数据连接参数搬移到 2G 网络时，可将 3G 网络中承载控制消息的数据连接的连接参数，或者将承载媒体流的数据连接的连接参数搬移到 2G 网络；若 2G 网络支持两个数据连接，在将数据连接参数搬移到 2G 网络时，可将 3G 网络中承载控制消息的数据连接的连接参数以及承载媒体流的数据连接的连接参数均搬移到 2G 网络。
>
> 本案的争论焦点在于：本申请说明书中公开的内容能否解决技术问题，即说明书是否充分公开的问题。

要使得申请文件充分公开，必须满足以下几点：
(1) 本领域技术人员能够实现；
(2) 解决技术问题；
(3) 产生预期的技术效果。

对于充分公开的申请文件来说，这三个要素缺一不可。下面结合这个三要素对本申请进行分析。

根据申请文件的记载，本申请要解决的问题是：针对现有技术所存在的缺陷，提供一种移动流媒体业务的数据连接切换方法，能够完成流媒体业务由 3G 网络向 2G 网络的平滑过渡，从而保证在流媒体业务使用过程中，若终端登录的网络由 3G 网络切换到 2G 网络，媒体流数据不会中断，用户仍可正常收看流媒体。

本申请采取的技术手段是：在从 3G 网络向 2G 网络切换时，根据 2G 网络版本信息及 2G 网络支持的数据连接数目将数据连接参数搬移到 2G 网络；流媒体服务器通过 2G 网络向终端提供流媒体业务。

预期的技术效果是：实现流媒体业务由 3G 网络向 2G 网络的平滑过渡，从而保证在流媒体业务使用过程中，若终端登录的网络由 3G 网络切换到 2G 网络，媒体流数据不会中断，用户仍可正常收看。

在说明书中，针对只支持一个数据连接的 2G 网络，将 3G 数据连接参数搬移到 2G 网络后，流媒体服务器通过 2G 向终端提供流媒体业务的描述是"若 2G 网络只支持一个数据连接，那么在将数据连接参数搬移到 2G 网络时，可将 3G 网络中承载控制消息的数据连接的连接参数，或者将承载媒体流的数据连接的连接参数搬移到 2G 网络"，而未对在搬移两个数据连接中的一个的数据连接参数到 2G 网络时，怎样通过搬移的这一个数据连接参数来传送另一个数据连接上的数据进行描述，而如果无法通过搬移的这一个数据连接参数传送另一个数据连接上的数据，则将使得另一个数据连接上的数据丢失，最终使得流媒体数据中断。

因此，说明书中的技术手段不能解决技术问题，也不能达到预期的技术效果，本领域的技术人员无法根据说明书中的记载实施该发明。

综上，由于本申请的说明书描述的内容使得本领域技术人员不能实现本专利，并且不能解决技术问题，且未获得预期的技术效果，因此说明书未对本发明做出清楚、完整的说明，即未充分公开。

说明书公开不充分与交底书撰写时提供的素材太少有较大关系，我们在撰写交底书时，应当尽可能详细地对技术方案进行描述，而不是站在技术专家的角度，认为这个领域的技术人员都应当知晓这些内容。因此，在撰写时尽可能地对技术方案进行详细描述，并配以多个典型的实施例。

> **小贴士**：专利制度的设置还存有"促进科学技术进步和社会经济发展"的宗旨，因此，权利人取得专利权，必须以充分公开其专利技术信息为对价，以使相应技术领域的普通技术人员能够依据专利说明书实现该专利技术，这也是专利具有实用性的体现，是《专利法》保护专利权的必然要求。如果技术信息没有充分公开，以至于该领域的普通技术人员不能按照说明书实现该专利技术，则谈不上实用性，专利也不成其为专利，专利申请必然会遭到驳回。

"公开不充分"是常见的不予授权的理由，这也是专利工程师或者代理人经常要发明人提供更多实施方式的原因所在，并且该问题只要我们早期稍作努力即可克服，所以说，作为发明人一定要牢记我们的忠告：积极配合专利工程师或者专利代理人的要求，尽可能多地提供技术资料！

> **案例**：申请号为01801685.5，申请人为三菱电机株式会社的"移动通信系统"专利申请就被专利复审委以"专利未充分公开"为由驳回。该专利申请所要解决的技术问题是"采用一个加密/解密单元来实现原来需要多个加密/解密单元实现的功能"，按照《专利法》第26条第3款的规定：说明书应当对发明或者实用新型做出清楚、完整的说明，以所属技术领域的技术人员能够实现为准。该申请"却并没有公开具体的技术手段，只给出一种愿望和/或结果"，所属技术领域的技术人员不能实现本申请的技术方案。申请因未充分公开而被驳回。
>
> 复审委的具体理由是：该申请说明书中具体介绍了两种移动通信加密/解密方法及其对应的通信系统，第一种技术方案涉及移动终端与不同网络基站之间通信加密，然而该申请说明书仅给出了本发明"希望"采用一个加密/解密单元使之既可对A基站进行加密/解密处理，也可以对另一与A基站不属于同一网络的B基站进行加密/解密处理，并没有描述本申请是采取什么样的技术手段来使这一个加密/解密单元实现原来需要两个加密/解密单元分别实现的功能。又由于现有的技术需要两个加密/解密单元来实现上述功能，因此所属技术领域的技术人员在没有说明书教导采用什么具体技术手段的情况下，不能实现本申请所要求的这样一种加密/解密单元；方案二涉及相同网络中的多个移动终端之间通信加密，但该申请说明书仅给出了本发明"希望"采用一个加密/解密单元使之先用公共密钥A加密，然后对该加密后的信号用公共密钥B再次加密，并没有描述本申请是采取什么样的技术手段来使这一个加密/解密单元实现原来需要两个加密/解密单元依次实现的功能。又由于现有的技术需要两个加密/解密单元来实现上述功能，因此所属技术领域的技术人员在没有说明书教导采用什么具体技术手段的情况下，不能实现本申请所要求的这样一种加密/解密单元。

2.5 专利申请文件的撰写

晒完你的发明方案之后，紧接着当然就是专利工程师或者专利代理人撰写专利申请文件。但是我要告诉你，在专利工程师或者专利代理人撰写完申请文件之后，你还要仔细地审核一下；毕竟你是发明人，你对发明方案最了解，所以这个确认环节也是不可或缺的。

发明人需要检查专利申请文件，虽然专利工程师或者专利代理人在撰写申请文件过程中，需要深入理解发明的初衷和本质，但由于做出发明的毕竟不是代理人，同时代理人对专业技术的理解可能存在偏差，因此，代理人完成的专利申请文件，需要发明人从技术角度进行审核，判断技术方案的理解和描述是否准确；同时进一步地审核自己希望获得保护的关键内容是否在专利申请文件中进行了充分描述。

另外，专利申请文件有点像八股文，有严格的形式和实质要求，专利工程师和代理人需要把发明方案转化为这种"八股文"，这个转化过程可能也会出现偏差。

发明和实用新型专利的申请文件通常包括：说明书摘要、摘要附图、权利要求书、说明书和说明书附图；其中最核心的是说明书和权利要求书。

说明书用来详细说明发明或实用新型的具体内容，主要起着向社会公众公开发明或实用新型技术方案的作用。除发明名称之外，说明书一般包括以下五个部分：技术领域、背景技术、发明内容、附图说明和具体实施方式。

技术领域：写明要求保护的技术方案所属的技术领域；

背景技术：写明与本发明最相关的现有技术，以及现有技术存在的问题；

发明内容：写明本发明要解决的技术问题、解决该技术问题所采用的技术方案、以及本发明与现有技术相比的有益效果；

附图说明：对说明书附图中各幅附图的简略说明；

具体实施方式：详细写明实现本发明的具体技术方案，以本领域技术人员能够实现为准，通常情况下，应当举例说明。

权利要求书，是发明或实用新型专利申请文件中重要的组成部分，专利的保护范围由权利要求书来确定，而非说明书。专利审查中对新颖性和创造性的判断、诉讼中专利侵权判定都是以权利要求书描述的技术方案为准，说明书往往只起到解释和澄清作用。

审核申请文件也是很简单的。说明书和权利要求书最重要，所以这两个方面必然是重点。在2.1里面我们也提到过说明书附图对专利的重要性，因此说明书附图也是我们关注的重点。

❋ **第一步：关于说明书的审核**

（1）背景技术

背景技术部分应当记载与本发明最为接近的现有技术，并客观指出现有技术所存在的问题和缺点。审核背景技术部分时，应着重审核以下三方面的内容：

其一，背景技术中描述的内容是否为已经公开发表或使用的技术？

记载在背景技术中的内容应该是已经在国内外公开发表或使用的技术，而不应是处于保密状态、内部使用或讨论的技术，尤其应注意不能将你或者你所在企业已申请、但尚未公开的专利申请的技术方案包含在内。

其二，背景技术中描述的内容是否包含了本发明的关键欲保护点？

背景技术中描述的内容如果包含或隐含了本发明的关键欲保护点，会对本发明在后续审查中的新颖性和创造性判断造成很大影响，因此，应注意审核代理人在对背景技术的描述中是否有效地避免了公开本发明的关键欲保护点。

其三，背景技术中描述的现有技术问题和缺点是否为本发明技术方案能够解决的问题和缺点？

背景技术中应客观指出现有技术所存在的问题和缺点，且这些问题和缺点应当仅限于本发明技术方案能够解决的问题和缺点，对于本发明不能解决的问题和缺点，不应在背景技术中出现。另外，这些缺点应当是技术性的缺点，而不能是管理或商业方面的缺点。

（2）发明内容

发明内容部分依次撰写以下三方面内容：本发明所要解决的技术问题、解决该技术问题所采用的技术方案、采用本发明与现有技术相比的有益效果。其中，技术方案部分是发明内容的核心部分，记载了对要解决的技术问题所采取的技术措施的集合，但由于技术方

案部分通常拷贝权利要求书的主要内容,针对这部分内容的审核可以简化。因此,发明内容部分只需重点审核以下两方面内容:

其一,本发明所要解决的技术问题是否定位正确?

本发明所要解决的技术问题,也就是通常所说的发明目的,是根据背景技术部分推导出来的,表明本发明所要完成的任务或者要实现的目标,在整个申请文件中起着承上启下的作用。

由于申请文件中记载的技术方案必须能够实现发明目的,因此,发明目的的定位将直接影响发明技术方案的确定,并可能影响专利申请的授权或其保护范围。在审核这部分内容时,我们应予以充分的重视,审核发明目的要解决的是否是技术问题,而非商业问题,是否是本发明技术方案能够解决的问题。需要注意的是,如果需要解决的技术问题有多个,则应该从中确定出一个最基本的技术问题,并将其作为发明目的。

其二,是否结合本发明技术方案对本发明的有益效果做了准确充分的描述?

有益效果,顾名思义是指相比现有技术,本发明技术方案所能带来的技术上的好处和优势。有益效果对创造性的判断起着举足轻重的作用。

在审核该部分内容时,我们应注意代理人是否结合了发明技术方案的技术特征对有益效果进行了说明,而非简单地讲述技术效果本身。

(3) 具体实施方式

具体实施方式是说明书最重要的组成部分,记载了解决技术问题所采用的技术手段,对于充分公开、理解和实现发明极为重要。审核具体实施方式时,应重点审核以下内容:

其一,具体实施方式中描述的技术方案是否是自己想要保护的技术方案?

具体实施方式部分通常是专利代理人根据交底书的内容撰写的,除语言描述方式上的差异外,其记载的技术方案实质应与交底书一致。但是,由于专利代理人毕竟不是长期工作在研发岗位上的本领域技术人员,对技术方案的理解,可能存在一定偏差,因此需要我们仔细阅读具体实施方式部分记载的内容,保证自己真正想保护的技术方案得到保护。

其二,根据具体实施方式的描述,本领域技术人员能否实现本发明?

具体实施方式是对发明技术方案的详细说明,其目的是使技术方案的每个技术特征具体化,从而使发明技术方案的可实施性得到充分支持。一般来说,这一部分应该至少描述一个最佳实施方式,完整地公开对于理解和实现发明所必不可少的技术内容,使所属技术领域人员按照具体实施方式部分记载的内容,能够实现该发明的技术方案,解决其技术问题,并且产生预期的技术效果。

其三,交底书中描述的实施例以及发明人在与代理人沟通时提供的实施例是否都在具体实施方式中有记载?

为更好地支持权利要求,具体实施方式中应尽量多给出实施例。因为当权利要求覆盖的保护范围较宽,其概括的内容不能仅从一个实施例获得支持时,该权利要求的保护范围会被要求缩小。为尽量争取一个大的保护范围,我们应当将自己能够想到的所有可实施的发明技术方案都提供给代理人,以便代理人在撰写具体实施方式中,更好地支持权利要求。

其四,如果有装置实施例,装置实施例的各个模块或单元的划分是否合适?

代理人在申请文件的撰写中，对于实施本发明的装置也需要在权利要求中进行保护，并相应在具体实施方式中增加对装置的各个组成部分的具体描述。无论对于物理上实际存在的实体装置，还是某些方法对应的虚拟装置，代理人可能会按自己的理解对装置的组成模块或单元进行拆分、组合等，应注意审核代理人对组成模块或单元的划分是否合理，是否存在技术上的错误。

❋ **第二步：关于说明书附图的审核**

说明书附图的作用主要在于用图形补充说明书文字部分的描述，使人能够直观地、形象化地理解发明技术方案，其表现形式可以是业务流程图、信令交互图、系统或设备的组成结构图等。代理人通常结合附图来阐述现有或本发明的技术方案。发明人应注意审核说明书附图描绘是否正确，以及是否与说明书中记载的文字内容相对应。

> 小贴士：说明书附图的审核虽然简单，但是很重要，附图中一个图标、一个编号的失误都有导致专利出现问题；而说明书附图正确的话，即使说明书中出现失误，也有可能根据说明书附图来弥补；所以，切记不可忽视说明书附图的审核。

❋ **第三步：关于权利要求书的审核**

权利要求书在专利申请文件中占有十分重要的地位，它用于确定专利权的保护范围。为了使自己真正想要保护的技术方案切实得到《专利法》的保护，发明人在审核权利要求书时应重点审核以下内容：

其一，各项权利要求中，技术方案描述是否准确？

首先确保代理人撰写的权利要求书在技术描述上的正确性，具体审核各项权利要求对技术方案的描述是否准确，尤其是涉及专利代理人对多个实施例进行抽象概括后的表述是否准确。

其二，每个关键欲保护点，是否明确获得了保护，即分别在权利要求中有所描述？

对于自己希望保护的每个关键欲保护点，是否明确获得了保护，即分别在权利要求中有所描述。

其三，独立权利要求所描述的技术方案是否至少体现了本发明的一个关键欲保护点？

应审核各个独立权利要求所描述的技术方案是否至少包含了一个本发明的关键欲保护点，此内容为代理人进行权利要求布局提供参考。

其四，是否还有补充的关键欲保护点？

还应考虑是否还有其他希望保护的关键点没有在权利要求中描述，若有，请代理人补充。

> **案例：** 一件名称为"一种LTE-Advanced系统通过下行控制信令实现多载波调度的方法"的专利提案，在审核申请文件时，就发现代理人撰写的专利申请文件内容与发明人记载在交底书中的技术内容不一致。

背景技术

多载波调度是指通知 UE 增加或减少或变更监测的载波，现有 LTE R8 系统中的下行控制信令设计都是针对单载波的，并没有涉及多载波的调度信息。也就是说，现有下行控制信令不能支持多载波调度。如果要进行多载波调度，一般只能求助于高层控制信令实现，但由于高层信令需要较多的空口资源和处理时延，因此这样做会降低多载波调度的控制效率。

本提案技术方案

为解决上述问题，提高多载波调度效率，本提案提出一种基于下行控制信令的多载波调度方案，具体如下：增加一种新的下行控制信令格式，用于承载多载波调度信息，并且为 UE 分配 2 个 C-RNTI，其中一个用于标识属于 UE 的非新增格式的下行控制信息（原有下行调度信息、上行调度赋予和上行功控等），另一个用于标识属于 UE 的新增格式的控制信息（多载波调度信息）；当系统需要对 UE 进行多载波调度时，使用新格式的下行控制信令指示 UE，即利用用于标识新增格式控制信息的 C-RNTI 对多载波调度信息加 CRC 校验，然后发送给 UE；UE 接收到下行控制信令后，检测其中携带的 C-RNTI，若检测出的 C-RNTI 为用于标识非新增格式控制信息的 C-RNTI，则 UE 会按照现有下行控制指示信息进行工作；如果检测出的 C-RNTI 为用于标识新增格式控制信息的 C-RNTI，则 UE 会按照新的控制信令格式来解读，并且按照多载波调度的指示进行载波开关的操作。本专利提案通过设计新的下行控制信令格式，在下行控制信令中增加了对多载波的调度功能，与通过高层信令实现多载波调度相比，具有开销小、时延低的优点。

申请文件审核概况

代理人最初撰写的独立权利要求如下：

一种多载波调度指示方法，其特征包括：为不同用户分配不同的小区无线网络临时标识 C-RNTI；并按照与用户设备 UE 预先约定的、通过下发 C-RNTI 来指示 UE 根据调度信息进行多载波调度的策略，在准备指示用户所使用的 UE 进行多载波调度时，将调度信息和为该用户分配的 C-RNTI 携带在下行控制信令中，下发给用户所使用的 UE。

可见，在该权利要求中，只提出要为不同的用户分配不同的 C-RNTI（这一点实际上是现有技术，现有系统就会分别为每个 UE 各分配一个唯一的 C-RNTI，作为下行控制信息的标识），而没有涉及为 UE 分配两个 C-RNTI，也没有涉及用其中一个 C-RNTI 来标识新增的多载波调度信息，也就是说，发明人在交底书中记载的核心技术方案并没有在该权利要求中体现，这样一来，发明人最想保护的技术方案就无法得到保护。

为克服上述问题，修改后的权利要求如下：

一种多载波调度方法，其特征包括：为 UE 分配两个 C-RNTI，其中，第一 C-RNTI 用于标识新增多载波调度信息，第二 C-RNTI 用于标识原有下行控制信息；当需要对 UE 进行多载波调度时，网络侧将多载波调度信息和为该 UE 分配的第一

C-RNTI携带在下行控制信令中发送给UE；UE接收到下行控制信令后，检测其中携带的C-RNTI，若检测出的C-RNTI为第一C-RNTI，则根据下行控制信令中携带的多载波调度信息进行多载波调度；若检测出的C-RNTI为第二C-RNTI，则根据其中下行控制信令中携带的下行控制信息进行工作。

第二章到此就结束了，作为新手，你在这部分内容里面了解了做出专利并不复杂，无外乎就是发现技术问题，产出技术方案去解决技术问题；同时，作为发明人在递交专利申请之前还要做检索、判断、交底、审核四个工作，这四个工作只要你按照上面的内容按部就班的完成即可。

第3章 制造专利技巧

前面我们详细介绍了在递交专利申请之前发明人要做的四部曲,那么也许你要问了,四部曲做完,把申请递交上去,我是不是就可以开始收钱了?可能还不行。一个产品要想吸引消费者卖到好价钱,本身质量要好,还得有好的包装。专利也一样,如果你想卖专利,还要满足两个条件,一是专利获得授权,二是这个专利是一个好专利,能被别人用到。要成为好专利必须先要在前端做充分的工作,所以,我们在本章介绍如何把"好专利"炼出来!

3.1 什么是好专利

我们首先认为,只有被使用的专利才是好专利。

从理论上讲,专利权是排他性的垄断权,也即他人未经专利权人允许不得使用专利涵盖的技术方案,那么如果某一个人想使用某一个专利,就必须要获得专利权人的许可,这个时候,专利权人当然就可以获得一定收益,所以情况就很清楚了,如果一个专利不被使用,则专利权人就不可能获得收益,这样的专利无论如何都谈不上好专利。

小贴士:请各位读者注意,本节我们不从运营专利的角度去介绍相关内容,主要从专利本身,也即专利使用这个角度去介绍相关知识。一方面专利运营涉及多个方面,包括公司战略、市场发展、人力物力等多个因素,另外一方面,在本书将在第三篇介绍一部分专利运营内容。

我们可以从几个维度去衡量其成为"好专利"的可能性。

小贴士:我们承认,衡量仅仅是一种预先判断,是否是"好专利"必须要以最后的实际情况来检验。

以中国移动的专利评审标准来介绍如何评价一个专利。
一般来讲,可以从三个维度来评审专利,包括:
(1) 技术创新性;
(2) 市场应用前景;
(3) 侵权证据获得难度;
对于技术创新性,主要指创新的高度、克服的困难和带来的效果。一般来讲,创新性越高相应的专利价值越高,最终成为好专利的可能性越大。

小贴士:再次强调,技术创新性是评价一个专利的最基本维度,并且具有一票否决性,也即如果基本的创新性要求都达不到,不仅不需要评价是否是"好专利",压根就不要申请专利。

对于市场应用前景,是指专利技术方案实际应用的可能性、应用后的市场规模、可能产生的经济效益,应用可能性越高、市场规模越大、经济效益越好,则最终成为好专利的可能性越大。

尽管市场应用前景不属于授予专利权的条件,但却是评估专利价值的重要指标,如果方案市场应用前景极低,这样的专利申请别说不是"好专利"了,即使在满足申请专利的其他条件而可能授权的情况下也要考虑是否去申请专利,因为授权后的专利对于公司而言,毫无实际价值,反而要耗费大量经费与人力去申请与维护。

> **小贴士**:对于市场应用前景明显较低的专利技术方案,在申请的时候要考虑是否申请;对于已经申请了专利的,在后续维护过程中,如果发现专利的技术方案没有市场应用前景,也要考虑放弃该专利。

因此,对于做出发明创造的发明人而言,应关注并注意提高专利技术方案的市场实际应用前景。而提高方案的市场应用前景,不仅要求完成理论上的技术创新,还应该考虑方案的典型应用场景和实际应用中的影响因素。例如,该方案的推行必须基于对现有网络的哪些改造、改造的阻碍有多大、推行后可能带来多大的经济效益,该方案是否能在其他运营商的网络中采用,方案需要做哪些调整等。

当然,专利技术方案市场应用前景是基于专利技术方案当前的客观情况进行判断的。随着技术的演进和内外部环境的变化,对专利技术方案市场应用前景的判断可能发生变化,因此,对于一些前瞻性研究,当前可能无法准确对专利技术方案市场应用前景做出判断,但可以进行相关的预测分析。

案例:对"一种LTE Femto小区之间的干扰管理方法"的专利技术方案进行市场应用前景评价。

背景技术

毫微微小区家庭基站(Femto cell)是一种小型低功率的蜂窝基站,主要用于家庭及办公室等室内场所,作为蜂窝网在室内覆盖的补充,Femto cell之间的干扰是实际部署中必须解决的关键问题。正交频分(OFDM, Orthogonal Frequency Division Multiplexing)码分多址(CDMA, Code Division Multiple Access)通用移动通讯系统,(UMTS, Universal Mobile Telecommunications System, 国际标准化组织3GPP制定的全球3G标准之一)Femto基站的干扰管理方法不能照搬到长期演进(LTE, Long Term Evolution, 长期演进, 3GPP启动的最大的新技术研发项目, 准4G技术)Femto基站;另外,鉴于LTE Femto基站自身的诸多特点,LTE系统宏基站的干扰协调方法也不能照搬到LTE Femto系统中。

本提案技术方案

针对上述问题,专利提案提出适用于LTE Femto基站的干扰管理方法,其基本

第 3 章 制造专利技巧

思想是：先将所有可用频率资源为每个 Femto eNB（在 3GPP LTE 与 LTE-A 的标准中，用 eNB 来代表基站，与用户 UE 对应）正交分配，然后再根据小区中用户的设定参数（Geometry）确定每个 Femto eNB 是否可以和相邻 Femto eNB 共用全部或部分频率资源。其中，每个 Femto eNB 对通过正交频率划分得到的资源具有较高的使用优先级，其他 Femto eNB 在干扰允许的情况下可以向其申请资源重用，但必须经过本 Femto eNB 的同意，这样既保证了每个小区受到较小的干扰，又能够充分利用频率资源。

其中，正交频率分配可以由家庭基站管理系统（HMS）进行，根据 Femto 基站的开关触发，HMS 在一定程度上参与资源规划，可以保证小区间干扰问题得到有效控制，同时由于 Femto 基站开关发生的频率相对较低，因此不会对 HMS 产生较大的压力；部分频率复用由 Femto 基站分布式进行，根据 UE 的位置和负载进行触发，采用分布式方式可以减轻 HMS 的负担，而且可以较为灵活的进行资源使用效率的优化。

评价概况

对于本专利技术方案而言，其核心在于："先将所有可用频率资源为每个 Femto eNB 正交分配，再根据小区中用户的 Geometry 确定每个 Femto eNB 是否可以和相邻 Femto eNB 共用全部或部分频率资源"，"部分频率复用由 Femto 基站分布式进行，并且其根据 UE 的位置和负载进行触发"。

由于终端检测结果的信号存在衰落快的特点，因此，本技术方案中提出将终端检测结果用以指导 Femto 基站频率复用分配实际上并不可行。基于同样的分析，由于本技术方案中利用终端检测结果进行部分频率复用，而终端检测结果的不可靠性，导致本技术方案被公司或者行业内其他公司实际应用的可能性非常低，标准化也不可能予以考虑，因此市场实际应用前景较差。

因此，根据当前的判断，本专利技术方案成为"好专利"的可能性很低。

> 小贴士：实际情况是，该专利技术方案在申请前进行了评价，不仅被认为不可能成为"好专利"，并且被认为申请专利没有实际意义，最终未能申请专利。

侵权证据获得难度。 从专利使用的角度看，一件专利申请被授权后，专利权人可以向侵犯或者可能侵犯该专利权的单位或个人提起诉讼或者采用其他方式主张其权利，以要求其获得实施许可。而运用专利向他人提出主张的第一步就是获取专利侵权证据，以证明他人是否侵犯了专利权人的专利权；所以侵权证据获得难度越低，则最终成为好专利的可能性越大。

如果侵权证据获取困难或者获取的成本太高，那么即使专利权人拥有了保护相应技术方案的专利，也很难去向侵权人行使专利权，要求侵权人赔偿。同时，还白白公开了自己的发明创造；这种情况下，很难成为"好专利"。

> 小贴士：对于一件技术方案来说，如果其侵权证据获取十分困难，就需要权衡是作为商业秘密进行保护还是需要申请专利了。

如何来判断侵权证据获得的难度？只能说除了理论外，各行各业有自己的特点，以通讯领域为例，对于设备间交互类的技术方案（如终端和网络侧设备间的交互方案），可从业务使用过程中推测对方技术方案的具体实现；对于产品技术方案，可从产品说明书中或者通过对产品进行破坏性研究来了解其技术细节；对于标准相关的技术方案，可以从标准文本及产品遵循该标准来获知其采用的技术方案。这些都属于侵权证据相对容易发现的例子。

> **案例**：一件名为"一种基于文件大小改进的 LRU 网络 Cache 替换算法"的专利技术方案，涉及缓存替换算法，是对现有缓存替换算法 LRU 的改进，改进方案为：在缓存替换前，先检查缓存的 Ui 是否低于期望值 EU，若低于，则直接删除缓存中尺寸最大的文件，以保证缓存中能容纳更多的小文件，使缓存具有合适的命中率；其次，在保证缓存命中率的前提下，按照缓存中基于文件尺寸和最后访问时间的调整时间来替换并选择删除选定的文件。

由于本技术采用算法的方式确定哪些数据被删除、哪些数据被替换，应用于设备内部中，几乎只有从对方的编程代码等内部文件中获取具体的实现方式，才能确定对方是否侵权，这种情况下，这个专利的侵权证据获得难度就非常高；很难被认为是"好专利"。

还有一些技术方案，通过正当方式很难获知对方的具体实现方法，比如由算法或程序实现的机器内部改进等。可想而知，对于这类情况，只有得到对方的编程代码等内部文件，才能知晓对方是否侵权。但这类文件往往是在企业内部管理，旁人很难知晓和获取。这种情况下，侵权证据获得难度也非常高，首先要考虑的是要不要去申请专利。

> **小贴士**：我们再次建议，为了避免申请专利后技术方案被公开，导致他人采用专利技术方案，但却由于侵权证据难以获取，无法追究对方的侵权责任，并造成自身商业利益受影响的情况发生，重要的算法类和程序类技术，需要权衡是否采用商业秘密的方式保护。

在此，我们还需要强调一个事情，上面虽然讲的是评价一个专利是否是"好专利"的维度，其实，同样适用于判断一个专利是否值得去申请的维度，大家可以再看看前面的三个小贴士就更清楚了；只是，"好专利"的判断标准或者要求要远高于是否申请专利的标准或者要求；道理很简单，要成为"好专利"必须先成为专利。

3.2 技术领先

这个标题想必大家都无疑义，专利从本质上来说就是一个技术方案，如果从技术角度讲是领先的，那么从某种意义上说，大家采用该技术的可能性就大一些，成为好专利的可能性也就大很多。

❀ **高清晰度电视（HDTV），技术好，专利更好**

你是否曾经不小心撞到商店的橱窗或玻璃门？只因为玻璃实在是擦得太干净，玻璃仿佛不存在而另一边是伸手可触的世界。没错！这就是高画质电视能够带给你的感觉！画面中的狗跃之欲出！这不是 3D 电视，但是它极度清晰的画质和震撼的音响效果同样让人身临其境（图 3-1）。

图 3-1　HDTV 示意图❶

HDTV（High Definition TV）的诞生是继 1954 年彩色电视在美国首次亮相之后，电视领域又一划时代之作❷。1960 年日本的 NHK 放送协会着手开发 HDTV，为了加强画面的真实性，起初着重于观赏角度与宽高比的研究，逐渐发展至屏幕尺寸、扫描线数，以及观赏者与屏幕应保持的标准距离等范畴。并在 1984 年建立了全球首个模拟式 HDTV 系统 -MUSE❸。

随着数字影音科技的发展，HDTV 这项贴近人眼最佳视觉的发明已经成为时下家庭的基本需求，日本、中国、欧盟、澳大利亚、美国及新加坡等国政府皆纷纷投入资源促进 HDTV 的发展❹。三菱、松下、飞利浦、三星、夏普、索尼和东芝等公司也积极开发 HDTV 的市场。❺ 预测 2012 年全球将有约 2.8 亿家庭拥有高画质电视（约占全球电视总家户数 25%），有约 1.79 亿个家庭（约占全球电视总家户数 16%）❻收视 HD 节目，成为未来电视机消费主流。

目前国际上公认的 HD 标准有两条：一是视频垂直分辨率超过 720（分辨率：1280×720）或 1080（分辨率：1920×1080）；一是视频宽纵比为 16：9❼。但是，要有那么高的分辨率及画质，图像传输的需求也大大的提高，如何有效率地传输这些信息变成这个技术领域十分重要的技术门坎。

美国 Rembrandt 知识产权管理公司所拥有的专利技术是利用信号点交错技术，将储

---

❶ http://www.product-reviews.net/2008/03/14/crt-televisions-vs-hdtv-high-definition-better-from-distance/
❷ http://www.ithard.com/info_detail.asp?infoid=62045
❸ http://www.dvworld.com.tw/product/hdv_inf/
❹ http://www.funddj.com/KMDJ/News/NewsViewer.aspx?a=6303e2fc-60d0-416b-ba00-e38e78fabf5c
❺ http://www.eettaiwan.com/ART_8800500507_480702_NT_6dc7957c.HTM
❻ http://www.cepd.gov.tw/m1.aspx?sNo=0012469
❼ http://bak2.beareyes.com.cn/2/lib/200708/17/20070817286.htm

存的奇地址与偶地址分开,加快访问速度。装置电路可依输入信息产生对应的格状编码信道信号(Trellis encoded channel symbol),每个信号由数个信号点(signal point)组成,一交错器将信道信号形成编码信号汇流(encoded signal point)。而此交错器在当信道信号的信号点于网格信号点汇流中非相邻,而在任一信道信号中相邻的信号点则不相邻于格状编码信号点汇流。Viterbi译码可找出信号点在网格的最小路径,作为最后的输出,有效更正错误噪声并减少计算负担。

该专利相关信息如表3-1:

表3-1

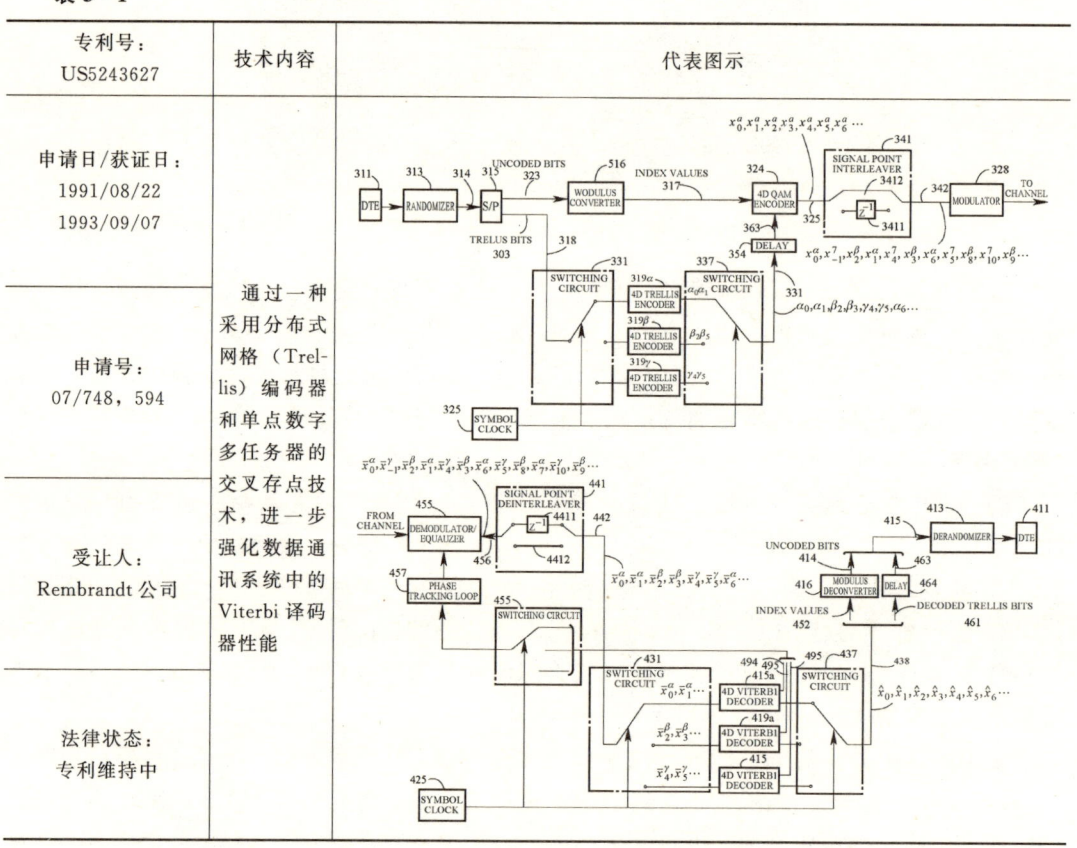

专利号: US5243627	技术内容	代表图示
申请日/获证日: 1991/08/22 1993/09/07	通过一种采用分布式网格(Trellis)编码器和单点数字多任务器的交叉存点技术,进一步强化数据通讯系统中的Viterbi译码器性能	
申请号: 07/748,594		
受让人: Rembrandt 公司		
法律状态: 专利维持中		

小贴士:本表中的技术方案图,我们编者内部有不同意见,一部分认为不需要放入技术图,原因是技术这么复杂,谁去研究啊?一部分认为需要放,因为放入才是一个完整的案例。最终主编一锤定音:读者中难免有精通这方面技术的专家,有技术方案图有利于满足他们的好奇心!

HDTV采用1080条有效扫描线,比起传统SD电视系统高出2倍(NTSC系统为480条,PAL和SECAM系统为576条),所以画面更为清晰、鲜明。❶ 虽然HDTV技术采用数字化方式,不再受限于因模拟处理数据量过大的问题,但是带宽和传输效率仍是需

---

❶ http://www.dvworld.com.tw/product/hdv_inf/

要克服的难点。因此，此专利方案利用网格编码器与交错器技术，能在不降低传输速度或需要更多信道带宽的条件下有效提升 Viterbi 译码器的功能，解决了限制带宽信道下 HD 高资源负载的传输障碍。

虽然此专利技术申请的时候并未预见 HDTV 在现今会如此盛行，但是其技术方案的先进性，十几年后被大量应用于 HDTV 传输上。所以说，技术领先，成为好专利的可能性大大增加。

小贴士：其实，关于"一半"的含义，主要是一个好的专利需要做好"技术"和"专利保护"两方面的工作，从这个角度讲，技术领先，就可以是"成就了一半"好专利。

此专利技术坚厚且应用性强，成为该技术领域的基础专利。同时，续随着产业的发展以及专利授权和侵权赔偿诉求的策略性跟进，有效提升了此专利在未来市场的战略价值，如同专利当中的潜力股。

小贴士：此专利正在向洽特、考克斯、有线视野、康卡斯特和时代华纳等美国有线电视巨擘以及其系统供应商主张权利，涉及多件专利侵权诉讼，其价值可见一斑。

❋ 思科在 WLAN 领域的专利亮剑

还记得多年以前我们是如何享受音乐的吗？成堆成叠的黑胶唱片搭上大喇叭的留声机；经常卡带，听完 A 面换 B 面的录音带和录音机；又或是不易损坏，体积还算轻巧的 CD 光盘加 CD 机？当年的文艺青年拎着录音机或者 CD 机走在大街上，大声放着音乐可是一件很拉风的事，但是如果现在还有人这样做，你一定会侧目而视，心里想："你'out'了！"。现在人手一台 MP3 播放器、手机，想听什么音乐只要上网下载就可以，是什么样的技术让音乐如此便利地流通？将成千上万的音乐浓缩在一台小小的机器里，让人们可以随时随地享受音乐（图 3-2）。

图 3-2　(a) 成堆成叠的黑胶唱片❶　　　　(b) 人手一台 MP3 播放器❷

飞利浦的专利 CN90103226.3 是 MPEG Audio 标准中（ISO/IEC Ⅲ 723）的核心专利，涉

---

❶ http：//wuming.nongtong.com/blogphoto/lp/3
❷ http：//image.thethirdmedia.com/Article/upload/05091618344712

及 MP3 和 MPEG 压缩音频的核心技术，随着 MP3 与通讯、音频、视频等技术的嵌合，涵盖手机、电视、电脑、DVD 及机顶盒等产品，目前由 Sisvel 进行管理。Sisvel 和欧洲海关已经多次在 IFA 及 Cebit 展会上，对参展企业及出货至欧洲的公司采取查抄及海关扣押等强势手段，目前涉及的公司有华旗、华为、夏新、苹果、索尼、三星、LG、松日、诺基亚等 800 余家。

如果企业的产品涉及使用 MP3、MP4、MPEG－2 技术的机顶盒、DVB 卫星接收器、PDA、GPS、MP3 等影音产品，该企业必须就每台产品向 Sisvel 支付 60 美分（相当于 4.8 元人民币）的专利费用❶，以平均市价 200 元人民币的爱国者 MP3 播放器而言，爱国者就每台 MP3 播放器支付给 Sisvel 的专利费用占售价的 2.5%，加起来是一笔相当惊人的费用。

CN 90103226.3 所保护的范围是一种数字传送系统，用于该传送系统的发送机和接收机，涉及音频编解码的技术，申请于 1990 年 5 月 30 日。这件专利所涉及的技术在当时属于该领域的开创性技术。其后适逢音频数字化时代，由于该专利技术涉及 MP3 和 MPEG 压缩音频技术，在广泛使用的情况下成为了 MPEG Audio 标准（ISO/IEC Ⅲ 723）的核心专利，实为一个技术领先专利成为标准的经典案例。

该专利的相关信息见表 3－2：

表 3－2

专利号： CN90103226.3	技术内容	代表图示
申请日/获证日： 1990/5/30 1996/2/21	数字传送系统，用于该传送系统的发射机和接收机，以及利用采取一个记录装置形式的发射机获得的记录载体。	
申请号： 90103226.3	在一个数字传送系统中的发射机（1）从具有抽样频率 Fs 的宽带数字信号 S_{88} 中得出在其输出端（7）出现的第二数字信号，这个信号包括连续的帧，每个帧由许多信息组（IP）构成，每个信息组具有 N 位长。在一个帧中信息组（B）的数目由公式确定	FO1 同步和系统信息 | P1 ／ FO2 分配信息 ／ FO3 比例因子 抽秤 空槽 | PP¹ |PP¹+1
申请人： 菲利浦光灯制造公司		
法律状态： 专利已失效		

与其他专利相比，标准专利具有两个突出的优势。一是应用范围广泛，很难绕开。制定标准的目的即在于使不同厂家的产品能够相互兼容，例如采用 DVD 标准可以使各公司生产的 DVD 机都可以读取标准的 DVD 碟片。这样，随着标准化产品的推广，专利就被广泛的实施。二是专利侵权容易发现和证明。由于这类专利与标准相关性的存在，只要采用了相同标准的产品都会侵犯专利权，不需要去拆解具体

图 3-3　恼人的线缆❷

---

❶　http：//www.autoo.net/utf8－classid100－id36235.html
❷　http：//fotosa.rurustocksearch.aspID=2557963

产品或者分析产品的代码设计。同时，专利权人在向法院证明专利侵权成立时，也只需分析专利与标准文本的对应关系，而不用证明某个具体产品与专利技术的相似性。

在通讯领域，因为涉及多家的互联互通，所以各家都需要遵守一个共同的标准，因此标准专利尤为重要，价值尤其高。

WLAN（Wireless LAN）－无线局域网，就是一种能够让无线接入点（Access Point）与局域网建立无线连接的无线网络架构，把个人从办公桌边解放了出来，成为无线通信应用最广泛的系统。市场调查机构 ABI Research 分析指出，在消费电子产品中，WiFi 芯片的普及率将继续稳健增长。到 2015 年，带 WiFi 功能的消费电子产品的总出货量预计将超过 5.3 亿，从 2009 年至 2015 年的年复合增长率将为 26%。无庸置疑，WLAN 已成为数字生活中不可或缺的技术（图 3-3）！

思科所拥有的 WLAN 专利可追溯到 20 世纪 90 年代，专利方案包括拥有多个路由器收发器和多个移动装置收发器，在预设范围内通过无线电传输与路由器收发器连接。移动装置的收发器互相连接且由相对应的便携式计算机供电，且能够在频率超过 10GHz 频段和多径环境下传播。其传输数据量速度的倒数相对于多径传输路径中差异最大的时间延迟短。而无线电传输可分成多个数据封包，LAN 不需将路由器直接与多个移动装置连接。

该专利的相关信息见表 3-3：

表 3-3

专利号：US5487069	技术内容	代表图示
申请日/获证日：1993/11/23 1996/01/23	拥有多个路由器收发器和多个移动装置收发器，在预设范围内通过无线电传输与路由器收发器连接。移动装置的收发器互相连接且由相对应的便携式计算机供电，且能够在频率超过10GHz频段和多径环境下传播。其传输数据量速度的倒数相对于多径传输路径中差异最大的时间延迟短。而无线电传输可分成多个数据封包，LAN不需将路由器直接与多个移动装置连接	
申请号：157,375		
申请人：Commonwealth Scientific and Industrial Research Organisation		
法律状态：专利维持中		
专利家族	PT0599632E JP06296176A2 JP03438918B2 GR3036146T3 ES2156867T3 EP0599632B1 EP0599632A3 EP0599632A2 DK0599632T3 DE69330158T2 DE69330158C0 AU5180693A1 AU0666411B2 AT0200720E	

小贴士：在这个专利的信息中，出现了一个专业的词汇：专利家族；并且在专利家族信息里面涉及很多信息，OK！说明你认真看了本书，也提出一个非常

好的问题，这其实涉及专利布局、专利家族、专利工作中的国家代码等知识，我们会在本书第9章里面介绍。

思科所拥有的上述专利家族 为IEEE 802.11a、802.11g以及802.11n的标准原型❶，因此多数WLAN产品很难回避此技术。1997年IEEE在制定802.11a标准的同时思科向IEEE公开WLAN技术，到了2003年，IEEE再次制定了802.11g标准。当这两项标准被批准时，IEEE曾致函思科，承认新标准的部分技术使用了思科的专利。很显然IEEE选择使用了思科的技术，承认这项技术的专利权，可想而知思科也会相应提出专利许可费❷要求。专利技术成为标准后就等于制定了游戏规则，任谁都能在市场上呼风唤雨。日商巴法络则是近年来在WLAN领域第一个受到专利攻击的公司，思科在2005年控告巴法络侵犯其美国专利US5487069。2006年法官判定确定侵权，并裁定自2007年10月起，禁止巴法络产品在美国贩卖❸。

随后思科又起诉了芯片厂商（英特尔、博通、美满半导体），计算机应用公司（微软、索尼、宏基、东芝、联想、华硕、任天堂、富士通、贝尔金以及网络设备厂商❹美国网件公司（netgear）、友讯集团（D-Link）。其专利涉及了IEEE802.11的核心技术，所以衍生出许多诉讼案及授权行为。

思科预见了无线局域网中集线器与多个移动装置建立连接的技术趋势，创造性地提出了解决方案，为其专利打下了坚实的技术基础。

❋ **DVD优于VCD的不仅仅是画面品质，还包括无缝衔接技术**

你还在为花较长时间才能回到碟片中某段想看的内容而感到烦恼吗？VCD时代，这些问题几乎是每一个碟友都会遇到的事，想看某段想看的内容时，经常会需要将内容快进或者快退来回寻找，造成很多不便。随着DVD无缝衔接技术的出现，给用户带来更人性化的视频感受，找到自己想看的精彩片断更快速，更简单（见图3-4）。

图3-4 DVD无缝衔接技术

---

❶ http://www.eettaiwan.com/SEARCH/ART/WLAN.HTM
❷ http://big5.sipo.gov.cn/www/sipo2008/dtxx/gw/2007/200804/t20080401_353366.html
❸ http://www.2cm.com.tw/markettrend_content.asp?sn=0907220014
❹ http://cdnet.stpi.org.tw/techroom/pclass/2009/pclass_09_A078.htm

US 5,734,862号专利涉及一种无缝衔接技术，是一种基于交互视频应用软件的消除光盘存取时间的系统及一种具有多重动态片段存取扫描格式的光盘。在重放时，用户能够选择一个片段作为当前片段，当其他帧被清除时，只有与当前片段相关的帧才能被显示。帧交互模式允许从光盘读取多重片段数据而无需重新配置光盘的读取头，从而消除存取时间。此专利技术完全解决了碟友们需回顾影片或视频某段精彩片段时不停地通过快进快退寻找相应片段的困难，给碟友们在欣赏过程中更人性化的需求与感受。而该专利的发明人 Charles J Kulas 是一技术人员，其了解到现实生活中的实际存在问题并看准该技术的前瞻性，也为攻克该技术投入了很大的精力，为成就该优质专利奠定了坚实的基础。通过该专利技术，使人们能感受到更人性化的视频体验，更加丰富了人们的娱乐生活，同时其技术的领先也成就了该专利的价值！

该专利的相关信息见表 3-4：

表 3-4

专利号：US5734862	技术内容	代表图示
申请日/获证日：1994/05/31 1998/03/31	一种基于交互视频应用软件的消除光盘存取时间的系统及一种具有多重动态片段存取扫描格式的光盘。在重放时，用户能够选择一个片段作为当前片段。当其他帧被清除时，只有与当前片段相关的帧才能被显示帧交互模式允许从光盘读取多重片段数据而无需重新配置光盘的读取头从而消除存取时间。披露了可以有效地改进所述产品交互性的多重交互模式及一种帧缓存执行器	
申请号：08/252,460		
申请人：KULAS CHARLES J [US]		
法律状态：获证专利 Asign 给 TLC 公司		

小贴士： 后来该专利转让给一家位于加州的专利授权公司 Technology Licensing Company（TLC 公司）。TLC 公司有一套获取专利许可费的商业模式，从 2004 年开始，TLC 公司利用 US5,734,862 专利起诉了 21 家企业，包括 DVD 播放器生产商，例如：爱普生、先锋、声宝、真力时、宝丽莱、欧迪福斯、欧路夫森等。销售商，例如：沃尔玛、百思买、电路城、西尔斯、睿侠、塔吉特等；其中大部分诉讼案件均以和解结束或者自愿撤诉，诉讼的结果也体现了该专利的技术价值及市场价值。

第二篇：制造专利

❀ **云计算——深刻影响未来**

当你在旅行途中看到一座美丽的建筑物时，是否想探寻它到底是哪个名胜古迹吗？没关系，你可以利用手机拍照上传，运用 Point and Find 技术在数据库中检索大量加有地理卷标的图片，验证比对照片中景象的确切地点❶，甚至提供相关历史信息。这样的技术不只用在图片识别，比如当你在餐厅看到造型特殊的花瓶，想要进一步知道设计者的相关作品，或是想要知道在哪边可以买到它，价格多少等信息，也可以扫描花瓶外型、条形码甚至声音，通过云计算搜寻该商品对应的信息（见图 3-5）❷。

这么好用的技术其实要追溯到早期的脸部或指纹识别技术（Identification Technology），采用一个装置来识别一份文件或是图像，经过数据库的比对后，由该装置做出判断并给予最贴近结果的答案❹。不过这种封闭性的识别技术已经落伍，现在我们可以通过开放云端平台（Cloud）将过去的识别功能普及应用在日常生活中。云计算，简单的说就是把所有的数据全部丢到网络上处理，通过这种方式，共享的软硬件资源和信息可以随时提供给计算机和其他装置❺，如此一来就能实现上述找景点、找花瓶的便利性了。市场调查机构顾能（Gartner）将云计算列为 IT 产业未来十大趋势首位，并指出至 2012 年《财星》五百大企业中会有四百家使用各式不同的云计算服务❻。另外，台湾资策会产业情报研究所（MIC）预估，全球云端服务市场规模至 2013 年将达到 375.2 亿美元❼。根据国际数据信息中心（IDC）的数据显示云计算服务器销售额在 2014 年将成长至 126 亿美元❽。

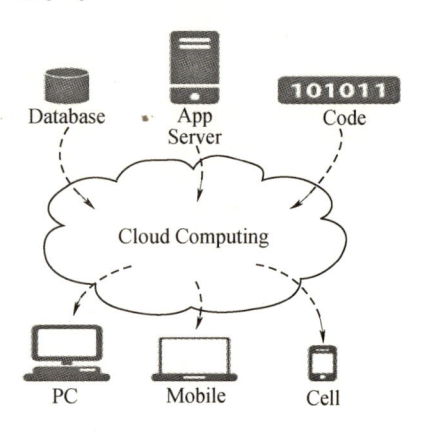

图 3-5 云计算示例图❸

US7392287 专利揭露一以手持装置（Handheld Device）通过文件认证的方法与设备。首先将信息从认证文件中截取出来，并储存于手持装置中作为文件数据；利用手持装置与数据处理设备间的通讯路径将上述文件数据送出；随后，再产生参考文件，而每个参考文件均有对应的参考数据存于数据库中；并将部分收到文件数据截取成为扫描文件，再将其与自数据库取出的参考数据进行比对；当该扫描文件与某一参考文件部分参照数据比对成功时，则将该参考文件作为认证文件传送给接收者。

该专利相关信息见表 3-5：

---

❶ http：//taiwan.cnet.com/crave/0，2000088746，20139104，00.htm
❷ http：//3c.msn.com.tw/View.aspx? ArticleID=43279
❸ http：//www.netgeo.biz/ngi/446
❹ http：//cdnet.stpi.org.tw/techroom/pclass/2010/pclass_10_A253.htm
❺ http：//zh.wikipedia.org/zh-tw/%E9%9B%B2%E7%AB%AF%E9%81%8B%E7%AE%97
❻ http：//blog.fihspec.com/idc/? p=1825
❼ http：//mic.iii.org.tw/aisp/pressroom/press01_pop.asp? sno=234&type1=2
❽ http：//cdnet.stpi.org.tw/techroom/market/eetelecomm/2010/eetelecomm_10_014.htm

第 3 章　制造专利技巧

表 3－5

专利号：US7392287	技术内容	代表图示
申请日/获证日：2001/03/27　2008/06/24	US7392287 专利揭露一以手持装置（Handheld Device）透通过文件认证的方法与设备。首先将信息从认证文件中截取出来，并储存于手持装置中作为文件数据；利用手持装置与数据处理设备间之的通讯路径将上述文件数据送出；随后，再产生参考文件，而每个参考文件均有对应之的参考照数据存于记忆数据库中；并将部分收到文件数据截取成为扫描文件，再将其与自记忆数据库取出之的参考照数据进行比对；当该扫描文件与某一参考文件部分参照数据比对成功时，则将该参考文件作为认证文件传送给接收者	（图示：Mobile Phone 115、Article 105、110、PDA 120、Web Server 125、Internet 130、Emailed Recipient 135、Database 140，整体标号 100）
申请号：09/818,003		
受让人：Wireless Recognition Technologies LLC		
法律状态：专利维持中		
专利家族	US20100039533A1　US20080010346A	

　　Hemisphere II Investment LP 看准了未来云计算的潜力将其识别技术专利采用云计算概念包装，不只因应了市场需求也将其应用推到最广。从 2006 年谷歌（Google）行政总裁埃里克·施密特提出云计算概念开始❶，各国政府及公司陆续推动云端应用平台。而 Hemisphere II Investment LP 的专利在云计算技术发展蓬勃之际被核准，势必兴起许多诉讼。此专利在 2010 年转让给 Wireless Recognition Technologies LLC（WRT）公司，其于 2010 年 9 月 14 日对 Nokia 提起诉讼，主张 Symbiam 系统中 Point to Find 功能（用户可以拍摄一张图片，进而利用这张图片做比对识别之用）侵犯了其专利权，且 Ricoh 为 iPhone 开发的 French Rev 和 Drive Tube；由 Google Android 开发的 Google Shopper；Amazon 为 Android、iPhone 和 BlackBerry 所开发的 Amazon Remembers Feature；以及由 A9 为 Android 和 iPhone 所开发的 Snaptell 功能，皆涉嫌侵犯到此专利。可见，基础的

---

❶　http://assignments.uspto.gov/assignments/q?db=pat&qt=pat&reel=&frame=&pat=7392287&pub=&asnr=&asnri=&asne=&asnei=&asns=

· 51 ·

技术概念如果能顺应市场潮流布局，便可扩大其应用领域，进而增强专利战略价值❶。

3.3 专利包装

上面反复用客观事实论证技术优秀的重要性，但是，作为发明人，你要切记，只是技术领先，但是没有好的专利包装，仍然成不了好专利！

❈ 多一句成千古恨

先让我们来看看在关于美国专利5，263，081（以下简称081）的诉讼中有关权利要求中"电话设备（telephone instrument）"一词的争议。

专利5，263，081的相关信息见表3-6：

表3-6

专利号： US5，263，081	技术内容	代表图示
申请日/获证日： 1992/11/18 1993/11/16	通过对信道单元产生控制信号的控制单元，提供通过信道单元到用户电话设备的挂机声频传输。不管用户设备是处于挂机还是摘机状态，控制单元响应"空闲"代码的接收，而创立通过信道单元建立声频路径的指令	
申请号： 07/978，025		
申请人： Hubbell Incorporated		
法律状态： 专利已失效		

081权利要求2的内容为：

"一种装置经由多数个信道单元提供声频（Voice Frequency）路径给挂机（on-hook）声频传输，每个信道单元包含一个用户线路接口电路（Subscriber line interface circuit chip），在数字载波回路系统（Digital loop carrier）下提供老式电话系统（POTS-type）服务，利用直流发信号（DC signaling）到用户电话设备（telephone instrument）……"。

本案争议焦点在于081权利要求2前言中的"电话设备"是否包含被告产品所使用的PBX（Private Branch Exchange）系统。

首先必须厘清该"电话设备"是否为老式电话系统，以及是否使用直流发信号模式。因为直流发信号模式中的启动方式可分为接地启动和回路启动（loop start），其中大部分传统仿真电话采用回路启动，而接地启动则大多运用在较复杂的PBX系统。

美国地方法院的判决指出081说明书以及申请历史档案中并未提供"电话设备"的明确定义，对此原告与被告展开激烈的攻防，原告主张说明书中描述的"电话设备"包含接

---

❶ http://cdnet.stpi.org.tw/techroom/pclass/2010/pclass_10_A253.htm

地启动系统的概念，因此 PBX 系统包含于其中，但法院则认为 082 权利要求中的"电话设备"一词只限于传统仿真电话，原告不服又上诉到联邦法院，但上诉的结果仍无法满足专利权人的期待。

综观本件诉讼，原告败诉的理由与权利要求撰写有很大的关系。081 的权利要求用词有几个不甚妥当的地方：首先，"电话设备"一词过于模糊，说明书中也没有定义该用词，在做权利要求范围解读的时候很难站得住脚，诉讼也不容易胜出；再者，权利要求中描述"……提供老式电话系统（POTS - type）服务，利用直流发信号（DC signaling）……"，其中 POTS - type 和 DC signaling 技术是现有技术，并非本件专利的主要技术特征，在权利要求中加入这些字眼，无法加强与现有技术的区别，因此显得多余，不但画蛇添足，从诉讼的结果来看，加上这些字眼还使得权利要求徒增不必要的限制与争执，简直是拿石头砸自己的脚。

上述权利要求的撰写瑕疵突显了权利要求用词的重要性。一项技术再好，如果不能用周密的权利要求包装，日后要主张或捍卫自家的权利范围就亏大了。

如果，该专利在说明书中加一句："这里的电话设备包括传统仿真电话、PBX 电话系统等各种电话系统"，这桩诉讼也许就是另一种结果了！这个专利太可惜了，其实，它离好专利只差了一点点而已！

通过这个案例可以看出，专利的保护范围需以权利要求的内容为准。你有一项技术，非常了不起，要申请专利，除了请专业的专利代理人帮助撰写周密的权利要求书，还需认真考虑权利要求中技术用词是否过于模糊、下位，是否包含不必要的技术描述等。不要以为专利申请文件就那么几页纸，按照规定的格式撰写就 ok 了！

> 小贴士：权利要求撰写应尽可能避免使用下位用语，在不涵盖现有技术的前提下，应尽量以上位用语描述基本方案。纵使未使用上位用语，也应该在说明书中精确解释并多举实例，才能扩大其专利保护范围。

❋ 三星 V.S. 华立，一个实施例值 5000 万吗

双模双待手机大家肯定都不陌生，图 3-6 中的这款双模双待的三星手机大家肯定很眼熟。不过，就是因为这款手机，深圳三星科健公司就为它支付了高额的赔偿费，因为手机里采用的技术方案落入到浙江华立集团专利的保护范围内了！

图 3-6 三星 V.S. 华立

ZL02101734.4 号专利是华立集团有限公司于 2002 年 1 月 15 日申请的关于一种 GSM/CDMA 双模式移动通信的方法专利，并于 2005 年 5 月 25 获得授权。

其主要特征是：主印刷线路板上的主 CPU 根据硬件检测判断或用户菜单选择来决定启动主通信模块还是辅助通信模块，a）若没有辅助通信模块，则主 CPU 自动地启动主印刷线路板上的主通信模块；b）若辅助通信模块插入设备，则主 CPU 自动提示用户通过键盘或专用开关选择期望使用的通信模式，启动被选择的通信模块，主 CPU 通过电源

切换开关、音频切换开关、天线切换开关和连接器的相互配合，公用的部件和选定的工作的模块进入选定的 GSM 或 CDMA 工作模式；c）在键盘"模式选择"指令的作用下，主 CPU 通过电源切换开关、音频切换开关、天线切换开关、连接器与主通信模块和辅助通信模块实现数据的交换；"模式选择"指令为主通信模式，主 CPU 直接和主通信模块实现数据交换；"模式选择"指令为辅助通信模式，主 CPU 通过电源切换开关、音频切换开关、天线切换开关、连接器与辅助通信模块实现数据交换。

2007 年 4 月 9 日，华立向杭州市中级人民法院正式起诉深圳三星科健公司，状告其侵犯自己"GSM/CDMA 双模"发明专利，要求对方停止侵权，并赔偿损失。随后，深圳三星科健公司于 2007 年 5 月 8 日向国家知识产权局专利复审委员会递交无效宣告请求，状告华立的双模专利无效，要求国家知识产权局撤销华立的上述专利。并称本专利说明书不符合《专利法》第 26 条第 3 款的规定，权利要求 1—8 不符合《专利法》第 26 条第 4 款、《专利法》第 22 条第 3 款、《专利法》实施细则第 20 条第 1 款、《专利法》实施细则第 21 条第 2 款的规定。特别是针对专利权利要求得不到说明书支持及说明书公开不充分部分，如"说明书未充分公开用户卡和辅助通信模块之间如何进行数据交换"，"CDMA、GSM 的工作频率相邻近，GSM 发射机对 CDMA 接收干扰严重影响 CDMA 的接收机性能，以及 GSM 和 CDMA 模块的公用天线，同时使用时会导致严重干扰，而本专利说明书中未公开两个模块同时使用时如何克服该问题"等问题，双方进行了激烈辩论。

因本案专利代理人确实在专利撰写时下了功夫，在专利撰写时已考虑到专利揭露性问题，在说明书中已清楚揭示了一种主 CPU、主辅通信模块和公用部件组成的双模通信设备，并详细说明了主 CPU 根据硬件检测判断或用户菜单选择来决定启动主通信模块还是辅助通信模块，另外还在说明书中清楚写明该双模设备工作时是选择其中一个模式工作的，不会存在公用一个天线时产生严重干扰的问题。经过半年多的审理，国家知识产权局复审委员会于 2007 年 12 月 14 日做出了华立通信专利有效的判决。2008 年底，法院最终判令深圳三星科健移动通信技术有限公司赔偿浙江华立集团有限公司经济损失人民币 5000 万元。随后，深圳三星科健公司于 2009 年 3 月 23 日再次向专利复审委员会提出无效宣告请求，但最终专利权仍维持有效。

对于一件专利来说，好的技术固然重要，如何将好的技术转化为好的专利也同样重要。本案经过两次无效，均最终立于不败之地，专利代理人的撰写时下的功夫由此可见一斑，其不仅让好的技术获得了好的权利范围，更有效地帮助权利人维护了权利，在深圳三星科健公司未经许可实施该技术后，通过诉讼进行了有效维权。

好的专利既靠创造，也靠撰写。专利本身的技术含量当然是影响专利质量的决定性因素之一，但通过撰写进行包装在提升专利本身的权利价值及稳定性方面也起着举足轻重的作用。只有通过专利撰写，将经过深思熟虑且具高质量的技术方案在说明书中予以充分揭示，并做好权利范围的部署，才能更好地满足专利授权的各项要求，并确保其在专利无效时立于不败之地。

> 小贴士：我们认可本专利技术的优秀性，但是，专利代理人也功不可没，若没有深厚的功底，良好的职业素养，以及认真的撰写态度，很有可能这件专利在两次无效之后就灰飞烟灭了。

❀ 实施例多，专利好与不好的一种差别

权利要求书以说明书为依据，限定要求专利保护的权利范围，是专利申请文件的核心。但是，大家都知道光有核心是不够的，还要有外围的内容；现在，我们就最重要的外围内容如何撰写介绍一个案例。

> 小贴士：当你拿到一件专利申请文件时，有时候看了很久还是搞不清楚专利的内容，是不是很困惑呢？长长的一份文件，字数那么多还有看不懂的图，到底在讲些什么，哪些才是需要注意的重点呢？我们建议你看具体实施方式，如果有最佳实施例，可以从最佳实施例看起，另外呢，最好结合附图来阅读实现发明的具体方式（有点类似于看图想故事）。

那么为什么实施例是最重要的外围内容呢？权利要求确定的保护范围是一个面，实施例是其中的点。只有在说明书中记载至少一个实施例（也就是具体实现的技术方案），才能支撑起专利保护的权利范围。相应的，记载多个实施例，也就是说多提供几个点，就能支撑一个大一点的面。如果只有一个点，即使最初这个面圈的比较大，也可能由于得不到支撑要请你缩回去哦！

发明人有了发明构想，想要申请专利，但是要申请专利，只有构想是不够的，还要明确具体的实施方式并且在说明书中充分地揭露。如果说发明内容是用来显示发明特点，具体实施方式就是用来支持权利范围的。专利保护的权利范围是由权利要求书来确定的，但是能得到多大的权利范围还要看说明书的具体实施方式有没有支持。

通常发明人提供的实施例只有一种，但是，说明书只写了一个实施例，你就安心了吗？

具体实施方式部分所需要写入的实施例，不仅可以包含最优的实现方案，还可以包含次优的实现方案，还可以包含根据最优或者次优的实现方案经过简单变形得到的实现方案。举个例子，有个发明是讲书架的木板固定的方式，实施例提到钉子、镙丝钉、卡榫等三种固定元件，在权利范围就可以用"固定元件"这个上位用语代替钉子、镙丝钉、卡榫。显然，多个实施例对于扩大权利范围很有帮助。

这是一个关于 US4,922,517 (Serrano v. Telular Corp.) 的专利诉讼中，相关专利信息见表 3-7：

被告与专利权人对于权利范围（Claim）里"determination-means"一词的定义发生争议，被告宣称由字典的定义，determination-means 中的 determine 应解释为识别(identify)最后键入的数字。专利权人反驳说此字义应为当最后一个数字键入后决定(determining)。美国联邦法院的法官从说明书中的实施例中找到支持专利权人说法的证据，此 determination-means 被认为是当最后一个数字键入后决定而非识别最后键入的数字。因此，法官采纳了专利权人的意见，该权利范围中的范围得以扩大解释。

诉讼发生时，需要解读专利权利范围，其原则是先从内部证据（内部证据是什么？专利说明书涵盖的所有内容以及专利申请过程的历史文档，就是内部证据）开始理解，再参考外部证据，所谓的外部证据的典型例子就是字典、工具书、教科书等不属于内部证据的证据。

在本案例中，若专利权人没有写出多个实施例，说不定诉讼结果会变得完全不一样！

表 3-7

专利号： US4,922,517	技术内容	代表图示
申请日/获证日： 1988/9/15 1990/5/1 申请号： 07/245,138 申请人： Metrofone, Inc. 法律状态： 专利已失效	提供一种用于接口连接标准电话机和作为电话网的部分的无线电收发器的界面系统。无线电收发器可以是传统的蜂窝型收发器或者具有类似于由蜂窝型收发器提供的通常的控制输入和输出的其他收发器。该界面系统将来自电话的语音拨号或者脉冲拨号输入转换成储存在收发器中的连续的数据流。该界面系统在最后的数字被键入时自动决定，并且在做出该决定时提供发送信号给收发器。	（代表图示）

这个案例说明了多面向地撰写实施例有助于扩大专利权利范围，越多样的实施例，越能支持宽广的权利范围。因此，申请专利时，还是要多写几个实施例。

3.4 专利布局

❋ **包装法 1：技术点多是必须的**

想当爱迪生——记得要做好专利布局喔

古时候为了进京赶考夜夜苦读的书生们就着油灯、蜡烛忽明忽暗的光线念书的情形，对于现在的我们而言已经十分难以想象，就更不用说囊萤映雪了。是什么造就如此便利的光明时代？不用多说，大家脑中浮现的一定就是爱迪生的伟大发明白炽灯泡。

发明大王爱迪生以白炽灯改变了人类的生活，但是很少人知道白炽灯并非爱迪生的原创，事实上是 Philips Diehls 所发明的。爱迪生基于 Philips Diehls 的概念加以技术改良、积极布局专利、并且致力于这项技术的商业化，最后 Philips Diehls 也不得不妥协将他的专利转卖给爱迪生❶。

历史没有如果！但如果我们试着假想一下，若当初 Philips Diehls 在专利上进行完整的布局，是不是白炽灯之父的名号就得换个人当了呢？

科技进步至今，白炽灯的时代已经过去，白光 LED 已经成为 21 世纪最热门的照明光源，投入的厂商都想在这个竞争当中独占鳌头，当年 Philips Diehls 所犯的错误更是大家

---

❶ http://en.wikipedia.org/wiki/Thomas_Edison

· 56 ·

极力要避免的，在这件事情上，日亚做了最好的示范。

专利 US5998925 所保护的范围，即是利用蓝光 LED 激发钇铝石榴石荧光粉而产生黄色荧光，所产生的黄色荧光进而与蓝光混合产生白光。该专利的基本信息见表 3-8：

表 3-8

专利号： US5998925	技术内容	代表图示
申请日/获证日： 1997/07/29、 1999/12/07	利用蓝光 LED 激发钇铝石榴石荧光粉而产生黄色荧光，所产生的黄色荧光进而与蓝光混合产生白光	
申请号： 08/902,725		
申请人： Nichia Kagaku Kogyo Kabushiki Kaisha		
法律状态： 专利维持中		
专利家族	WO9805078A1　US20100264842A1　US20100264841A1　US20100117516A1 US20100019270A1　US20100019224A1　US20100006819A1　US20100001258A1 US20090316068A1　US20090315015A1　US20090315014A1　US20080138918A1 US20070159060A1　US20070114914A1　US20050280357A1　US20040222435A1 US20040090180A1　US20040004437A1　US20040000868A1　US20010001207A1　US7682848 US7531960　US7362048　US7329988　US7215074　US7126274　US7071616　US7026756　US6614179 US6608332　US6069440　US5998925　TWI156177B　TW0383508B　SG0151084A1　SG0115349A1 PT0936682E　KR5053800A　KR5044817A　KR0559346B1　KR0029696A　JP2009135545A2 JP2008160140A2　JP2006332692A2　JP2005317985A2　JP2003179259A2　JP2002198573A2 JP2000208815A2　JP10242513A2　JP04530094B2　JP04124248B2　JP03729166B2　JP03700502B2 JP03503139B2　JP02927279B2　HK1066097A1　HK1066096A1　HK1066095A1　HK1030095A1 HK1021073A1　GR3034493T3　ES2148997T5　ES2148997T3　EP2197057A2　EP2197056A2 EP2197055A2　EP2197054A2　EP2197053A2　EP2194590A2　EP1429398A3　EP1429398A2 EP1429397A3　EP1429397A2　EP1271664A3　EP1271664A2　EP1045458A3　EP1045458A2 EP1017112A8　EP1017112A3　EP017112A2　EP1017111A3　EP1017111A2　EP0936682B9 EP0936682B2　EP0936682B1　EP0936682A4　EP0936682A1　DK0936682T4　DK0936682T3 DE69702929T3　DE69702929T2　DE69702929C0　DE29724773U1　DE29724764U1 DE29724670U1　DE29724642U1　DE29724458U1　CN10449807C　CN10424902C　CN10424901C CN10382349C　CN1893133A　CN1893132A　CN1893131A　CN1825646A　CN1495925A CN1495921A　CN1495920A　CN1495919A　CN1495918A　CN1495917A　CN1268250A CN1253949C　CN1249825C　CN1249824C　CN1249823C　CN1249822C　CN1240144C　CN1133218C CA2481364C　CA2481364AA　CA2479842AA　CA2479538C　CA2479538AA　CA2262136C CA2262136AA　BR9710792A　AU3635597A1　AU0720234C　AU0720234B2　AT0195831E

该权利要求保护范围揭露发光装置，LED 及白光 LED 由蓝光 LED 及黄色荧光粉组成（claim1、14、23），其荧光粉成分之比例（claim2-8、claim15-21），其发光之波长范围（claim9、22），其 LED 相关之应用（claim11-13），由以上独立权利要求及从属权利要求之组合保护白光 LED 的所有技术特征。

日亚通过 US5998925 在白光 LED 上占得先机，随后主张本篇专利的优先权在美国衍生出 20 件连续案（Continuation Application）或部分连续案（Continuation-in-part Application）的专利家族，以不同的权利范围保护和延续其白光 LED 关键技术，就像一条大鱼可以用煎煮炒炸的方式食用，也可以做成咸鱼或晒成鱼干来延长保存期限，但皆可追溯至钓到那条鱼的好日子。US5998925 就如同一条大鱼，专利家族就像不同烹煮及保存方式来增加及延续其白光 LED 关键专利的方法，如以不同的结构特征布局专利，如白光 LED 基本结构、多层结构、应用装置结构（US6069440、US7071616、US7126274 等 14 篇专利家族），以发光波长特征布局专利，如蓝光 LED 的波长范围、黄色荧光粉的波长范围等（US7026756、US7682848、US20090316068 共 3 篇专利家族），以成分比例特征布局专利，如荧光粉调制比例、蓝光 LED 成分比例（US6608332、US6614179、US7329988 共 3 篇专利家族）（见图 3-7）。

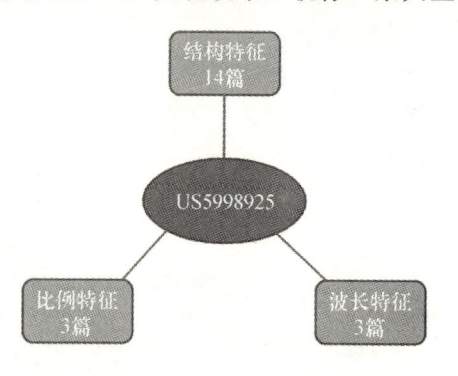

图 3-7 US5998925 专利家族技术点布局情形

小贴士：关于连续案和部分连续案，这是美国《专利法》的一个特点，连续案就是在原本相关发明中，由于持续的研究发展"又发现了"原本已经申请但是权利要求未涵盖的技术内容，因此采用新连续案的申请扩大原有的保护范围。当原申请案需加入新实质内容事物（New Matter）时，应以原母案为基础，在原案未放弃前，加入新事物同时提出申请部分连续申请案（CIP）。其中，与原案相同之内容，申请日与原案相同；而新加事物之申请日，则为 CIP 案之新申请日。申请 CIP 案，需另缴申请费。

我们来看看其技术点的布局情况：

你还可以看到这个专利族的一个特点：一个专利族在全世界布局了超过 90 个专利！

同时，更可以进一步善用专利申请的手法如要求优先权或分案申请等技巧为您的新技术建构一个完整专利布局；以及你要牢记专利申请要有世界观念，不能仅局限于国内；这样的专利才是真正的好专利！

洞悉先机，小虾米怎样制服摩托罗拉、AT&T 这样的大鲸鱼

好不容易开完了一场重要的会议，你打开手机发现有未接来电，于是赶紧回拨到语音信箱听取留言，第一封是同事小明问你报告在哪，你想要回电，可是还要自行找出电话号码，所以你决定先继续听下一封留言，第二封是以前的高中同学说要约吃饭开同学会，可是挂上电话你才发现她忘记留下联络方式，这下不知道该怎么再联络对方，第三封是银行的推销广告，听到第四封才发现是老婆打电话来叫你记得要去接小孩下课，你看看时间，天啊！都已经超过快半小时，心急如焚地开车前去……

你有出现过以上类似的情况吗？如果有，那你的语音信箱已经过时了。传统听取留言必须要依照时间顺序，不能随意选择，而且留言和来电者的通讯资料之间并没有相对应的关系，PDA 之父克劳斯纳洞烛先机地在 1992 年发明了可视语音信箱（visual voicemail）

技术，以上窘境就比较少再出现。

可视语音信箱会将留言整理出一份列表供你选择，并且将来电者的资料记录，甚至和你的通讯录做关联，谁留言给你一目了然，如图所示，你可以先选择听取老婆的留言，不会错过接送小孩的时间，而高中同学的联络电话系统已经帮忙查找出来，不用烦恼该如何联络对方，想要回拨给同事小明只需要按下回拨电话钮即可，是不是便利了许多呢（图3-8）！

克劳斯纳此项发明视为语音信箱应用上的一大突破，也是一大福音，这种可将语音留言整理出列表的系统并可视的连接和整合功能为我们带来更有效率的生活质量。而随着新型智能触控手机成为市场上的主流，克劳斯纳所拥有的与可视化语音信箱技术❶相关的25件专利即可大量的应用在其中，无论是普通的家庭电话或者是手机，只要有可视语音信箱这个功能，几乎都难以回避这些专利。

图3-8 可视语音信箱示意图

该专利的相关信息见表3-9：

表3-9

专利号：US5572576	技术内容	代表图示
申请日/获证日：1994/03/15 1996/11/05	可视语音信箱会将留言整理出一份表单提供给你自行选择听取，并且将来电者的资料记录，甚至和你的通讯录做关联	
申请号：188,200		
申请人：Klausner Patent Technologies		
法律状态：专利维持中		
专利家族	WO9320640A1　US5572576　US5524140　US5390236　US5283818　PT1001588E JP2005124224A2　JP08502149T2　JP03733138B2　ES2186602T3　EP1001588B1　EP1001588A3 EP1001588A2　EP0634071B1　EP0634071A4　EP0634071A1　DK1001588T3　DE69332477T2 DE69332477C0　DE69329849T2　DE69329849C0　CA2429739C　CA2429739AA　CA2131187C CA2131187AA　AT0227485E　AT0198687E	

---

❶ http://cdnet.stpi.org.tw/techroom/pclass/2009/pclass_09_A095.htm

再来看看这个专利的技术点布局情况（见图3-9）：

```
                    装置
                (US5390236)
                    ↑
              视觉化语音系统
                (US5283818)
              ↙          ↘
      编码方法              选择方式
   (US5572576)           (US5524140)
```

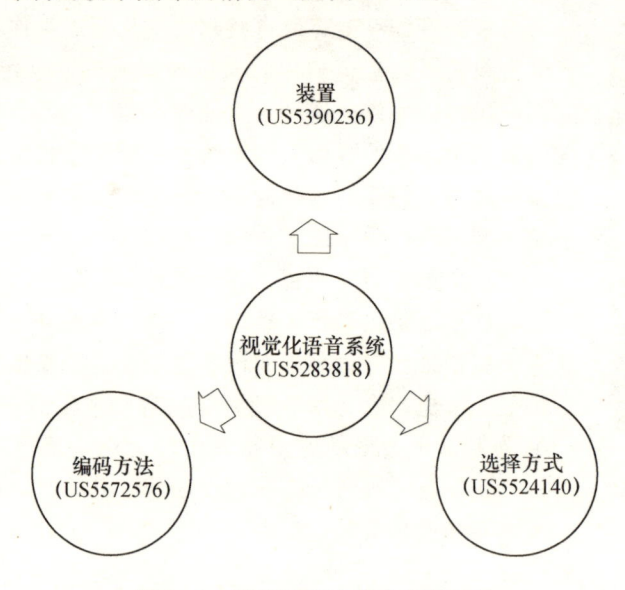

图3-9　USS283818技术点布局图

本案通过将可视化语音信箱操作的各种流程及装置等从不同角度进行专利包装，包含答复模式的流程、记录模式的流程、DTMF译码的流程、手机语音信箱操作的流程、远程访问装置的操作流程等，一个简单的可视语音信箱概念，通过各种相关技术点的包装形成强大的专利组合，让竞争对手丝毫没有漏洞可以钻，所保护的范围包含装置、选择方式及系统编码方法，在此领域内对多个技术点进行专利布局，实现技术的最高效益以获得最大的专利权范围，从而得到高额的专利收益。

当你将一个小功能发展至能因人的不同需求而使各种使用情形的相应技术方案都写入专利时，专利保护范围扩大，形成密密麻麻的专利网，相关厂商生产产品时可能回避掉其中一个专利，却无法回避掉你的所有专利，这时就像是一个小兵立大功，一个小兵就能让你获取相当可观的专利收益。

这个专利也是一个典型的好专利，该公司自2007年开始积极主张专利权，陆续控告了包括苹果（Apple）、美国电话电报公司（AT&T）、摩托罗拉（Motorola）等，获得相当大数目的许可费和侵权赔偿；此项技术也使得克劳斯纳科技公司在美国、欧洲和亚洲都签订了多项可视语音信箱技术专利授权，授权对象包括欧美移动电话公司、VOIP供货商、手机厂商、有线电视和网络电话提供商以及其他可视语音信箱服务提供商。

❊　**包装术2：技术点只数量多是不够的，还需要全覆盖**
　　无线定位技术的专利"全覆盖"，一个小公司专利实力

位置服务是指利用定位技术取得用户的位置信息，当用户进入特定的位置后，主动地提供当地的信息给用户，这样的技术不仅降低了初来乍到者对于陌生环境的担心，更是营销者的利器，您可以划定区域、指定时段，只要手机用户在指定时段内进入该区域，就会立即收到您的营销短信，就好比天上撒下一张网，就等鱼儿游入网。

早期用户位置信息的取得，依赖全球卫星定位系统（GPS），需要在空旷地区通过卫

60

第 3 章 制造专利技巧

星定位来计算位置。到后来的 AGPS，利用基地台代送辅助卫星信息，以加快定位速度。这些定位都有一个共通点，需要人造卫星。然而，在都市丛林中并不是每一个地方都可以收到人造卫星的信号，有时候微弱的信号反而需要更久的时间才能计算出位置，且结果也不一定准确，因此无线定位才被催生出来。

无线定位是利用三个或以上基站无线信号如 3G、GSM 或者 WIFI 基站，来定位出用户的位置，其好处是可以完全不利用到人造卫星，非常适合都市等环境，如果此套系统搭配 GPS 的话，更可以加速 GPS 的定位，达到更快更准确的目的。

波士顿的一家软件公司 Skyhook 便是无线定位的佼佼者，投入无线定位多年，提出多个模型并且积极推进其商业化，他们所掌握的 US7，414，988、US7，433，694、US7，474，897 以及 US7，305245 等一系列的专利技术，描绘出一套通过无线网络定位的算法，这也正是 Skyhook 公司的核心技术 GPS Without A GPS。这几篇利用无线定位的算法专利中，US7，414，988 采用机动车配合 GPS 系统实现 WIFI 热点位置的记录，US7，433，694 保护记录 WIFI 热点位置信息的数据库，US7，474，897 实现 WIFI 终端位置的计算，US7，305，245 保护根据无线信号的强弱计算与 WIFI 热点之间距离的方案。

专利 US7474897 的信息见表 3-10：

表 3-10

专利号： 7，474，897	技术内容	代表图示
申请日/获证日： 2006/02/22 2009/01/06	一种计算 WIFI 终端位置的方法，包括：a) WIFI 终端与其交互范围内的 WIFI 热点交互使观察到的 WIFI 热点识别他们；b) 访问参翻跟头数据库获得被记录的 WIFI 热点位置信息；c) 使用上述被记录的位置信息并配合预先定义的规则对每一被观察到的 WIFI 热点以决定该 WIFI 热点是否被包括或被排除在一组 WIFI 热点之外；d) 仅使用该组 WIFI 热点的位置信息而忽略被排除的 WIFI 热点的位置信息以计算 WIFI 终端的地理位置	
申请号： 11/359，271		
申请人： Skyhook Wireless，Inc.		
法律状态： 专利维持中		
专利家族	WO2009086278A1 WO2007081356A3 WO2007081356A2 WO06110181A3 WO06110181A2 WO06096416A3 WO06096416A2 US20090149197A1 US20090075672A1 US20080176583A1 US20080139217A1 US20080132170A1 US20070004428A1 US20070004427A1 US20060240840A1 US20060217131A1 US20060200843A1 US20060106850A1 US20060095349A1 US20060095348A1 US7818017 US7769396 US7502620 US7493127 US7474897 US7433694 US7414988 US7403762 US7305245 SG0157355A1 KR7020085A KR7018607A JP2008536348T2 JP2008519495T2 EP2235980A1 EP1851979A4 EP1851979A2 EP1820120A2 CA2710842AA CA2600861AA CA2585495AA AU8345574AA AU6335359AA	

· 61 ·

第二篇：制造专利

这几篇专利分别从无线定位的几个基本方面：WIFI 热点数据库的建立、数据库本身、距离的计算方法进行保护，对竞争对手来说，其方案难于跨越。

从这个案例便可以得知，在开展研发布局专利时，要从该领域的多个技术问题入手深入思考解决方案，使申请的专利涵盖多个技术点。够广泛的技术要点涵盖，才能有效地阻止竞争对手进入，也才有本钱以战逼"合"，促使竞争对手使用自己的技术，扩大自己在市场上的地位，有效助推公司经营！

一"触"即发，触屏技术的专利布局先机

电子装置的操作界面进入新世代，你还在一直使用传统按键吗？试试现在最火红的科技触控屏吧，只需轻轻触碰或者是一个简单的手势，文字输入、图片浏览、放大、缩小、翻转，各种操作，无不随心所欲。

触控屏幕其实已经发展 30 年，但是一直到苹果公司推出 iPhone 才一炮而红，引起一连串效应，带动触控型商品的流行。触控屏幕渐渐取代传统按键，不仅仅是操作上更为方便，也相对减少了所需的零件，使得最终产品可更加轻薄化（见图 3-10）。

图 3-10 触控屏幕带来的应用多样性❶

在此领域中，新思国际（Synaptics）申请专利的脚步较快、布局较广，除了基本的二维检测系统，还进一步布局改善传统触控面板缺点的专利，例如为了解决触控屏幕边缘无法准确检测的问题，提供从一个小检测区控制大的光标边缘移动的方法；为了根据使用需求，能够方便观看多页的内容，提供一个可以可变速度卷动文件的部件等。

---

❶ http：//www.reallysarahsyndication.com/tag/ipod/
http：//www.macrumors.com/iphone/2008/01/17/finger-fracture-game-concept/
http：//chinese.engadget.com/2007/08/10/apple-quietly-handling-iphone-touchscreen-issues/
http：//www.youtube.com/watch?v=yoKHoaoJg_4，http：//www.svn8.com/new/200903/12-3465.html

第 3 章　制造专利技巧

在硬件方面 Synaptics 也与多家手机厂商配合，同时也向下布局面板段生产，除了触控面板外，也供应手机、便携式电子装置等非透明面板的电容感应控制器，建立完整的方案。该公司依据这一系列专利提出的相关诉求大多占据优势，目前该公司的客户包括苹果、三星电子、谷歌、宏达电 HTC、LG 等。

触控面板的原理是当触控物（例如手指）接触到触控屏幕时，会产生模拟信号输出，由控制单元将模拟信号转换为数字信号，经由电脑的触控驱动程序整合计算处理后，最后由显卡输出屏幕信号在屏幕上，显示出触

图 3-11　手机卷动部件示意图❶

控感测的座标（见图 3-11）。

而电容式触控技术是利用传感器中的电极与人体之间的静电结合所产生电容变化来检测其坐标。Synaptics 申请此专利使用一种二维电容检测系统，适应性的模拟技术来克服通道间的偏移和度量差，并行的检测所有电容板的行和列的转移电容或固有电容，这种并行检测能力是通过每一行或每一列的一组单独的驱动/检测子电路提供的，因此使得检测周期变短，保持在不受强烈电干扰的同时又能实现快速的响应，利用此一结构极大的简化信号处理和噪音滤波。

本件专利在美国的连续案 CA（Continuation Application）或部分连续案 CIP（Continuation-in-part Application）共有 30 件以上，以基本的电容式二维检测传感系统为核心，进而往外延伸出各种技术以适合各种使用情形，并将这些技术用专利一一保护起来，由下表列出的部分专利技术内容可以看出，专利范围涵盖技术端到应用端，建立起范围广泛的专利保护网（见图 3-12）。

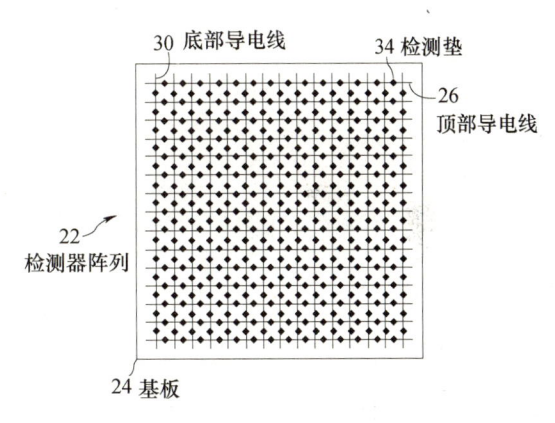

图 3-12　本专利目标位置检测传感器的复合视图

小贴士：这是我们第二次提到 CA 和 CIP，还是那句话，这是美国《专利法》特有的，根据该制度，在美国一个专利可以延伸出来"千千万万"的专利出来；所以在布局专利网的时候，利用不同国家的不同专利制度也是很有必要的！

还有一个言外之意，你是发明人，你肯定不能了解这么多的专利知识，所以，你想有好的布局，当然需要专利工程师或者专利代理人！

看看该专利网的相关信息吧（见表 3-11、图 3-13）：

---

❶ http://www.hackint0sh.org/f9/56141.htm

第二篇：制造专利

表 3-11

专利号： US5543591	技术内容	代表图示
申请日/获证日： 1994/10/07 1996/08/06	触控面板的原理是当传导目标触控物（例如手指）接触到触控屏幕时，会产生模拟信号输出，由控制单元将模拟信号转换为数字信号，经由电脑的触控驱动程序整合计算处理后，最后由显示卡输出屏幕信号在屏幕上，显示出触控感测的座标	（图示：手指触控面板，经 X INPUT PROCESSING、Y INPUT PROCESSING、ARITH UNIT、MOTION UNIT、GESTURE UNIT、VIRTUAL BUTTONS）
申请号： 320,158		
申请人： Synaptics, Incorporated		
法律状态： 专利维持中		
专利家族	WO9736225A1　WO9718508A1　WO9611435A1　WO9607981A1　WO9607966A1 WO0174534A3　WO0174534A2　US20080048997A1　US20080042994A1　US20080041640A1 US20060187214A1　US20060092142A1　US20040259476A1　US20040178997A1 US20040067717A1　US20030112228A1　US20020111122A1　US20020093491A1 US20020061716A1　US7812829　US7532205　US7450113　US7140956　US7109978　US7025664 US7014541　US6750852　US6659850　US6612903　US6610936　US6414671　US6390905　US6380931 US6239389　US6028271　US5942733　US5914465　US5889236　US5880411　US5861583　US5841078 US5648642　US5543591　US5543590　US5543588　US5495077　US5488204　US5374787 TW0223318B　KR0274772B1　KR0264640B1　JP2005149531A2　JP2004500251T2 JP2004094964A2　JP11511580T2　JP11506559T2　JP10505183T2　JP10505182T2　JP08044493A2 JP04031796B2　JP04014660B2　JP03920833B2　JP03764171B2　JP03526577B2　HK1017934A1 HK1002568A1　GB2376908A　GB0222298A0　EP1659480A3　EP1659480A2　EP1607852A3 EP1607852A2　EP1288773A3　EP1288773A2　EP0870223B1　EP0870223A1　EP0861462A1 EP0829043A1　EP0777888B1　EP0777888A1　EP0777875B1　EP0777875A1　EP0665508B1 EP0665508A3　EP0665508 A2　EP0574213B1　EP0574213A1　DE69534404T2　DE69534404C0 DE69527295T2　DE69527295C0　DE69521617T2　DE69521617C0　DE69425551T2　DE69425551C0 DE69324067T2　DE69324067C0　DE10196003T　CN1202254A　CN1185844A　CN1166214A CN1164286A　CN1155876C　CN1153173C　AU4001995A1　AU3544495A1 AU3544395A1　AU0149331A5

再看看技术点分布吧：

小贴士：当你研发一项关键技术时，如果能够从核心技术出发，进而从解决技术问题或使用者习惯出发衍生出相关技术，使得专利范围从技术端包含到应用端，建构出绵密的专利覆盖网络，就能在该领域的市场中独占一方。

包装术 3：技术点很多，技术点全覆盖，但是还不够……

要织起您的专利网，让池子里的鱼一只也

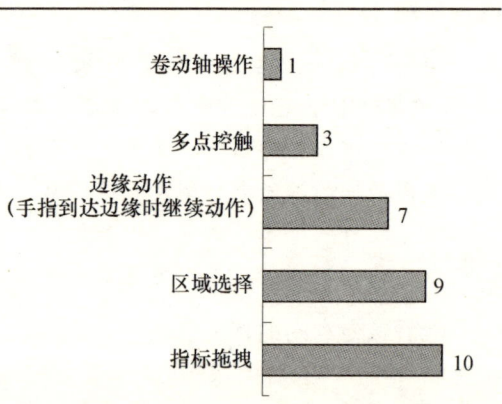

（条形图）
卷动轴操作　1
多点控触　3
边缘动作（手指到达边缘时继续动作）　7
区域选择　9
指标拖拽　10

图 3-13　USS554359 技术点分布图

跑不掉

谁的 iPhone 头上长出一只角？

你接电话的握法是哪种？紧握、松握、左手握、右手握？美国专家对于使用 iPhone4 的你做出建议，最适合你的握法是像明星拿麦克风的那种方式，用大拇指、食指和中指捏住手机两侧，如果你需要十分良好的信号品质，更推荐你用右手拿手机。

什么时候手机的握法成为一种规定？苹果公司新推出的 iPhone4 手机，一推出在全球都是卖到抢破头的趋势，从多方面来看，iPhone4 无疑是一款十分成功的产品，但 iPhone4 却在推出不久后就因为天线设计问题而爆出天线门事件，对苹果公司造成冲击（见图 3-14）。

图 3-14 iPhone 手机搭配伸缩式天线示意图 ❶

天线的效率会受周遭环境限制，为了适应移动电子装置的需求，天线的体积是越小越好，如何在狭小空间里保持高效无线通信的同时还能最省电，是天线设计所必须关注的问题。

1995 年西班牙手机天线公司 Fractus 提交了世界上第一个不规则天线专利申请，该天线设计席卷了整个市场，通过打造天线的某些几何特征，像是三角形、六角形、立体形状等的组合型态，使天线可以缩小体积、获得最高使用效率且支持多频，全面应用在电信设备和越来越多的移动电子装置，例如移动电话、数字相机、电脑、MP3 播放器中，让设备越来越轻薄小巧，可是信号照样好的不得了。2007 年 Fractus 公司在该领域达到拥有 50 项发明专利的里程碑，该一系列天线技术在全球应用广泛，使用者包括三星、萨基姆、CSR、创锐讯通讯技术等。并于 2010 年和摩托罗拉（Motorola, Inc.）签订一份非独家全球专利授权协议，该协议包含与内置天线相关的所有 Fractus 专利的授权（见图 3-15）。

Fractus 公司的微型和多波段天线使用不规则几何形状的独特属性，提供具有高效率低成本的天线技术。这样的设计使得天线的体积大幅减小、且能在低频下正常工作，能方便的整合到无线通信设备中。以前 GPS 最令人头痛的就是在室内的覆盖问题，也就是在室内时由于无法接受 GPS 信号无法准确地进行定位，Fractus 公司设计出一款可与 PCB RF 组件相整合的天线，使用户能够切换设备的波段，让用户在世界任何角落都能实现移动装置的定位。

Fractus 作为不规则天线技术的领先开发商，拥有美国发明专利已达 46 件，欧洲专利 7 件，WIPO 世界专利 59 件，以下简单列出部分天线专利分类。

在天线技术领域中，Fractus 公司为了实现小空间、低能耗、高效率的目标，从形状、结构、尺寸、材料等不同角度出发，研发出各种天线技术方案。同时，将天线的各种技术特征以绵密的专利网络包围，并根据其应用布局用于手机、蓝牙技术的无线消费电子产品、WLAN、UWB 和基站的多件天线专利。相关技术的竞争者难以回避其所建立的专利壁垒，使得 Fractus 公司的产品在手机天线的销售市场上一直是全球的领导者，成立至今

---

❶ http://www.redmondpie.com/iphone-5-and-ihand-accessory-for-iphone-4-unveiled-humor/

第二篇：制造专利

多级天线	
(图形示意)	解决分形和多三角形天线操作上的限制，几何结构更加灵活多样性，提供小尺寸和多频段的特性
US7015868、US7123208、US7397431、US7397432	

空间填充小型天线	
 (图形示意)	确定一种称为空间填充曲线(SFC)的几何结构，利用此技术减少天线尺寸，或者是相对于相同尺寸的传统天线，给定固定尺寸可使天线实现在更低频段中操作
US7148850、US7164386、US7202822、US7554490	

加载天线	
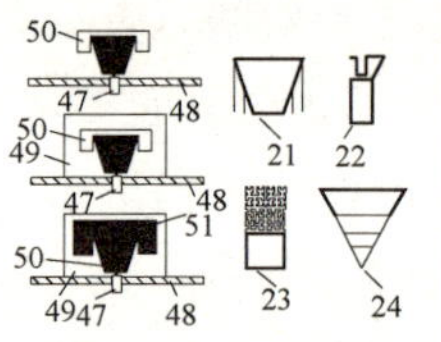 (图形示意)	加载天线的辐射部件由一个导电表面以及一个加载结构组成，借助这种配置使得该天线能提供一种小型且多频段性能，因此在不同频段中都以类似的性能为特征
US7312762、US7541997	

多频段天线	
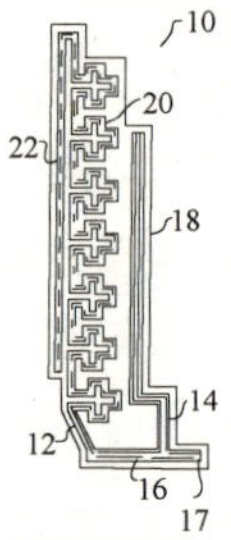 (图形示意)	提供包括至少两个辐射臂的天线，所述臂由导体、超导体或半导体材料构成或由其限制，所述两个臂通过在第一和第二超导臂上的区域相互耦合形成具有宽带性能、多频段性能或两种效果组合的小型天线
US7403164、US7411556、US7417588、US74-23592、US7439923、US7486242、US7675470	

图 3-15　Fractus 公司不规则天线专利

· 66 ·

天线出货量达两千万片❶，甚至于 2009 年以小型天线公司控告多家智能型手机大厂侵犯其所持有的美国专利，获得了良好的经济效益。

小小螺丝也可以立大功！别小看您只是在设计一个简单的组件，建议您可以从不同的角度去思考这个问题，从不同的应用领域去思考衍生的问题，或进一步去研究产生这些问题的原因，将解决这些问题的方案变成专利，便是一个强而有力的专利组合。就像这个案例，虽然只是一根不起眼的天线，竟然可以就它的形状与结构布局将近 100 篇的专利，让谁也逃不过。

小贴士：说到这，我要澄清一个概念，其实"好专利"的概念不仅仅是指某一个好专利，而是有可能指一个"好专利族"、"好专利包"、"好专利组"等；也即，实践中有可能是多个专利联合形成了"好专利"。

3.5 专利挖掘

※ 富士通在液晶显示技术的专利铜墙铁壁

你有玩过 Wii 吗？配合大屏幕电视、广大的活动空间，玩起来一定很过瘾。可是当四个人一起玩 Wii 的网球游戏时，因为挥击的动作比较大，四个人一字排开站在电视机前面，总会有二人分别站在电视斜角的两侧，结果四个人的对话变成是："嗨，看球！""咦！球在哪？""我这个位置怎么都看不清楚？""哎呦，……画面花花白白的……""算了……别打了"，一场网球大战就草草结束了。

怎么会看不清楚呢？原来问题出在液晶显示器的可视角度太小，图 3-16 说明了广视角及窄视角在不同视角下，观看到的结果。早期的液晶电视，如果在液晶电视的斜角方向看电视，观看到的画面不是一片模糊，就是颜色完全不对，根本无法欣赏到正常的显示画面，只有电视机正前方的狭窄的角度里可以正常观赏节目。若没发展

图 3-16 广视角和窄视角对比图❷

出广视角技术，液晶电视想要普及，根本就是不可能的事。

目前广视角技术有 TN＋Film（广视角光学膜），IPS（In-Plane Switching，平面切换），FFS（Fringe Field Switching，边缘场开关技术），VA（Vertical Alignment，垂直配向；包括 MVA，PVA）…。根据市场研究机构 DisplaySearch 统计，2010 年第一季所有 LCD 广视角技术，以 VA 型广视角技术面板出货量占 42.2% 最大，其次为 TN 占 9.5%、平面电场技术占 8.3%。由此可知目前市场占有率最大的是 VA 型广视角技术。

---

❶ http://www.fractus.com/main/fractus/news_english/fractus_hits_20_million_antenna_milestone/

❷ http://solutions.3m.com.tw/wps/portal/3M/zh_TW/OSD/Vikuiti/homepage/LCDTVDisplay/TechnicalTerms/

其中 MVA 技术是由富士通（Fujitsu）于 1998 年提出，它可以大幅度提高液晶显示器（LCD）的对比度和可视角度，并且增加了色彩的还原度，让色彩不失真。MVA 技术由于它的视角优于 TN 型的面板及制造成本优于平面电场面板，所以在市场上被广泛采用。

虽然 VA 广视角技术公认比 TN 型技术困难，而且制造成本也比较高，但目前 VA 型广视角技术已逐渐成熟且可降低与 TN 型技术的成本差距，因此得到市场上的重视。富士通开创了 MVA 技术的先河，在 MVA 技术中，液晶分子的长轴在没施加电压时不像传统 TN 模式那样平行于屏幕（液晶平躺），而是垂直于屏幕（液晶站直），它是利用凸起物（protrusion）来改变液晶分子偏转方向，形成多区域（multi-domain）的效果（如图 3-17b 所示）。当施加电压时，液晶分子朝不同的方向偏转，这样从不同的角度观察屏幕都可以获得相应方向的补偿，也就改善了液晶显示器的可视角度。

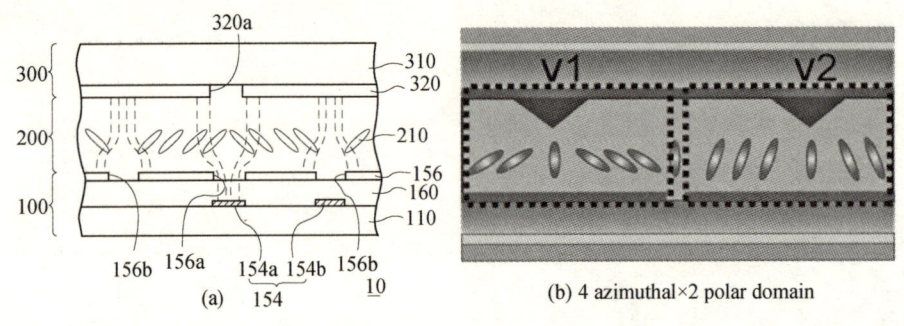

图 3-17　AMVA 与 MVA 对比图❶

富士通掌握了 MVA 的关键技术和知识产权，仿佛在广视角液晶市场上盖好了铜墙铁壁，其他人想要使用这个技术生产产品就必须获得富士通的授权才行，提到授权就不能不讲到专利许可费，这可是一笔不低的费用。这样一来相应的制造成本也就增加了，卖产品当然是要赚钱，成本一增加就没办法设定好的产品价格，当然在市场上的竞争力就不如人。

但是，也有一些公司没有为此而灰心，它们在引进这项技术后，积极进行后续开发，站在更高的起点上再次创新，获得了相关知识产权。友达公司就是其中的佼佼者，在取得 MVA 技术授权后，并不打算从此受制于他人，积极开发新的技术。友达的 TW94113064 号专利以 MVA 的技术为基础，发现 MVA 技术中使用凸起物的方式会产生漏光（light leakage）的问题，而在彩色滤光基板或薄膜晶体管阵列基板上设置狭缝虽然可避免漏光，但却会造成反应时间增加的问题，因而 TW94113064 号采用 AMVA 技术（如图 17a 左所示），在下电极 156 下方设置不透光的领域分割电极 154a，利用领域分割电极 154a 不透光的特性而减少漏光，并可在控制时输入电压至领域分割电极 154a 使液晶产生预倾而缩短响应时间。AMVA 技术比传统 MVA 具有更多的区域（domain），更改善了凸起物造成的黑画面漏光，新的 AMVA 技术具有低色偏、大视角的显示效果，在每个角度观看时均能呈现出更真实且鲜艳的色彩及更佳的影像品质。AMVA 技术不仅保留了原本 MVA 的优点，而且克服了 MVA 的缺陷，具有更好的应用价值，推出后在液晶电视市场获得了很好的客户反应，是一个相当成功的回避设计的例子。

---

❶　http：//www.auo.com/? sn=58&lang=zh-TW

虽然现有专利好像铜墙铁壁，还是能通过研究其技术内涵，深入技术点，发现技术缺陷或替代方案。以此进行新技术的开发和相应专利的挖掘布局，来发展出自有技术，既提升了技术含量和深度，又获得了自主知识产权。一旦成功的后续设计与现有技术区隔，相关技术构建了专利藩篱，将以更优化的技术在市场上争取认同、创造价值，打造出一片自己的天地！

挖掘还是有套路的！

> 小贴士：你要知道，因为我们是企业，所以我们的套路适合于项目形式，是否适合个人发明人，需要你自己判断了。

❋ 开展专利挖掘并不是想到什么就申请什么

一般来说，企业的大多数发明创造都来自于各个研发项目，如果想到什么就申请什么，专利申请会缺乏事前的有效规划，整体上，专利申请的点会比较散乱，不利于专利申请的整体布局（广度）和质量（深度）的提高。

系统地开展专利挖掘，尤其是在前期开展项目专利规划的基础上开展专利挖掘，每件专利申请在项目中的位置和作用都十分明确，有助于全方位地对创新产出进行保护，逐步建立起较为周密的专利保护网。同时，有效的专利挖掘还可以对技术研发起到十分重要的指导作用，其间分析出的所有可能存在专利申请素材的创新点，都可能是进一步研发的方向。

❋ 专利挖掘的最好时间

专利挖掘工作最好与研发项目的设计、研究开发同步进行。在研发项目的设计阶段做好项目的专利规划工作，随着研发进程，逐步完成规划中各个技术点的专利申请提案。如果专利挖掘等到项目全部结束后再开展，可能会丧失最佳的申请时机，比如：有些方案别人也想到且抢先申请了，有些方案已经向厂家公开或者已经向标准组织递交提案等。

对于确定要申请的提案点，尤其是在项目研发和后期商业化推广中，必然会公开的技术，在专利申请的技术方案初步形成且理论上可实现时即可考虑专利申请，而不必等到项目实际研发成功。

❋ 专利挖掘的产出

围绕研发项目开展的专利挖掘工作，其产出是在专利布局指导下一系列的专利申请，我们也可以称之为专利组合。

例如，一种典型的专利组合方式即基本专利与外围专利形成的专利组合。基本专利，是指在研发过程中创造出来的具有奠基性作用、反映核心技术方案的专利。在项目研发过程中，应尽快将核心技术方案申请基本专利，尽早获得保护。在拥有基本专利后，发明人很可能会围绕该基本专利不断进行深入研发，例如进一步的改进、各类典型应用等。对于这些以基本专利为基础而产生的衍生研发技术成果，应当进行外围专利申请，以形成发射状的外围专利技术网，建立起牢固的专利保护壁垒。

值得注意的是，在项目研发过程中，仅仅申请基本专利是远远不够的，因为一旦基本专利的方案被公开，其他公司或个人就可以围绕该基本专利进行研究，进而申请外围专利，然后再利用外围专利同基本专利权人进行抗衡。

❋ 专利挖掘的基本方法

一般而言，专利挖掘有两种基本方法：

第一种是从一个整体项目的任务出发，首先对项目的技术进行分解，分解得到项目的各技术点，结合研发重点，分析各技术点，尤其是重要技术点下的创新点，根据创新点判断是否作为专利申请的方案提出。

例如，基于 IMS 域彩铃项目进行分解后，一级技术点可以包括业务管理、系统结构与组网、信令流程、网间互通，在一级技术点下，可以对技术继续进行分解，依据研发重点，确定待进行专利挖掘的重要技术点，如媒体资源管理等（见图 3-18）。

示例：IMS 域彩铃技术体系

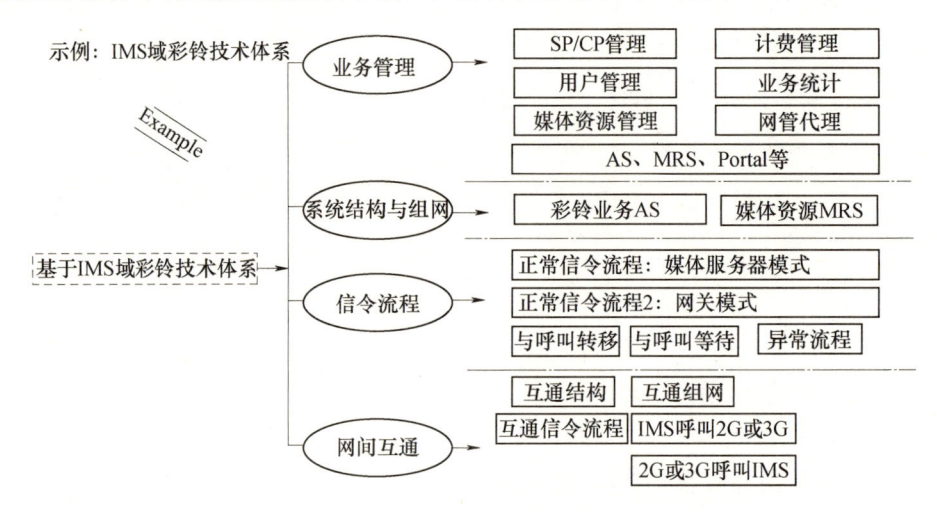

```
                        ┌─ 业务管理 ─┬─ SP/CP管理    ─ 计费管理
                        │            ├─ 用户管理    ─ 业务统计
                        │            ├─ 媒体资源管理 ─ 网管代理
                        │            └─ AS、MRS、Portal等
基于IMS域彩铃技术体系 ──┼─ 系统结构与组网 ─ 彩铃业务AS ─ 媒体资源MRS
                        │
                        ├─ 信令流程 ─┬─ 正常信令流程：媒体服务器模式
                        │            ├─ 正常信令流程2：网关模式
                        │            └─ 与呼叫转移 ─ 与呼叫等待 ─ 异常流程
                        │
                        └─ 网间互通 ─┬─ 互通结构 ─ 互通组网
                                     └─ 互通信令流程 ─ IMS呼叫2G或3G
                                                       2G或3G呼叫IMS
```

图 3-18 IMS 域彩铃技术体系

第二种是从某一个创新点出发进行拓展，考虑可能的多种应用（例如分别在 2G 和 3G 中的应用）、上下游相关的技术、与其他技术方案的组合、可能的改进等。

这两种方法在实际操作中，常常配合使用。比如，在采用第一种方法挖掘到许多创新点后，再以各创新点作为起点，用第二种方法继续挖掘更多的提案点。

❀ **专利挖掘如何借助专利检索工具**

专利挖掘中应借助专利检索工具，充分利用专利文献，做到知己知彼，有的放矢。通过专利检索，了解别人已经在项目相关的哪些技术上进行了专利布点，以便明确我们可布局的空间。此外，对检索到的相关专利，研发时也可以予以规避，找出替代方案，作为新的专利申请提案点。

围绕项目开展专利挖掘进行专利检索时，也需要基于分解后的技术点分别进行检索，不能以项目整体进行检索。例如，在对基于 IMS 域的彩铃项目中有关媒体资源管理技术的专利进行挖掘时的检索，应围绕媒体资源管理这一技术点进行，而不是泛泛用 IMS 和彩铃等作为关键词进行检索。

> **案例：多轨迹球的专利挖掘趣闻**
>
> 多轨迹球是公司提出的一种信息输入技术，与苹果利用触摸屏的多点触碰输入是同类型方案，可在某种程度上达到相同的技术效果。在申请多轨迹球相关专利时，可以参照苹果关于多点触碰的相关专利进行专利挖掘，并参考其专利布局。

❀ 多轨迹球技术简介

多轨迹球可以随意使用任何一个轨迹球来完成原有单轨迹球的功能,同时多个轨迹球组合起来使用,则会有更丰富的输入信息,进而可以很容易的实现图像快速定位、图像缩放、旋转、整屏滚动和单行滚动切换、3D、立体定位、运动等操作。多轨迹球技术很好地规避了苹果公司利用触摸屏的多点触碰来输入信息,达到缩放图片等功能的专利技术。由于多轨迹球技术能够规避他人专利,具有很好的应用前景,希望将其完善地保护起来,因此,针对此技术点进行了专题的专利点挖掘工作。

图3-19为具有多轨迹球的终端示意图。图3-20为两个轨迹球的操作轨迹示意图,两个轨迹球的原始位置为A、B,新位置为A′、B′,若AB的距离小于A′B′的距离,表示两球反向转动,放大图片;反之,缩小图片。

图3-21为多轨迹球的原理框图。在"球数监测单元"的检测下,获得触发的球的个数,然后根据每个球的运动性质确定为"事件库"中的哪种事件;根据事件库的性质由"事件处理单元"在"终端CPU处理器"中对其进行相应的手势处理;最后由"显示控制器"控制显示器上的显示。

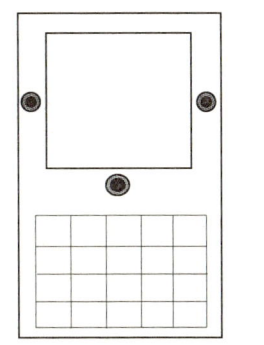

图 3-19　具有多轨迹球的终端　　3-20　两个轨迹球的操作轨迹

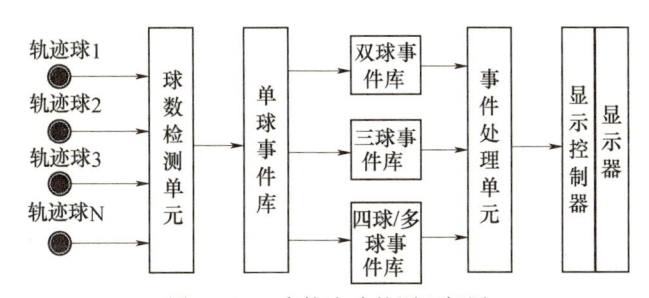

图 3-21　多轨迹球的原理框图

> **案例:苹果触摸专利挖掘过程浅析**
>
> 根据关键字"ZY:(触摸 多)SQR:(苹果)"检索到42篇专利申请,根据关键字"ZY:(触摸 多点)SQR:(苹果)"检索到8篇专利申请,根据关键字"ZY:(触摸 多重)SQR:(苹果)"检索到2篇专利申请。其中,ZY:(触摸 多)表示在摘要中包含"触摸"和"多";SQR:(苹果)表示申请人是苹果。

第二篇：制造专利

> 检索结果包括《多点触摸屏 200580011740.4》《具有多重触摸输入的便携式电子设备 200680053036.X》等反映多点触摸核心思想的专利申请，也有如《触摸数据的模式敏感处理 200810125593.9》的改进方案，还有《多点触摸表面控制器 200780023742.4》这样的细化保护方案，即将终端中的某个功能单独保护的方案，以及如《触摸面板电极设计 200810185365.0》的对多点触摸电容式触摸传感器面板的具体结构进行保护的方案。可以看出，苹果公司对多点触摸这一专利点的保护是很立体的。

❀ 挖掘过程分析

与苹果公司的多点触摸这一专利点相比，由于单个轨迹球是现有技术，因此，在我们进行专利布局时，很难如苹果公司对待多点触摸一样，将触摸屏的层叠和相应的电路设计也纳入保护范围。但是，将某些功能模块化并进行保护，对改进的方案进行保护等还是十分值得我们借鉴的。另外，鉴于多轨迹球可能产生大量的应用类方案这一特点，我们在挖掘时也应该同时注重应用类专利点。

由于改进型专利是在研发过程中出现的，因此，需要技术人员的长期关注，一旦出现改进方案，就可以考虑一下该方案是否有价值，是否可以作为改进型专利点进行保护。对于多轨迹球，集中进行了应用类方案的挖掘，挖掘出8个提案，包括《YF0909013——一种基于轨迹球的文字输入方法和终端》《YF0909023——一种基于轨迹球的轨迹识别输入法》等。其中，YF0909023给出了一种利用对轨迹球的转动进行笔画输入的方法，与苹果公司的多点触摸达到了同样的笔画输入的目的，且笔画输入是一种有价值的应用，应该得到保护。

从上面的分析可以看出，需要构建专利族的专利点是有价值的专利点，而有价值的专利点可以是能够规避他人专利的专利点（例如多轨迹球），或者是在某个领域中具有开创性意义的专利点等，具体可以由技术人员和专利管理人员讨论明确。

在确定了需要构建专利族的专利点后，可以对该专利点进行分析，看看该专利点可以从哪些方面进行专利布局。例如苹果公司的多点触摸技术，由于触摸屏本身就是苹果公司的发明创造，因此，对触摸屏的层叠和相关电路的专利需要进行保护，而对于多轨迹球，如果其电路上与单个轨迹球相比并无实质改进点，则无法在电路层面进行布局。通常能够进行专利布局的点包括应用类专利点和改进型专利点。

对于应用类的专利点，需要技术人员对本领域的各种应用有足够的了解，并明确利用目前的专利技术能不能实现各种具体应用，若能，那么其实现的具体方案是否相对于现有技术有改进，是否有价值，是否需要被保护。以多轨迹球为例，现有的移动终端可以实现的操作功能有哪些，其中哪部分是利用多轨迹球可以实现的，在这些具体应用方案中，有哪些是有应用价值和/或专利价值的，这样基本可以确定出需要申请保护的外围应用类专利。

另外，应当注意，专利布局并非用同样的方案去申请多个专利，或者将与该专利点相关的所有方案都去进行申请。在申请专利之前，需要明确各个提案所保护的重点分别是什么，各个提案所涵盖的保护范围是否有必要进行专利覆盖。例如，关于多轨迹球，发明人还提出了多个提案，其中包括一种基于多轨迹球的密码设置法、一种基于多轨迹球的UI快速切换法、一种基于多轨迹球的游戏控制法、一种基于多轨迹球的快速开关机法、一种基于多轨迹球的快速启动应用软件的方法，这些方案虽然达到了不同的技术效果，采用的却是同样的技术方案，区别仅仅在于多轨迹球的输入手势所对应的后续操作有所不同，因此，这些方案完全可以放在一个申请文件中保护，争取较大的保护范围，而没有必要申请多件专利。

> 小贴士：总结以上经验分享给大家：
> （1）专利挖掘时，进行技术分解后再开展挖掘工作；
> （2）专利挖掘时，充分利用专利检索工具，确定布点空间，启迪专利挖掘和布局思路。
> 注意，套用一个流行的说法：挖掘不是万能的，没有挖掘，虽不能说万万不能，但是，想产出好专利还是离不开好的挖掘！

3.6 权利要求

> 小贴士：注意，发明人配合需要贯穿整个专利工作的始终，毕竟，专利技术是你创造出来的，你要负责到底！所以，虽然本节讲的主要是专利工程师要做的工作，但是你能了解并理解，你将成为一位杰出的发明家。

在分享案例之前，我还要再重申一下确定专利权的保护范围的理论基础：发明或者实用新型专利权的保护范围以其权利要求的内容为准，说明书及附图可以用于解释权利要求的内容。这句话的意思时，在确定专利权的范围时，要严格依照权利要求，这就要求我们描写的非常准确，不存在歧义；但是，大家都知道文字尤其中文的博大精深，就在于某些时候看似准确清楚，但的的确确存在不同的理解。这个时候，我们就需要用说明书及附图中记载的内容来解释或者确定权利要求的保护范围。

可见，一个专利如果想要有一个好的保护范围需要做到两件事情：
（1）严谨的、清楚的、合适的权利要求书；
（2）说明书对权利要求书的支持要足够、充分。
下面我们来看四个案例。
（1）锱铢必较，有备无患的说明书撰写原则

权利范围的解释通常是专利诉讼中大家争执的重点，但是权利范围的争执并不是毫无界限的，审视说明书所记载的内容是当专利权利范围有所争执时最直接的论证依据。因此，如果能很好地了解诉讼案件中对于权利范围解释的方法，就能在撰写说明书时充分准备，借此专利权利范围得以获得最大的解释。

Renishaw PLC v. Marposs Societa' per Azioni 的诉讼就是一个显著的例子。Renishaw PLC 以专利 US54919041 控告 Marposs Societa' per Azioni。

US5491904 是关于用于位置测量机的装置的专利，该专利基本信息见表 3-12。

表 3-12

专利号： US5,491,904	技术内容	代表图示
申请日/获证日： 1995/4/21 1996/2/20	一种用于坐标测量机或者机床的接触触发探测器具有被偏置于平衡位置的触针（14）。该触针具有设置在壳体（10）内的两个独立的支柱。在图1的实施例中，第一支柱包括轴向保持在壳体（10）表面（20）的触针固定单元（12）的外罩（skirt, 18）。第二支柱包括圆筒（34）和球状物（36）以及平面弹簧（30）的动态布置，它们共同提供侧部约束。第一支柱由比第二支柱轻得多的力偏置，使得它的摩擦力非常低。这减少了触针运动的凸角和滞后，并且因此增加了探测器的精度	
申请号： 08/426,733		
申请人： McMurtry; David R		
法律状态： 专利已失效		

该专利权利要求 2 描述如下：

一种接触感测装置（touch probe），使用于一位置侦测装置的可动臂（movable arm）上，该接触感测装置具有一包含轴（axis）与针尖固定单元（stylus holder）的外壳（housing），针间固定单元具有一延伸的针尖（stylus）由该外壳的孔洞中突出，且在该针尖的自由端上具有一个传感头（sensing tip），当该传感头接触到物体而该针尖固定单元相对于外壳变形时，探针产生一启动讯号（trigger signal），该启动讯号用以使该位置侦测装置读取可动臂的即时位置，该接触感测装置包含……

双方对于权利要求中"当该传感头接触到物体而该针尖固定单元相对于外壳变形时"的"当"有着不同的解释。美国地方法院将此处的"当"解释为"一旦接触发生，变形即立刻产生（as soon as contact is made and deflection of probe occurs）"，也就是说，启动讯号在接触后很快产生，而被告的探针信号是明显延迟的，因此认为被告 Marposs Societa'pefr Azioni 的产品未落入原告权利要求 2 的专利权范围，原告 Renishaw PLC 对此解释不服提起上诉，主张在字典当中"当"一词不仅仅是立刻的意思，而且具有"在（特定）时间点当下或之后（at or after the time that……）""在（特定）事件中（in the event that）……"或"在（特定）条件下（on the condition that）……"的意思，地方法院将"当"解释为仅具有立刻的含意是错误的解读。

美国联邦巡回上诉法院根据说明书的内容来界定"当"一词的范围，在描述传感头与物体接触产生变形到讯号产生的过程时，说明书所采用的字眼是"在那个时刻（at the time of……）"而不是"在一事件发生后（after an event has occurred）"。另外，说明书在描述发明优点时指出"要侦测非常微小形变的探针必须要使启动讯号在形变产生后极短的时间内产生。任何讯号的延迟都在本发明实施例中产生错误。"根据上述两点，联邦巡回上诉法院认为本案权利范围中的"当"应该解释为"在一段不可感知的时间之内（within a nonappreciable period of time……）"的意思。据此判定被告 Marposs Societa' per Azioni 的产品未落入 Renishaw PLC 之权利要求 2 的专利范围中，因而驳回 Renishaw PLC 的上诉理由。

原告 Renishaw PLC 对于这样的判决一定感觉遗憾，但是 Renishaw PLC 在撰写说明书时，太过于轻率地描述发明实施例最后都成为了对权利范围的限制，这是 Renishaw PLC 所始料未及的。

谁说专利说明书只是技术文献的呢？事实上，说明书是权利范围的词典，说明书的每一个字眼在诉讼中都有可能和合同的文字一样被拿着放大镜检视，锱铢必较在撰写专利上永远都不会嫌太多。

（2）LED NEUMARK，好的包装能延伸专利炮弹的效能——权利要求撰写

发光二极管（Light Emitting Diode，LED）是这几年火红的技术项目，这几年的报章媒体上，只要提到科技产业发展、环保节能议题时，几乎没有人会遗漏发光二极管这个项目。但是究竟是什么样的魔力让这个小小的组件在一夕之间变成科技环保的新显学并且被称为新世纪光源呢？想要了解这个问题，必须要先从发光二极管的特性讲起。

发光二极管是一种半导体组件，早期产品大部分作为指示灯、显示板，近几年渐渐地能作为光源使用，它不但能够高效率地直接将电能转化为光能，而且拥有最长达数万小时至十万小时的使用寿命，同时不像传统灯泡般易碎，并能省电，拥有环保无汞、体积小、可应用在低温环境、光源具方向性、造成光害少与色域丰富等优点。因为发光二极管优异的特性，使得全球各国政府均非常重视发光二极管与节能灯具带来的经济与节能效益，除了欧盟与美国国会已阶段性禁止白炽灯泡的使用外，目前已经有加拿大宣布 2010 年全面禁用白炽灯泡，而美国包括加州在内的部分州，也将在 2012 年禁止白炽灯泡，而澳洲则宣布在 2010 年全面禁止贩卖白炽灯泡，中国和日本也规划了发展发光二极管技术的奖励方案。

在各国政府的积极扶植与环保意识日益抬头的双重刺激下，让发光二级管在产业应用与市场份额的扩大上有着长足的进步，在 2005 年，全球高亮度发光二极管的市场规模达 58 亿美元，2006 年达到 66 亿美元，预估 2011 年可增加到 106 亿美元，平均年复合增长率（AAGR）为 10.2％。高亮度发光二极管的出货量 2005 年达到 48 亿个，2006 年增加到 65 亿个，预估 2011 年达到 88 亿个，平均年增长率为 10.3％，具有取代传统照明技术的趋势（见图 3-22）。

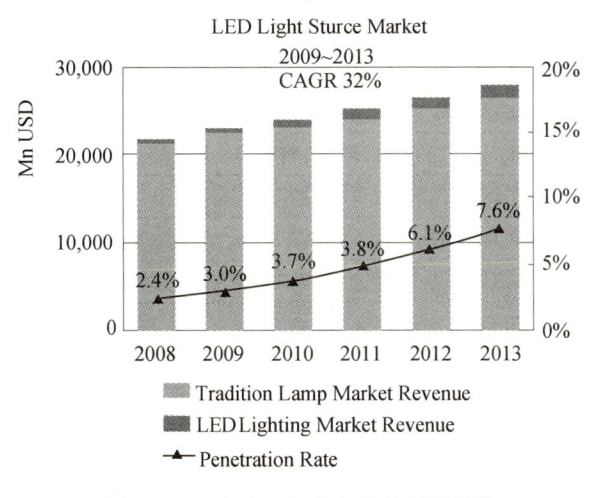

图 3-22 发光二极管市场发展趋势❶

本案例介绍 1988 年由诺伊马克·罗斯柴尔德教授所提出的 US5252499 专利，一般来说发光二极管的发光原理是在半导体材料中加入少量的三价原子形成 P 型半导体；在半导体材料中加入少量的五价原子形成

---

❶ http：//www.ledinside.com.tw/what_is_led

N 型半导体。如图 3-23 所示，将 P 型半导体与 N 型半导体接合形成 PN 接面，再提供顺向电压后，将使 P 区的空穴往 N 区移动，同时 N 区的电子也向 P 区移动，电子与空穴在接合面之耗尽层（Depletion Layer）可进行直接互相结合，在电子与空穴结合的过程中，能量以光的形式释出而放出足够的光子出来❶。

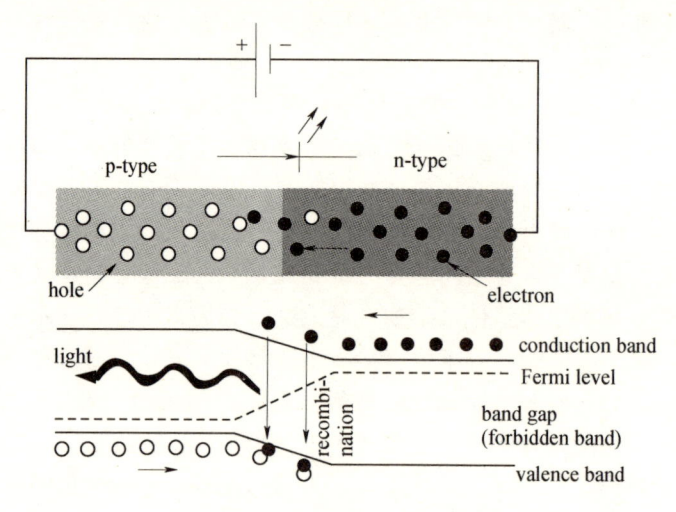

图 3-23　LED 发光原理❷

如上所述，半导体材料之 PN 接面之能隙差（band gap）是影响发光二极管所发出光线颜色的主要影响因子，因此通过改变半导体材料之组成来调变能隙以得到不同波长之 LED 是此技术领域非常重要的技术热点，US5252499 便是利用改变半导体的掺杂（dopant）来制得广能隙差（wide band-gap）的发光二极管。

US5252499 是于 1988 年由诺伊马克·罗斯柴尔德教授所提出的专利申请，其主要特征在于在形成 P 型半导体层与 N 型半导体层后，导入足量的氢原子至炉管内，用以中和部分的空穴，借此产出广能隙差（wide band-gap）的半导体组件。

但是，如果我们仔细的阅读 US5252499 专利以及探究发光二极管发展的历史会发现，诺伊马克教授所申请的 US5252499 的专利主要在讨论二六族半导体材料发光二极管制作流程，但是 20 世纪 90 年代后，三五族半导体材料才是发光二极管的主流材料。既然如此，为何一件以二六族半导体材料发光二极管制作流程的专利，能够对三五族半导体材料发光二极管提出专利诉讼，并且使得许多厂商乖乖支付和解金，这就是本案例需要与读者好好分享的。

在撰写专利权利要求时，撰写者通常会只考虑现在的状况，而忘了深一层地思考技术演进会不会让一个本来的权利要求最后却没办法涵盖到后期的产品。

举个简单的例子来说，青蛙在幼年时期事实上是以蝌蚪的形式呈现，"头大尾细"是一个蝌蚪的特征，但是"头大尾细"这个特征随着蝌蚪的长大尾巴渐渐消失后，就不足以涵盖青蛙的特征了；相对地，如果有人以"两栖生物"或"身体具有粘液"等特征描述蝌

---

❶ 石大成（2004）。新世纪照明启用—半导体 LED 节能照明发展暨应用。
❷ http://en.wikipedia.org/wiki/File: PnJunction-LED-E.PNG

蚪，即使蝌蚪后来变成青蛙，仍然能被涵盖在这个特征之下（见图3-24）。

图 3-24 青蛙的变态发育

在本案中，说明书所记载的技术内容是在说明二六族半导体材料的发光二极管制造流程；但是，在撰写专利权利要求时，撰写者很技巧地不把二六族半导体材料写在权利要求里，本案例专利的独立项之权利要求如下：

> Claim 1
> A method of forming a p-n junction from a wide band-gap semiconductor, comprising forming an n-type side and a p-type side of a semiconductor by doping the n-type side to form an n-type semiconductor and doping the p-type side to form a p-type semiconductor, then introducing at least a sufficient quantity of atomic hydrogen into at least one side of the doped semiconductor to neutralize a portion of the compensators of at least that side to reduce the resistivity of at least that side to yield a wide band-gap semiconductor having reduced resistivity on at least that side.

取而代之的是将因为导入氢原子而产生的结果撰写于权利保护范围中，如"中和部分补偿（to neutralize a portion of the compensators）"与"广能隙差（wide band-gap semiconductor）"。

由于本件专利权利要求在撰写时使用了此撰写策略，使得当LED技术持续发展，材料由早期的二六族半导体材质演进到三五族半导体材质时，本件专利之权利要求仍足以涵盖现今的产品；也因为这个原因，使得专利权人罗斯柴尔德教授早在2005年开始，针对LED巨头，如日本的丰田合成和日亚化学、美国的Cree公司、德国的欧司朗和荷兰的飞利浦等，在美国发起多次专利诉讼。更在2008年对全球三十多家发光二极管厂商的三五族半导体发光二极管产品提起专利诉讼时，几乎无一厂商能够躲开本篇专利的范围，从上游的晶片厂商，一路告到下游的贸易商，从大企业到小公司，一个都不放过，最后有多家厂商付钱了事以和解收场。

它高超的权利要求撰写策略使得其专利保护范围仍然将之后的技术涵盖于其中，也使自己研发成果的权益发挥到最大化。

由此，发明家在下笔撰写说明书时也应多考虑科技演进的因素，将可能的技术延伸和替代方案详细描述成实施例，方便代理人能够概括出保护范围更大的权利要求。同时，您现在会更清楚地知道如何读懂乃至审核一个日后较容易进行维权行动的专利权利要求书。

发明家在刚接触到专利申请时，总是把专利文件当成技术文件看待，喜欢事无巨细的交代技术内容，但是在撰写权利要求时，写的多不一定是好事。在本篇介绍的案例里面，发明家在1988年撰写专利时，刻意地不将材质限制写在专利权利要求里，这样的撰写技巧在后来收到料想不到的奇效，因为半导体材料技术不断地进步，约在20世纪90年代左右，发光二极管芯片外延的材质由早期的二六族化合物转变为三五族氮化物化合物，正因为1988年申请的专利没有把材质的限制写在权利要求里，使得这篇专利有更广的专利范围，不会因为技术的演进而被淘汰。

（3）EPD，上位用语扩大权利保护范围

课本、参考书、课外读物和补充教材……，在这个信息爆炸的时代，小学生的书包也跟着爆炸了！用电脑取代书本？又贵又重！如果我们可以将各式各样的数据全部塞进一个轻薄的电子书中，想必就能减轻小学生肩膀上的负担。想要实现电子书这个愿望，目前最热门的不外乎是电子纸。

电子纸和电子油墨的概念在1975年由施乐的PARC研究员提出，到了1996年才由MIT（麻省理工学院）成功制造出电子纸的原型，来年E-Ink公司成立，推动电子纸技术商品化[1]。而电子纸一般来说可分为①粒子显示器：包括电激发光显示器（ECD）、电泳显示器（EPD），和②液晶显示器：包括胆固醇液晶（ChLCD）和专有的双稳态（bistable）扭曲向列（twisted-nematic；TN）LCD等技术[2]。虽然可用的技术琳琅满目，但其中EPD电子纸约有九成的市场占有率[3]，是电子纸最重要的技术。根据市场研究机构Display Search 的预测，EPD模块将在2013年达到超过30亿美元的市场规模[4]。不只如此，电子纸技术因未来标签纸、薄型手表、显示广告牌、电子书报等多元化的应用，发展前景不容小觑（见图3-25）。

提到EPD材料的最大供货商则非早期投入研发的E-Ink公司莫属，它在2009年底被元太科技（PVI）收购[5]。另一家与友达（AUO）合作的Sipix[6]同样也使用EPD技术，但是Sipix使用的微杯技术与E-Ink使用的胶囊不同[7]。E-Ink与Sipix算是EPD技术的两大重要技术拥有者。

不过EPD的基础专利是由MIT于1997年率先提出的（专利号CN1109270C），它的关键技术在于"微容器"这个东西。本篇专利中揭露了显示器具有一对平面电极且相对设置，二个平面电极之间设有多数个微容器，微容器中包括电介质液体和大量带电粒子的电泳悬浮物，电介质液体例如是暗色液体，带电粒子可以是白色及黑色的色素粒子。当电极

---

[1] http://www.bam-book.info/show/45.html
[2] http://www.ctimes.com.tw/Art/Show2.asp?O=2009070710554470112&F=epaper
[3] http://www.ctimes.com.tw/News/ShowNews.asp?O=201004261421275035
[4] http://www.myebook.com.tw/discuz/archiver/?tid-68.html
[5] http://www.myebook.com.tw/discuz/archiver/?tid-68.html
[6] http://big5.ic160.com/bbs/info/201052883619.htm
[7] http://www.macbookone.com/2010/06/e-ink-sipix.html

间产生足够的电位差时,会使微容器中的带电粒子依电场方向移动,使得电介质液体与带电粒子能够显示出有区别的颜色或深浅,其中至少有一个电极为透明电极,使得我们可以观察到靠近电极的微容器部分所显示的色彩。

本篇专利(CN1109270C)描述的电泳装置,在说明书的实施例及附图中揭露的是一种球状的微囊结构,但在其独立权利要求 Claim 1(节录如下)中,撰写时使用"微容器(microscopic container)"的上位概念,使权利保护范围扩大;并且以尺寸方式限制,不直接限定形状,得以和先前技术相区别。

图 3-25 可挠式电子纸❶

"1. 一种电泳显示器,包括:a. 一种离散的微容器的排列,每个容器沿其任意方向的尺寸不超过 $500\mu m$……"

什么是上位概念呢?你是否留意过拍卖网站上"鞋子"的分类?如果寻找鞋子,会出现高跟鞋、中跟鞋、低跟鞋和平底鞋等,甚至网页上想必会出现各种款式和形状的包鞋、凉鞋或是拖鞋!若是再进一步寻找"鞋跟小于一公分的鞋子",你搜寻到的答案就可能局限在平底鞋了。"鞋子"就是所谓的上位概念,而"鞋跟小于一公分的鞋子"就是下位的概念了。根据这个例子,我们知道上位概念包含的范围比较广,下位概念比较窄,如果我们在搜寻鞋子时不想放过任何一种鞋子的款式,当然就要用上位概念的鞋子当作搜寻的条件!在申请专利的时候,考虑到权利的保护范围,对上位概念的用语也是要仔细推敲和善加利用的。

在这个案例中,因为本篇专利使用了上位概念的"微容器",后起之秀 Sipix 所使用的微杯(microcup)虽然看起来和 MIT 的球状微囊不太一样,但是它(微杯)属于微容器(microscopic container)的下位概念的用语,就被本篇专利的微容器所涵盖,难以进行回避设计。因此,以上位概念撰写的技巧,可获得一个权利范围较大的专利,不但在专利谈判或诉讼等中发挥重要的作用,同时也稳固了申请人技术或产品的市场。

> 小贴士:试试上位概念的用语吧!申请专利时,使用下位概念的用语描述权利要求只会限缩了权利范围,让竞争对手容易闪避。用上位用语描述的权利要求不仅范围广,竞争对手也较难进行回避设计,而且当未来技术发展改变时,说不定可以涵盖后来的技术,更提升了专利的价值。

(4)让您的专利更无懈可击——选取必要的技术特征的重要性

在商业竞争的时代,"专利"几乎成为商品的广告词,申请专利似乎是一种流行。你常可以看到一种营销手法,在某件新产品问世时,挂上申请专利获准的口号,为初试啼声的产品铺路。但往往很多专利授权后,立即变成时髦却无用的壁纸一张,在有效期内一点作用都没发挥就寿终正寝了。

---

❶ http://news.mydrivers.com/1/154/154119.htm

虽然一项专利技术在商品化后，包装手法多种多样，但回归到专利本身的价值上，专利是否可为专利权人争取最大的利益，要看这件专利能否让对手未来的技术也落入其保护范围内，到时专利权人才能在诉讼或授权谈判上叱咤风云。

而在诉讼和谈判中又如何判断对手的产品（或方法）落入专利保护范围内呢？必须分析授权后的专利权利要求的所有构成要件（技术特征），逐一与对手的产品（或方法）的所有组件进行比对，如果对手的产品（或方法）缺少一个构成要件（技术特征），则不构成侵权；而如果对手的产品（或方法）具有每一个构成要件（技术特征），专利侵权就可能成立。按照上述的逻辑我们可知，越少的构成要件（技术特征）所建构的权利要求具有越大的专利范围，且对手的产品（或方法）就越难逃过。

换句话说，我们把专利保护范围视为一栋城堡，申请者使用能够表达的最少的技术特征来建构专利权保护范围，以这样的方式挑选出的技术特征，如同材质良好的大理石般，就能够稳固专利堡垒的基底；相反的，专利范围若因加入过多的技术特征，成了容易回避的漏洞，这项专利就像在海滩上用砂砾推出的沙堡般，虽然审查通过了，但未来可能不禁经不起海浪侵袭。因此，申请者在专利范围上必须费尽心思，好好斟酌权利要求内的每一个构成要件组件是否有存在的必要。

案例：英特尔，专利局部老手的策略

英特尔（Intel）是位专利布局的老手，拥有许多可作为良好示范的专利。前年他们宣布了最新研发的 Light Peak——以硅芯片引出 10Gb/s，未来可能逼近 100Gb/s 的光纤传输技术❶。国际大厂苹果（Apple）不但对这项技术有强烈兴趣，并有意采用这项前瞻性的外接介面，将英特尔的 Light Peak 技术导入市场❷❸。

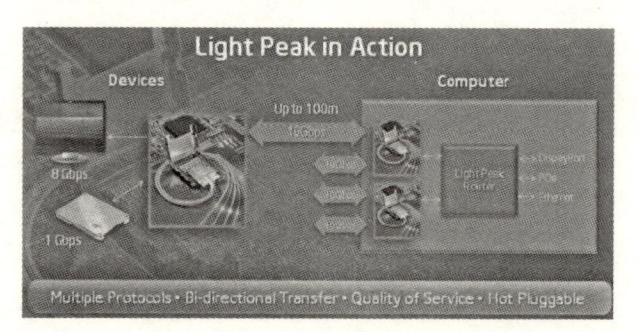

英特尔导入 Light Peak 技术连接 PC 内部与外部的所有连线❹

早在 2004 年、2005 年，英特尔就在美国和中国布局了一项提供电光和/或光电耦合器的方法和装置（US10/840413，ZL2005800143695），其利用被图形化和蚀刻的半导体

---

❶ http：//www.quantekcorp.com/help/lightpeak.html
❷ http：//www.zdnet.com.tw/enterprise/technology/0, 2000085680, 20149012, 00.htm
❸ http：//www.techbang.com.tw/posts/5005-changed-the-name-of-the-light-peak-thunderbolt-doing
❹ http：//www.zdnet.com.tw/news/hardware/0, 2000085676, 20141520-1, 00.htm

衬底为光学器件的集成提供装配模板，使光学部件的被动对准成为可能，且降低对于光学部件的对准精确度、耗时及最终昂贵的闭环过程的需要，并且由于其基础结构和尺寸上的经济而降低了加工半导体材料的成本，提供了低成本封装光耦合组件的技术。

由于这项专利技术最大的特点就在于光纤设于一另一端尽头具有反射器的凹槽上，而光源设置于反射器与凹槽的上方，使光源发出的光线透过反射器反射后进入光纤内，所以英特尔在专利范围独立权利要求的部分，只明确地主张六项必要的技术特征（半导体衬底、沟槽、反射器、光纤、光源、盖）及其连接关系，目的为的是让专利可布局到最大的领土范围，其他技术细节的部分，例如光源、反射器的特征，光纤、盖的具体连接方式，以及该装置所包括的其他元件等，就利用从属权利要求来进一步说明，使得在最大的领土范围内建造这座专利城堡，又大又坚固，且无人能轻易破解。这项技术具有体积小成本低的特点，与电子产品的发展趋势相一致，且其专利范围很大，其他厂商想要降低成本则很难绕过！

小贴士：谁都不想把专利变成成果展示房间里面的装饰壁纸，谁都想把专利成为谈判场上重要的利器。那么，在申请专利的时候，不妨多考虑专利范围的构成要件（技术特征），使用正确的构成要件（技术特征）打造您最牢固的专利城堡，为您的企业打一场胜利的专利攻防战吧！

总结一下，本节主要介绍了好专利的第三层包装纸：好的权利要求书！

专利权的保护范围主要由权利要求书来确定，说明书或者附图可以用来解释权利要求书。在实践工作中，一个好的专利工程师或者代理人会引导发明人并且在发明人的配合下，尽全力撰写一个好的权利要求书。

3.7 迎合市场需求

企业里面经常提"以客户为导向"，那么要成为好专利就要"以市场需求为导向"！

小贴士：其实道理很简单，前面我们讲过了，专利被使用才能实现其价值；你有一个创新技术，并且基于该创新技术申请了专利，如果该创新技术适应了当前市场上的需求，那么这个专利很快就会成为好专利了！

❉ 小巧思蕴含极大商机，市场需求启迪专利方向

胶带经常在生活上出现，虽然不是什么了不起的东西，好用难用也是可以讲出很多意见的。谈到胶带不免会提到3M公司，早在1930年3M的员工Richard Drew就发明透明胶带，并取得美国和英国专利[1]。1980年因为Post－it notes（便利贴）产品的"不小心"问世[2]，让3M成为全球胶带行业的第一品牌。可别小看这个与日常生活密切相关的胶带，根据统计数据显示，全世界胶带的年产值介于400亿到5亿美元之间，不亚于半导体产业的产值[3]。另外也有报告指出全球胶带需求量从2012年起每年将以4.9%增长，换句

---

[1] http://big5.sipo.gov.cn/www/sipo2008/ztzl/ywzt/yxsjdip/jiaodai/
[2] http://en.wikipedia.org/wiki/Post-it_note
[3] http://web1.nsc.gov.tw/ct.aspx?xItem=7852&ctNode=40&mp=1

话说胶带的销售金额到 2017 年时会达到 30000 亿美元❶。很难想象这个不起眼的发明可以带来那么大的利润吧！接着，我们来看看台湾著名的免刀胶带专利争议案，它就是说明简单技术通过申请专利获得垄断权利带来庞大市场利益的最佳案例。

包装过程中封箱的时候，你想要直接撕开表面平滑又有韧性的胶带吗？的确不是件容易的事。不过地球工业的董事长夫人张周美女士可不这么认为，善于裁缝的她发现编有纹路的布料相对于整张平整的布料更好剪开，即使徒手用力将布料撕开也没问题。因此，他将布料剪裁的经验应用到胶带生产上，发明了"免刀胶带"，本件的发明特征便是在胶皮上预先形成凹凸纹路用来方便撕取，解决了传统胶带使用不便的问题，且在台湾申请了专利 TW10061。

本篇专利 TW10061 内容讲到一种包装用的黏性塑料带（即胶带），由塑料皮及粘胶两层成卷所制成，其中塑料皮一面部分涂抹有粘胶层，另一面则形成凹凸平衡直线或曲线、点线条纹，因为有这种凹凸纹路的设计，便于在使用时徒手撕断成整齐断面。该专利于 1971 年 1 月 22 日提出发明专利申请，同年 6 月 15 日修正申请专利范围，改为新型专利，并获准注册为第 54625 号新型专利，专利期间为 1971 年 1 月 22 日至 1981 年 1 月 21 日。

地球工业的董事长夫人的灵机一动为地球工业带来开创性成功。在本案例中，地球工业免刀胶带专利于 1971 年获得授权后开始大规模控告 12 家同业仿冒侵权，其中被告四维和亚化决定缠讼到底，这个官司一打就是 40 年。1984 年高等法院确定刑事判决，四维和亚化的相关负责人需对侵权行为承担刑事责任，而 1985 年附带的民事赔偿案审结后还需给付地球工业赔偿金，两家连带利息共需支付高达 16 亿台币。但在 1996 年，四维和亚化分别提出无效请求，质疑当年这项专利授权的合法性，欲撤销该专利权。但是主管机关认为该请求已经过了专利权保护时效（10 年），不合程序，并未受理❷（注：地球工业免刀胶带专利权至 1981 年 1 月 22 日失效）。四维和亚化继续上诉到高等法院，终于在 2006 年上诉获得受理，最后 2009 年法院辩论终结仍判定地球工业胜诉❸。

综上所述，免刀胶带不仅在商业上的获利多，而且诉讼多，赔偿金也多！谁说简单的构思没有用？只要满足了市场需求，挖掘出来的专利就能成为竞争的利器。别忘了在专利观念薄弱仿冒风气盛行的年代，一个小小的发明都可能造成巨大的回响。

这个案例告诉我们，别忽略您日常生活或工作中许多看似不起眼的小改进或小巧思，看看它能否满足市场需求乃至培育潜在的市场，好好地利用他们，都可以成为您创新的灵感源泉，再用专利把它保护起来。平平凡凡的技术带来了轰轰烈烈的市场，把握市场需求能够极大提升专利价值。

❀ **THIN BAZEL，运用技术巧思及完整的专利布局达成市场需求**

想象你需要带着笔记型电脑东奔西跑或是生活在拥挤的空间，你还会想要一台厚重的电子装置吗？消费者需要的是轻薄的电子产品，大到电视小至手机等产品都有同样的诉

---

❶ http：//www.giichinese.com.tw/report/fd82010 - sensitive - tape_toc.html
❷ http：//www.rclaw.com.tw/SwTextDetail.asp? Gid=606
❸ http：//www.tsailee.com/_ch/_ipn/default01.asp? PKID=1281

求，薄、超薄、更薄。像是夏普❶和三星❷就相继推出侧边 2.4mm 的超薄边框显示器，LG❸也不干示弱的在 2009 年将 LCD 显示器的侧边框缩减至 1.5mm。另外，艺卓、优派、赢富、惠普等公司也积极推动此超薄边框风潮，并在市面上大量贩卖相关产品。可见旧式厚重的边框已经无法满足消费者的期待，取而代之兼具现代感美学与轻巧的薄边框产品才是当今的市场主流（见图 3-26）。

(a)❹ (b)❺

图 3-26 Thick bezel 与 Thin bezel

旧式笔记型电脑屏幕的 LCD 组装是用螺丝固定在 LCD 正面的四个角落（在先技术图 3-27），屏幕必须有容纳螺丝的空间，使得 LCD 显示屏幕变小，也较为厚重。为了达到轻薄化的市场要求，LG 改变组装方式，在专利（US5835139）中，将原本固定于 LCD 正面的四个角落的锁固组件改在外框的两个侧边镙丝固定（专利附图）。如此一来，少了四个角落的镙丝占据的空间，如果是相同大小的显示屏幕，就可以让显示屏幕的比例增加，边框的厚度变小。此外，锁固组件并不局限于螺丝，也可以是钩扣或其他有黏性之材料，

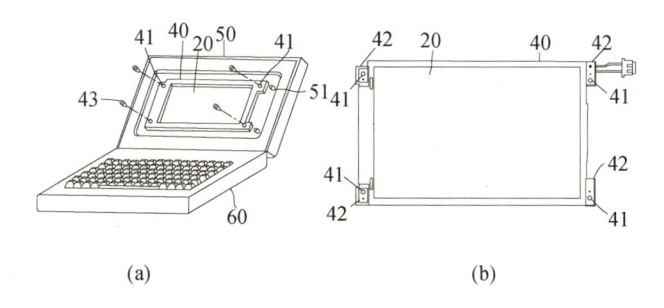

(a) (b)

图 3-27 在先技术

---

❶ http：//chinese.engadget.com/2010/06/08/sharps-30-screen-display-features-worlds-thinnest-bezel-separa/

❷ http：//www.samsung.com/tw/consumer/computers-peripherals/lfd-series/lcd-lfd/LH46MVPLBB/XY/index.idx?pagetype=prd_detail

❸ http：//displayer.thethirdmedia.com/Article/201011/show258465c35p1.html

❹ http：//www.techfresh.net/mitsubishi-unveils-new-ultra-slim-lcd-tv/

❺ http：//www.digitaltechnews.com/news/2009/08/sleek-and-slim-lg-sl80-lcd-and-lg-sl90-led-hdtvs-with-ultrathin-bezel.html

不仅可降低生产成本，进而达到轻薄化、显示屏幕比例增加，而且更能兼顾美观等特性。这样的技术方案从现在的观点来看可能不太具有技术难度，但是在申请的时间点（1997年）来看，它不但简单，而且克服了技术偏见，解决了长期无法解决的LCD厚边框的问题。

LG的这个技术只是改变镙丝锁固的方式，主要发明点虽然简单，但专利权人却从不同角度切入布局了共7篇专利的专利家族。LCD装置是这个技术最小的应用领域，有专利US5835139、US6002457、US6373537、US6456343保护；接着扩大到笔记型电脑，有专利US5835139、US6020942、US6373537；同时组装及制造LCD装置的方法也不放过，有专利US5926237、US6002457、US6456343；当然不能忘记组装及制造笔记型电脑的方法，写在专利US5926237中；而且镙丝锁固会应用在显示屏模块壳体及LCD显示屏安装模块等的重要构造中，在专利US6512558中也同样被保护住，由小到大，考虑到这个技术的各种应用面。LG透过这7篇专利共35项独立权利要求，成功包装了壳体的锁固技术（表3-13、表3-14），等于布下了天罗地网，不怕有漏网之鱼。本篇专利（US5835139）透过简单的创意发明及强大的专利组合，达到实现技术之最高效益（见图3-28）。

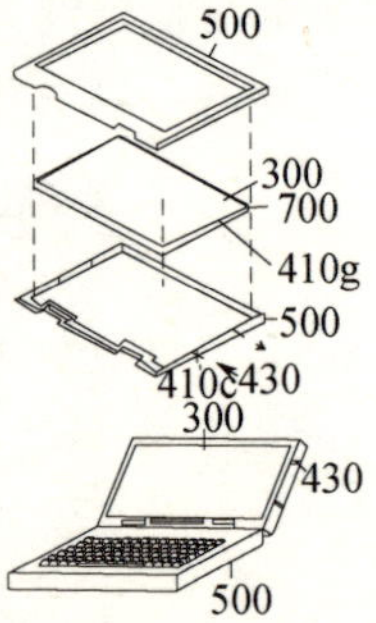

图3-28 专利附图

表3-13

Claim独立项	US5835139	US5926237	US6002457	US6020942	US6373537	US6456343	US6512558
LCD装置	V		V		V	V	
组装LCD装置之方法						V	
制造LCD装置之方法		V	V			V	
笔记型电脑	V			V	V		
组装笔记型电脑之方法		V					
制造笔记型电脑之方法		V					
显示屏模块壳体							V
LCD显示屏安装模块							V

表3-14

	US5835139	US5926237	US6002457	US6020942	US6373537	US6456343	US6512558
申请号	08/888,164	09/145,357	09/178,832	09/178,711	09/326,540	09/826,101	10/028,701
申请日	07-03-1997	09-01-1998	10-26-1998	10-26-1998	06-07-1999	04-05-2001	12-28-2001
公告日	11-10-1998	07-20-1999	12-14-1999	02-01-2000	04-16-2002	09-24-2002	01-28-2003
专利权人	LG Electronics Inc.		LG LCD, Inc.		LG. Philips LCD Co., Ltd.		
法律状态	有效	有效	有效	有效	有效	有效	有效

有了这样的技术及巧妙的专利包装，LG不只向主要笔记型电脑组装厂商与品牌商（如广达、仁宝、三星、索尼与夏普等）发出警告函，许可本篇专利，并向华映求偿5350万美元侵权赔偿金[1]，远超过专利申请费用。

---

[1] http://140.138.140.197/NEWS/2006-11/1123-1%20%E5%B7%A5%E5%95%86.htm
http://sunrise.hk.edu.tw/~msung/Research/Creativity/Patent/Patent_Infringement/Infringement_32.htm

通过此案可发现，简单的发明若能巧妙配合市场需求运用强大的专利组合，便能实现技术之最大效益，进而达到扩大诉讼求偿基础与授权谈判的能力。因此，如果觉得专利太过单薄不妨学学 LG，换个角度包装技术，说不定会有意想不到的效益。

小贴士：苹果从发布 iPHONE 开始成为业界一流的公司，很多人都在探讨苹果成功的原因。苹果引领并养成了用户的使用习惯，让 iPHONE、iPAD、iPOD、iMAC 成为很多人生活中的一部分；但是，从另外一方面来考虑，也许这种使用习惯其实就是大家的一种需求，只是一直以来没有人发现或者挖掘出来，后来，苹果把它挖掘出来并产品化。

简单的技术或许无法替你实现庞大的收益，但是如果懂得配合市场需求加上完整的专利布局技巧，又是另一回事了！根据市场需求的简单巧思也能发掘出一系列专利，这样的专利往往能为您带来惊人的商业利益。

❀ 为炮弹制导，市场需求指导专利包装

你对电影《少数派报告》或是 CSI（犯罪现场调查）剧集中徒手控制计算机的场景，是不是觉得神乎其技呢？在发出惊呼声的同时，早在 1970 年美国军方就发展了触控技术[1]（详细发展请参见表 3-15）。不像传统需通过实体热键整合的消费性电子产品，只要用手指或手写笔接触面板，直接接触点选或手写，使产品具备更人性化的操作界面。早期单点触控屏幕大多仅能支持最简单的操控，例如，单指触控屏幕的一点，实现仿真鼠标的操控反应，常见于 ATM[2] 及家电用品。而近年莱果 iPhone 的推出，掀起一波消费性电子产品整合多点触控操作的热潮，触控方式由点（触碰接触）延伸到线、面（手势）。根据微软测试报告指出，多点触控硬件开发现况则是从 2 指到 32 指，可同时支持多人多指行为[3]。

表 3-15　　　　　　　　　多点触控发展概要[4]

时间	技术发展内容
1982 年	多伦多大学发明感应食指指压的多点触控面板，同年贝尔实验室发表了首份探讨触控技术的学术文献
1984 年	贝尔实验室研制出一种能够以多于一只手控制改变画面的触屏
1991 年	此项技术取得重大突破，研制出一种名为数字桌面的触控面板技术，允许使用者同时以多个指头触控及拉动触控面板内的影像
1999 年	Fingerworks 公司生产了多点触控产品包括 iGesture 板和多点触控键盘。在 2005 年，被苹果计算机收购
2007 年	苹果及微软公司分别发表了应用多点触控技术的产品及计划—iPhone 及表面计算机（Surface Computing）

也因此，现今市面上主流智能型手机皆以触控屏幕作为主要的人机接口，例如，Android 平台的智能型手机、Windows Phone 7（WP7）、黑莓智能型手机，甚至惠普

---

[1] http://www.zdnet.com.tw/news/ce/0，2000085674，20135286，00.htm
[2] http://www.saus.cn/news/hangyedongtai/201010102891.html
[3] http://www.cc.ntu.edu.tw/chinese/epaper/0013/20100620_1305.htm
[4] http://touco.cn/news/2010-11-23/86.html

touchsmart 个人计算机与苹果的 MacBook 笔记本电脑系列产品，当然还有当今很火的 iPad，其他支持多点触控的系统请参见表 3-16❶。

（1）系统：Mac OS X、Windows 7（家用进阶版、专业版、企业版及旗版）、Android、iOS、Symbian^3、Windows Phone 7 等。

（2）计算机：Asus Eee PC（部分型号）、Asus EeePad、Dell Inspiron Mini（部分型号）、Dell Latitude XT、HP TouchSmart、MacBook（部分型号）、iPad、Microsoft Surface、Acer Aspire 5738PG、Lenovo Ideapad（部分型号）等。

（3）手机：HTC Wildfire、HTC HD2、HTC Hero & Magic、BlackBerry Storm、Garmin nüvifone、iPhone、LG KM900 & GD900、Meizu M8、Motorola Droid/Milestone/XT702 & XT701 & XT711 & XT720 & XT800 & ME511（Flipout）& ME501（Quench）、Google Nexus One、Palm Pre、Samsung Instinct、Nokia N8 等。

截至 2011 年底，大陆和台湾地区对 iPad 触控面板出货达 3000 万片，对品牌客户出货达 1608 万片，对国际客户出货达 904.5 万片❷。如此热门的多点触控技术，你"苹果"了吗？

在多点触控的技术中，苹果公司申请了三件专利 CN101379461A、US7812827、US7812828 涵盖了多点触控 pinch to zoom 的手势技术、同步感应安排及椭圆拟和多指触控界面等重点（见图 3-29）。

专利 CN101379461A 所保护的范围，即是利用两个手指的交互移动来改变画面显示的控制方式，可直接在屏幕上进行缩小放大、旋转、点击链接等功能，减少操作接口之复杂性。通过多组独立权利要求，保护市面上涉及多点触控感应

图 3-29 多点触控手机操手势❸

的设备与方法。专利 US7812827 保护了触控感应设备或包括多个感应点，每个点都位于驱动线和感应线的交叉处，多条驱动线能够同步或接近同步地受到带有独特特征的驱动信号的刺激。专利 US7812828 保护了同步追踪多个手指和手掌接触的各种仪器和方法。这三件专利说明了苹果公司对于多点触控技术的各个角度都进行了专利布局。

CN101379461A 主要是在强调利用手势实现画面缩放、旋转等复杂操作，US7812827 则在保护多点触控运算时感应信号的安排处理，US7812828 更进一步地强化了手掌与手指触控方式的保护。由这三件专利可以发现，苹果公司基于对市场的敏感度，在 2005～2006 年此风潮尚未掀起时，便针对触控技术进行一系列专利布局。虽然在专利 CN101379461A 的多点触控的权利范围不够完整，但是在美国获证的两篇相关专利（US7812827、US7812828）补强了苹果公司多点触控技术保护的涵盖范围，其中一项专

---

❶ http：//zh.wikipedia.org/zh/%E5%A4%9A%E9%BB%9E%E8%A7%B8%E6%8E%A7
❷ http：//big5.ec.com.cn/gate/big5/ccn.mofcom.gov.cn/spbg/show.php?id=11371&ids=
❸ http：//pocketnow.com/how-to/video-try-this-multitouch-gesture-on-iphone-or-webos

利将使得多点触控技术应用范围从当前的 iPod、iPhone 和 iPad 产品最终扩大至 MacBook 和 iMac 等多项产品，完美包装了因应市场需求的专利，稳固其触控操作系统龙头的地位。

相关主要专利信息[1]：

表 3-16

专利号	技术内容
CN101379461A ［同步感应安排］	一个具备多点触控输入的便携式电子设备及侦测方法，可直接在屏幕上进行缩小放大、旋转、点击链接等功能，减少操作接口之复杂性。包括多点触控侦测处理方法（claim1&16&23&33）；便携式电子设备（claim14&15）；用于在便携式电子设备上显示网页的方法（claim26）；以及计算器可读介质（claim30&31&32）用以控制处理器之驱动。 申请号：200680053036.X；申请日：2006.12.29；公日：2009.03.04；专利权人：苹果公司；法律状态：实审生效
US7812827 ［同步感应安排］	涉及多点触控感应设备与手段。触控感应设备或包括多个感应点，每个点都位于驱动线和感应线的交叉处。多条驱动线能够同步或接近同步地受到带有独特特征的驱动信号的刺激。触控感应手段和设备可能会被整合入桌面计算机、平板计算机、笔记本、掌上计算机、个人数字助手、媒体播放器以及手机等诸多电子设备的接口中。 申请号：11/619,433；申请日：01-03-2007；公告日：10-12-2010；专利权人：Apple Inc.；法律状态：有效
US7812828 ［椭圆拟和多指触控界面］	涉及同步追踪多个手指和手掌接触的各种仪器和方法，探测手在一个接近感测、多点触控表面的触碰与滑动。凭借着对直观的手形状和动作的识别和归类，这项技术可以前所未有地在一个多用途人体工学计算机输入设备上整合打字、静止、点击、滑动、三维操作以及手写等多项功能。该发明的第二个目的是提供一个系统和手段，通过不同的手形，在一个多点触控表面识别打字、多点自由操作以及手写等不同类型的手部输入。使用者将很容易学习这些手型，而系统也将很方便地进行识别。 申请号：11/677,958；申请日：02-22-2007；公告日：10-12-2010；专利权人：Apple Inc.；法律状态：有效

小贴士：苹果公司随后就拿着与本案相关的专利 US7812828 对摩托罗拉提出诉讼[2]。

我们可以从这个案子中看出这样的专利包装是非常有效益的，这种以市场为

---

[1] http://finance.sina.com/bg/tech/sinacn/20101013/2112154774.html

[2] http://www.patentlawagency.com/patent_law_agency/721

导向而包装的专利布局却有强大的吓阻作用及高度的战略价值。

　　苹果是当前最炙手可热的创新性的公司,所以在本书中有大量的有关苹果公司的案例和故事。

> 　　本章节到此就要结束了,写到这,有一个"真相"我一定要告诉你:创新、申请专利、获得授权不难,作为发明人,你一定要在你的思维里面"去神化"专利,难的是创造出"好专利"并实现其价值。
> 　　所以本章我们花了最大的篇幅来讲如何制造出好专利,在制造过程中我们需要做的工作,以及我们把总结出的一些套路、经验分享给大家。

第 4 章　专利申请阶段

专利权是国家赋予的，所以必须要向国家专利局提交申请，并且经过审查合格后才能获得专利权。

发明的申请程序和授权程序最为复杂，实用新型相关程序是其中的一个子集，本章重点讲解发明的申请和授权程序。

小贴士：在此我还是要强调一下专利工作的重要性，专利申请有很多实质性要求、形式要求，以及程序性要求，所以我们专利工作者的工作难度还是很大的，用发明人语气来讲，就是技术含量很高。

为什么把这个工作搞得很复杂，这是有理论原因的，前面我们已经提到，首先是国家赋予你权利禁止别人使用你的专利，并且用司法力量来保障你的权利，那么对你希望获得的权利的审查当然需要非常谨慎和严格。

4.1　专利申请的必经阶段

我们曾经说过附图对理解一个发明或者确定专利的保护范围非常重要，那么讲申请程序当然离不开图了，图 4-1 是一个发明专利从申请到授权的程序：

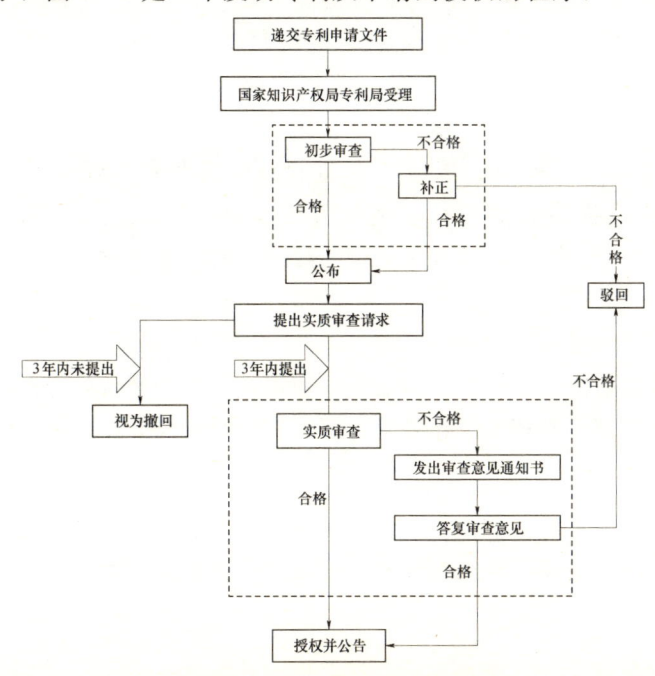

图 4-1　专利从申请到授权程序

在第 3.5 节里面，我们详细介绍了发明人审核专利工程师或者专利代理人撰写的申请文件，若发明人确认无误后，后面的工作紧接着就是上图的第一步："递交专利申请文件"。为了方便，我们用表格来说明这一步骤需要做的工作。

（1）递交专利申请文件（见表 4-1）

表 4-1

<table>
<tr><td rowspan="4">递交专利申请文件</td><td>类别</td><td>主角</td><td>配角</td></tr>
<tr><td>名称</td><td>专利工程师/专利代理人</td><td>发明人</td></tr>
<tr><td>主要工作</td><td>1. 准备专利申请文件，具体包括：请求书、说明书、摘要、权利要求书；
2. 向国家知识产权局专利局递交申请文件</td><td>提供相关信息</td></tr>
<tr><td>工作要求</td><td>1. 请求书应当写明发明或者实用新型的名称，发明人的姓名，申请人姓名或者名称、地址，以及其他事项
2. 说明书应当对发明或者实用新型作出清楚、完整的说明，以所属技术领域的技术人员能够实现为准；必要的时候，应当有附图。摘要应当简要说明发明或者实用新型的技术要点
3. 权利要求书应当以说明书为依据，清楚、简要地限定要求专利保护的范围</td><td>准确、无误</td></tr>
</table>

从上面可以看出，在"递交专利申请文件"阶段，主要工作由专利工程师或者专利代理人来完成：准备申请文件以及把相关材料递交到专利局。发明人在此阶段主要是做好配合，我们已经知道，在前一环节发明人已经审核过申请文件实质内容，专利工程师或者专利代理人根据发明人确认过的申请文件实质内容准备全套的文件，这一工作并不需要发明人配合；同时，专利工程师或者专利代理人还要准备请求书，这时候就需要发明人提供相关信息，例如发明人姓名信息等。也不要小看该配合工作，如果发明人填写错误，别人如何能相信这个专利是你发明出来的？所以，配角也是演员，也要投入。

（2）国家知识产权局专利局受理

递交申请文件之后，下面的工作就是国家知识产权局受理，该工作的主角和配角都是国知局内部人士，内部也有相关工作要求，那作为发明人的你和专利工作者的我们就无须在此多费笔墨了。

> 小贴士：受理也是有条件要求的，如果不满足要求，不会受理，但是这是最容易的事情，所以这一步我们就按照一切顺利的程序来介绍了。

（3）初步审查

国家知识产权受理之后，会先进行初步审查，具体见表 4-2：

表 4-2

类别		领衔主演	主演	配角
	名称	审查员	专利代理人/ 专利工程师	发明人
初步审查	主要工作	1. 对申请文件进行形式审查； 2. 对申请文件是否存在明显的实质性缺陷进行审查； 3. 对与专利申请有关的其他手续和文件进行形式审查； 4. 有关费用的审查	若审查员审查过程中发现申请文件等存在问题，则需要代理人或者专利工程师进行补正	若需要，则配合专利代理人和专利工程师的工作
	工作要求	可以阅读国家知识产权局部门规章《审查指南》第一部分相关内容	要消除缺陷，满足形式要求	

在该阶段，主要是由专利局初审部门的审查员对递交的全部文件进行初步审查，一般来说，该阶段不需要专利工程师、专利代理人和发明人做工作。但是，万一在前期准备申请文件过程中出现了失误，审查员认为存在问题，则审查员会发出补正通知书，在这种情况下就需要专利工程师、专利代理人和发明人进行相关补正工作。

小贴士：一般来讲，如果专利申请文件是由专业的专利工程师或者专利代理人准备的，那么初步审查会很快通过，不需要补正工作。

在这步工作中，如果初步审查合格，或者经过补正后合格，则会进入下一个工作，专利申请文件会被国家知识产权局公布；若初步审查不合格，并且经过补正工作后仍然不合格，则专利申请会被驳回。

(4) 公布

该工作是由国家知识产权局专利局来完成，发明人需要了解的是你的专利技术方案会被公开。对于公开的时间，对于经初步审查合格的发明，自最早申请日起 18 个月时即行公布。当然，如果申请人有需要，也可以请求提前公开其申请，但是无论如何，都要先通过初步审查。

小贴士：以上内容出现了"最早申请日"的概念，这主要是针对存在优先权的情形，举例来说，如果 A 申请的申请日为 2010 年 1 月 1 日，B 申请是在 2010 年 10 月 1 日提起，同时要求了 A 申请的优先权，则我们在认定 B 申请的最早申请日时以 A 申请的日期为准：也即 2010 年 1 月 1 日。

一般来讲，初步审查需要 3 个月左右时间，国知局准备公布材料、排版也需要 3 个月时间，对于一个发明来讲，最快可以在 6 个月内公布。

(5) 提出实质审查请求

如果你想获得授权，那就需要进行实质审查，也就需要提出实质审查请求。从提交申请到提出实质审查请求的最后期限的时间要求是三年，在这三年内，如果你发现自己的专利并不具备授权的条件，可以不提出实质审查请求，审查员也不进行实质审查，你所提出的专利申请也就被视为撤回。

小贴士：也许你会问，如果我知道专利不会被授权，提出了实质审查请求又有什么关系呢？说的很对，只是费用上就划不来了，在你提出实质审查请求的同时还需要交纳实质审查请求费：目前共计 2500 元。

（6）实质审查

当申请人提出实质审查请求之后，审查员就会对专利进行实质审查，具体见表 4-3：

表 4-3

类别		领衔主演	主演一	主演二
实质审查	名称	审查员	专利代理人/专利工程师	发明人
	主要工作	1. 审查专利申请是否满足《专利法》第5条、第25条，第9条的要求； 2. 审查专利是否满足新颖性、创造性要求； 3. 审查专利申请是否满足《专利法》第2条第2款、第20条第1款、第22条第3款、第26条第3款、第4款、第5款、第31条第1款、本细则第20条第2款的要求； 4. 审查专利是否满足《专利法》第33条、第43条第1款的要求	若审查员审查过程中发现申请文件等存在问题，则会发出审查意见通知书，代理人或者专利工程师需要进行答复	配合专利代理人和专利工程师的工作
	工作要求	可以阅读国家知识产权局部门规章《审查指南》第二部分相关内容	答复审查意见，说服审查员；或者修改使文件满足专利授权条件	

你可别责怪我们直接把法条搬上来了，其实是为了读者好，因为在实质审查阶段，审查员审查的内容很多！另外，还有两个原因：

① 一些授权的要求更偏重于专利方面，在答复的时候，主要依靠代理人或者专利工程师即可，此处的确没有必要描述；

② 部分授权条件一般情况下都会满足，不满足的情形实在太少，所以在此没有必要去介绍。

还有一个细节,在上面表格里面审查员的主要工作中第 2 点描述的是审查员审查专利是否满足新颖性、创造性要求,这两点我们没有用条款,而是直接描述出来,原因想必你也知道了,因为这两点我们在第 3.3 节里面详细的介绍过,只不过是在第 3.3 节里是由发明人自己进行的判断,在实质审查里面则是由审查员进行的实质性审查工作,当然,审查员考虑的细节会更多,要求会更高。

同时,我们在后面章节还会再介绍审查意见答复的一些内容,此处重在强调程序,所以就不针对实质性要求展开描述了。

在程序上,审查员要审查专利是否满足实质性要求,如果满足,则授予专利权;如果不满足,则先要发出审查意见通知书,专利工程师或者专利代理人则要针对审查意见进行答复,答复思路无外乎两种,一是认同审查员的意见,对专利文件进行修改,或者放弃答复专利被驳回;二是不认同审查员的意见,提出自己的观点去说服审查员。从结果来说,有三种:一是修改文件被授权;二是没有修改文件被授权;三是被驳回。

> 小贴士:还是那句话,答复专利审查意见的工作是一个专业活,作为发明人,还是聘请一个专利代理人为好!

(7) 授权并公告

这最后一步工作就很简单了,也都是国家知识产权局专利局来完成的,授权并向公众公告出来。

> 小贴士:一个小知识点,对于授权文本的公布,我们称之为"公告";而对于非授权文本的公布,我们称之为"公开"。

以上是一个发明专利从申请到授权的程序,我们总结了 7 个步骤,其实还有很多细节以及很多工作要做。在本书的后面,我们还会介绍一些相关工作。在这一节里面,你只需要做一个简单了解即可。

另外,对于实用新型,与发明相比,实用新型只有初步审查,初步审查的流程与发明的实质审查相似,若合格,则授予专利权;若不合格,则会发出审查意见通知书,由申请人答复。只不过,实用新型初步审查的要求低于发明,审查员不会进行专利检索,也就是说,实用新型的审查与发明的审查相比会容易很多,尤其在创造性上。

> 小贴士:作为发明人,你仅仅需要知道上一段内容即可,选择实用新型还是选择发明需要考虑很多因素,还是那句话,你可以和内部的专利工程师或者外部的专利代理人沟通确认。

上面我们以发明的申请和授权程序为例讲解了申请和授权程序,比较简单,仅供大家了解即可。

4.2 专利申请的费用

❖ 该花的钱还是要花的

通过前面的介绍可以看出来,在申请专利的过程中,付出劳动的一般是发明人、专利

第二篇：制造专利

代理人、国家知识产权局，你是发明人，当然不存在费用问题；专利代理人和国家知识产权局做了工作，当然就需要费用了。

一般情况下，我们把支付给代理人的费用称为服务费，把支付给国家知识产权局的费用称为官费。服务费需要你和你聘请的专利代理机构来协商，费用有高有低，要考虑工作量也要考虑工作难度，当然如果你委托的专利案件较多，也可以优惠。因为这个原因，这本书就不再涉及主观性特别强的服务费了，我们会重点介绍官费。

我们还是继续用图来宏观介绍官费相关情况：

> 小贴士：对于什么时候会发生官费，是有规律可循的，国家知识产权局专利局做了工作就需要收费。这也算公平合理吧。

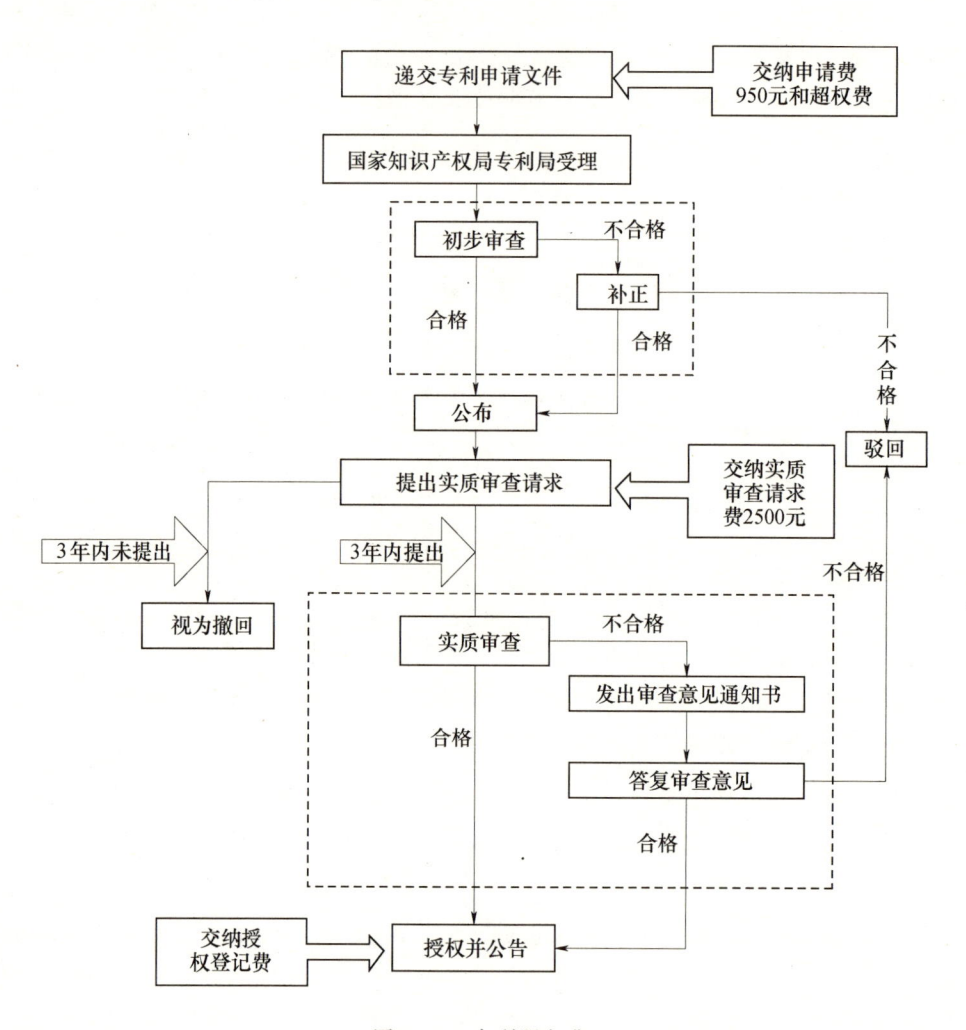

图 4-2 专利服务费

图 4-2 是把申请专利时最主要的三个环节所交纳的费用给列出来，这也是在申请和授权阶段一路顺风的情况下需要交纳的费用；如果有一些例外，那么还需要交纳额外的费用。

表4-4是官方公布的发明专利费用标准：

表4-4　　　　　　　　　　发明专利费用标准[1]　　　　　　（人民币：元）

费用种类	简称	发明专利	减缓比例			
			85%	70%	80%	60%
申请费	申	900	135	270		
文件印刷费	文	50	不予减缓			
说明书附加费 从第31页起每页 从第301页起每页	说附	50 100	不予减缓			
权利要求附加费 从第11项起每项	权附	150	不予减缓			
优先权要求费每项	优	80	不予减缓			
审查费	审	2500	375	750		
维持费	维	300			60	120
复审费	复	1000			200	400
著录事项变更手续费： 发明人、申请人、专利权人变更专利代理机构、代理人委托关系变更	变	200 50	不予减缓			
恢复权利请求费	恢	1000	不予减缓			
无效宣告请求费	无	3000	不予减缓			
强制许可请求费	强求	300	不予减缓			
强制许可使用裁决请求费	强裁	300	不予减缓			
延长费： 第一次延长期请求费每月再次延长期请求费每月	延	300 2000	不予减缓			
中止程序请求费	中	600	不予减缓			
登记印刷费	登	250	不予减缓			
印花费	印	5	不予减缓			
年费	年	年费标准见年费计算参考表				

表4-4中申请费、文件印刷费、审查费、登记印刷费和印花费为正常情况下需要交纳的费用；当然，如果你递交专利申请文件之后发现自己申请的专利并不满足授权的条件或者认为公开技术方案已经达到目的，则你可以不再提出实质审查请求，也不需要交纳实质审查请求费。

表4-4其余项目为在某些情形发生时才需要交纳的费用；例如，"说明书附加费从第

---

[1] http://www.sipo.gov.cn/zlsqzn/sqq/zlfy/200804/t20080422_390241.html

31页起每页从第301页起每页"的含义是如果你提交的申请文件的说明书在超过30页，则从31页起每页多收50元，从301页起每页多收100元。再例如，"权利要求附加费从第11项起每项"的含义是，如果权利要求书的权利要求超过10项，则每项多收150元。

  小贴士：这其实也挺合理的，申请文件如果内容很多，增加了国家知识产权局专利局的工作量，所以费用也是要增加的！

对于这两项官费，我们的建议是，先不用考虑说明书超页费、权利要求书超项费，先扎扎实实撰写申请文件，因为这与你未来的可能收益相比毕竟是小钱。

表4-4最后一列是费用减缓，这一内容我们会在下一节里面介绍。

表4-4最后一行为年费，年费主要是指为了维持专利权而按照年度交纳的费用。专利权人自授予专利权的年度开始，直至专利保护期限届满专利权终止，每年都要缴纳一定的费用，缴纳年费是专利权人的义务，毕竟你享受到了专利的排他性保护。

专利申请授予专利权后，申请人在办理登记手续时，应当缴纳专利登记费和授予专利权当年的年费。授予专利权的发明专利申请，已经缴纳了当年申请维持费的，可以不再缴纳当年的年费。以后的年费应当在前一年度期满前一个月内预缴。

年费的具体金额是不一样的，一般来说，越往后交纳的年费越多，这也是有理论依据的：

（1）如果你愿意维持很多年，那就意味着该专利给你带来了价值，既然你通过专利获得了收益，那么年费多一点也是应该的。

（2）专利制度的初衷是促进科学技术的进步和发展，越往后年费越高，相当于鼓励大家把更多的专利技术分享给公众；因为你如果不及早放弃专利权，则需要承担的费用成本越高。

以发明为例，具体的年费请见表4-5：

表4-5　　　　　　　发明专利年费计算参考表[1]　　　　　　（人民币：元）

	对应年度	第1～3年	第4～6年	第7～9年	第10～12年	第13～15年	第16～20年
应缴年费金额	年费标准值	900	1200	2000	4000	6000	8000
	减70%年费标准值	270	360	600	1200	1800	2400
	减85%年费标准值	135	180	300	600	900	1200
5%滞纳金	应缴纳的滞纳金数额	45	60	100	200	300	400
	年费标准值+滞纳金	945	1260	2100	4200	6300	8400
	减70%年费标准值+滞纳金	315	420	700	1400	2100	2800
	减85%年费标准值+滞纳金	180	240	400	800	1200	1600
10%滞纳金	应缴纳的滞纳金数额	90	120	200	400	600	800
	年费标准值+滞纳金	990	1320	2200	4400	6600	8800
	减70%年费标准值+滞纳金	360	480	800	1600	2400	3200
	减85%年费标准值+滞纳金	225	300	500	1000	1500	2000

---

[1] http://www.sipo.gov.cn/zlsqzn/sqq/zlfy/200804/t20080422_390241.html

续表

	对应年度	第1~3年	第4~6年	第7~9年	第10~12年	第13~15年	第16~20年
15%滞纳金	应缴纳的滞纳金数额	135	180	300	600	900	1200
	年费标准值+滞纳金	1035	1380	2300	4600	6900	9200
	减70%年费标准值+滞纳金	405	540	900	1800	2700	3600
	减85%年费标准值+滞纳金	270	360	600	1200	1800	2400
20%滞纳金	应缴纳的滞纳金数额	180	240	400	800	1200	1600
	年费标准值+滞纳金	1080	1440	2400	4800	7200	9600
	减70%年费标准值+滞纳金	450	600	1000	2000	3000	4000
	减85%年费标准值+滞纳金	315	420	700	1400	2100	2800
25%滞纳金	应缴纳的滞纳金数额	225	300	500	1000	1500	2000
	年费标准值+滞纳金	1125	1500	2500	5000	7500	10000
	减70%年费标准值+滞纳金	495	660	1100	2200	3300	4400
	减85%年费标准值+滞纳金	360	480	800	1600	2400	3200

表4-5中出现了新的名字：滞纳金，其含义为：

专利权人未按时缴纳授予专利权当年以后的年费或者缴纳的数额不足的，专利权人自应当缴纳年费期满之日起最迟六个月内补缴，同时缴纳滞纳金。交费时间超过规定交费时间不足一个月的，不收滞纳金，超过规定缴费时间一个月的，每多超出一个月，加收当年全额年费的5%作为滞纳金，例如，缴费时超过规定缴费时间两个月，滞纳金金额为年费标准值乘以10%（《专利法实施细则》第96条）。❶

前面内容主要是以发明专利为例来介绍，下面我们再把实用新型相关内容附上供大家参考（表4-6、表4-7）：

表4-6　　　　　　　实用新型及外观设计专利费用标准❷

（人民币：元）

费用种类	简称	实用新型	外观设计	减缓比例			
				85%	70%	80%	60%
申请费	申	500	500	75	150		
权利要求附加费从第11项起每项	权附	150	150	不予减缓			
说明书附加费从第31页起每页 从第301页起每页	说附	50 100	50 100	不予减缓			
优先权要求费每项	优	80	80	不予减缓			
著录事项变更手续费：发明人、申请人、专利权人变更专利代理机构、代理人委托关系变更	变	200 50	200 50	不予减缓			

---

❶　http://www.sipo.gov.cn/zlsqzn/sqq/zlfy/200804/t20080422_390241.html
❷　http://www.sipo.gov.cn/zlsqzn/sqq/zlfy/200804/t20080422_390241.html

续表

费用种类	简称	实用新型	外观设计	减缓比例			
				85%	70%	80%	60%
复审费	复	300	300			60	120
恢复权利请求费	恢	1000	1000	不予减缓			
无效宣告请求费	无	1500	1500	不予减缓			
强制许可请求费	强求	200		不予减缓			
强制许可使用裁决请求费	强裁	300		不予减缓			
延长费：第一次延长期请求费每月	延	300	300	不予减缓			
再次延长期请求费每月		2000	2000				
中止程序请求费	中	600	600	不予减缓			
登记印刷费	登	200	200	不予减缓			
印花费	印	5	5	不予减缓			
检索报告费	实检	2400		不予减缓			
年费	年			年费标准见年费计算参考表			

表 4-7　　　　　　实用新型、外观设计专利年费计算参考表❶

（人民币：元）

	对应年度	第1～3年	第4～5年	第6～8年	第9～10年
应缴年费金额	年费标准值	600	900	1200	2000
	减70%年费标准值	180	270	360	600
	减85%年费标准值	90	135	180	300
5%滞纳金	应缴纳的滞纳金数额	30	45	60	100
	年费标准值+滞纳金	630	945	1260	2100
	减70%年费标准值+滞纳金	210	315	420	700
	减85%年费标准值+滞纳金	120	180	240	400
10%滞纳金	应缴纳的滞纳金数额	60	90	120	200
	年费标准值+滞纳金	660	990	1320	2200
	减70%年费标准值+滞纳金	240	360	480	800
	减85%年费标准值+滞纳金	150	225	300	500
15%滞纳金	应缴纳的滞纳金数额	90	135	180	300
	年费标准值+滞纳金	690	1035	1380	2300
	减70%年费标准值+滞纳金	270	405	540	900
	减85%年费标准值+滞纳金	180	270	360	600
20%滞纳金	应缴纳的滞纳金数额	120	180	240	400
	年费标准值+滞纳金	720	1080	1440	2400
	减70%年费标准值+滞纳金	300	450	600	1000
	减85%年费标准值+滞纳金	210	315	420	700
25%滞纳金	应缴纳的滞纳金数额	150	225	300	500
	年费标准值+滞纳金	750	1125	1500	2500
	减70%年费标准值+滞纳金	330	495	660	1100
	减85%年费标准值+滞纳金	240	360	480	800

❶ http://www.sipo.gov.cn/zlsqzn/sqq/zlfy/200804/t20080422_390241.html

❀ **该省的钱还是要省的**

这一节我们将给大家介绍一些"省钱"的途径,当然我们还是以发明为例了,一般来讲主要包括五种途径:

(1) 在够用的情况下要考虑费用节约。

这主要是指前面提到的说明书超页费和权利要求书超项费;这两项费用不是必不可少,在满足我们专利撰写质量的前提下,不必要追求页数"多"和权利要求数量的"多"。如果专利申请文件在原始要求内,则不需要交纳额外的费用。

(2) 按照规定期限执行,不延期,不超期,则可以节约相关费用。

我们以延长费为例,延长费是指在答复审查意见的时候,如果因为工作需要不能在规定期限内答复审查意见,则可以缴纳相应的费用把答复期限延期;当然,如果你能在规定期限内完成答复,则这项费用就不需要发生。

> 小贴士:什么叫工作需要?例如你这一段需要出差 2 个月,而审查意见答复的期限也是 2 个月,实在安排不开怎么办?就可以考虑延期了。或者,你是发明人,这个专利非常重要非常复杂,需要花费较多的时间来分析,但是期限又不够怎么办?也可以考虑延期。

再以"恢复权利请求费"为例,我们介绍其中一种情形,如果你未能在规定期限内答复审查意见,专利被视为撤回,则可以恢复权利,当然也就需要交纳"恢复权利请求费"了。

(3) 费用减免。如果你缴纳专利费用确有困难的,还可以请求减缓。根据国家知识产权局的规定,可以减缓的费用包括五种:申请费(其中印刷费、附加费不予减缓)、发明专利申请审查费、复审费、发明专利申请维持费、自授予专利权当年起三年的年费,其他费用不予减缓。

当然减免不是无条件的,仅仅对个人或者有困难的企业减免,同时需要提供相应证明材料才可以办理。

> 小贴士:在规定中,对于年费只减免三年,你也许要问了,为什么不多减免一些?其实道理很简单,你的专利授权了,连续维护了三年,先给你减免掉;如果,你的专利有价值,那么就可以通过专利获得收益,后面几年年费当然不需要减免了;如果,你的专利没有价值,既然都没有价值了,就别维护了,当然也就不需要减免了。

(4) 资助。

这是具有中国特色的省钱途径,大家都知道我们国家相比较而言知识产权意识稍微薄弱一些,很多企业对于申请专利不去考虑未来收益,反而先考虑支出的成本,所以为了鼓励大家进行自主创新,资助多申请专利,较多的政府机构出台了专利资助政策,一般来讲,申请专利的官费、外部服务费用都可以获得资助;如果专利被授权(尤其在国外获得授权),还可以获得相应的"奖励";这就是资助的含义。

资助政策并不是全国统一的,需要你关注本地的具体政策;还是那句话,可以寻求专利代理人的帮助。

小贴士：我国各地方政府对专利资助还是很给力的，部分地方的资助金额远远超过付出的成本，当然，这是要满足一定条件的，凡是资助金额较大的，仅在中国获得授权是不可以的，一般都需要在国外一个或者多个国家或地区获得授权才可以。

(5) 专利权的合理维持。

我们在上一节里面介绍了年费，最后一个可以节约的地方就是年费了。不要小看年费，对于一个发明，如果维持20年，则年费就需要花费8万多元。如果你有20个专利，都维持了20年，那么可就是160多万元。

如果160你认为价值不大的专利，不再缴纳年费，那么还是可以省不少钱。

你可能会说，我们申请专利的时候都会对专利的价值做一个判断，没有价值的谁会去申请，既然申请了为什么还要放弃？其实这个道理并不复杂，我们的确在申请前就需要对专利价值进行评审，对于有价值的才会申请专利；但是，你也知道授权需要时间，对于发明，短的需要3年左右，长的还需要5年；等授权的时候，或者等你授权后维持了多年以后，往往一些情况已经发生变化，这个时候可以重新评价该专利，如果发现价值的确降低了很多或者已经没有，则可以放弃该专利。当然也就节约费用了。

小贴士：如果你的确不得不放弃一些专利，那么还有一个办法，可以考虑把专利出售；如果你的开价不高，出售成功的可能性还是不小的。

> 本章我们向大家介绍了专利从申请到授权的程序，需要花费的费用，以及在实际中我们如何节约费用，这一章节的内容读者了解即可，在实际中还是需要根据具体情况去详细掌握具体的规定。

第5章 专利授权阶段

在前一章里面，细心的读者可能会注意到，发明人唯一一次作为主演的是在实质审查程序中；实质审查程序可以说是发明专利获得授权的最后一步，也是最重要的一步。但是，无论如何，只要这一个程序通过了，专利就获得了授权。本章我们将重点介绍这授权前的最后一步。

小贴士：尽管前面曾经介绍过，在此还是在强调一下，中国专利分为发明、实用新型、外观设计，本书主要介绍实用新型和发明。实质审查程序只有发明专利有，所以本章主要用于发明专利。

5.1 专利审查：不是授权路上的拦路虎

❀ 为什么要有审查程序

在前一章里面，我们简单介绍了专利审查程序，专利申请文件递交到专利局以后，审查员将依据《专利法》对专利申请文件进行审查，判断申请人提交的专利申请文件是否应当被授予专利权。如果经审查，专利申请文件符合相关规定，则专利局会做出授予专利权的决定；如果审查员认为专利申请文件存在某些缺陷，不符合《专利法》的相关规定，则审查员会以下发审查意见通知书的方式，通知申请人在指定的期限内陈述意见或者对申请文件进行修改。在审查过程中，审查员可能会多次下发审查意见通知书，申请人相应就需要进行多次答复。

小贴士：根据我们的经验，以及考虑审查员的工作心态，一般情况下发明专利不会没有发出审查意见就授权，所以如果你做出的是发明专利，那么就做好答复审查意见的准备吧。

第一，我们在第一部分就介绍过，如果一件专利获得了授权，实际上获得的是一个垄断性的权利，是排他性的；而且专利权可以对抗所有人，是通过法律设定的这项排他权利。所以，从权利的排他性与对世性这一点考虑，要想获得授权肯定就必然要满足一定的条件，否则会对公众利益造成损害。那么谁来决定条件满足没有呢？实质审查程序应运而生了，并且通过大量审查员严格执行审查程序来审查是专利是否满足授权条件。

小贴士：如果你是专利权对抗的"他人"，相信你会非常关心是否有审查程序以及审查程序执行的情况。如果没有审查程序，专利权胡乱授予发明人，那么专利权人可能什么都做不了，因为他一不小心可能就踩到了别人的专利"地雷"。

第二，前文也曾提过，既然专利权人有了排他性的权利，那么，一定要让大家知道你的权利范围是什么；如若不然，公众都不知道别人的权利是什么，该如何来实现不侵犯别人的权利？所以在专利程序上设置了苛刻的规定，通过这种规定，这种"专利语言"，让公众更清楚权利的保护范围。所以，审查专利授权的条件中，除了新颖性、创造性、实用性这些基本条件外，还包括了"是否充分公开"。设置《专利法》的初衷之一是通过授予权利换取发明人对技术方案的公开，通过公开的技术方案来推动社会进步。审查员会审查你想获得授权的专利技术方案是否公开充分，如果不是，则不会被授予专利权。

第三，第一部分也介绍过，一个专利的授权范围有大有小，那么范围多大才是合适的？不能无限制扩大范围，当然无限制缩小范围专利权人肯定也不答应，审查的过程也是确认保护范围有多大的过程。没有审查程序，发明人当然很高兴了，可是公众的权益就会受到损失，公众可以做的事就会变少。个人利益和公众利益如何平衡？处于这个考虑，审查程序也是必须的，在审查程序中，会由审查员站在公众的立场上，为了保护公众的合法权益去检视发明人所要求的权利要求保护范围是否合适。

> 小贴士：也许有细心的读者会问，为什么实用新型没有实质审查程序？原因很多，有从国家利益的角度考虑，有从更好的保护专利权人的权利（授权周期短，发明人多了一种选择）角度考虑；当然最基本的原因是因为实用新型创新性要求较低，在这种情况下，审查员一般不需要通过检索来判断实用新型是否明显不具备新颖性，可以根据未经其检索获得的有关现有技术或抵触申请的信息来初步判断实用新型是否满足授权条件，而这种判断相对实质审查就要简单的多。
>
> 那么细心的读者可能会进一步发问："既然实用新型不会进行实质审查，那干脆都去申请实用新型如何"？事情不是这么简单，我们获得专利权的目的是使用，大家都知道实用新型授权相对容易，那么对实用新型的价值评价就要谨慎的多、严格的多，所以实用新型专利权人在使用专利权时就会有限制，例如，发明专利授权后，权利人可以直接向侵权者提起诉讼保护自己的权利，而实用新型授权后如果专利权人想提起诉讼则需要先要提交实用新型专利检索报告，实用新型专利检索报告就是指通过检索现有技术，并对实用新型专利的权利要求进行新颖性、创造性和实用性的判断，实质上也就授权后补充进行了实质审查。同时，在保护期限上，实用新型专利和发明人专利还有根本的区别，就是自申请之日起，实用新型专利的保护期限只有10年，而发明专利的保护期限为20年。

总之，专利申请就像圈地运动，审查员在审查的时候是站在公众的立场，判断给专利申请人多大面积的土地是合适的，审查意见很多时候不是说我们的申请文件存在各种错误，而是认为，我们要求的土地面积太大，想要砍掉一大块，所以，审查意见的答复就成了跟审查员讨价还价的过程，而不是一个纠错过程。

可见，审查意见的答复对于一件专利申请最终是驳回还是授权、授予多大范围的权利具有十分重要的意义！

> 小贴士：作为发明人的你，也要在这个环节中争取最大利益，所以在这么重要的环节中，肯定不能做配角，至少是一个主演吧。

设置审查程序是要站在公众的立场上去核对是否可以获得授权、授权的范围是什么，

❀ 审查员要审什么

审查员到底审什么？这仍然是一个很专业的事情，本小节我们会简单介绍，不做过多的展开；如果你想深入了解，系统的掌握，建议还是要向企业内的专利工程师或者外部的专利代理人请教。

在实质审查程序，最重要的是要审查"三性"，除了我们前面章节已经介绍过的新颖性和创造性之外，还要审查实用性，即指发明或者实用新型申请的主题必须能够在产业上制造或者使用，并且能够产生积极效果。

如果申请的是一种产品（包括发明和实用新型），那么该产品必须在产业中能够制造，并且能够解决技术问题；如果申请的是一种方法（仅限发明），那么这种方法必须在产业中能够使用，并且能够解决技术问题。只有满足上述条件的产品或者方法专利申请才可能被授予专利权。

所谓产业，它包括工业、农业、林业、水产业、畜牧业、交通运输业以及文化体育、生活用品和医疗器械等行业。

在产业上能够制造或者使用的技术方案，是指符合自然规律、具有技术特征的任何可实施的技术方案。这些方案并不一定意味着使用机器设备，或者制造一种物品，还可以包括例如驱雾的方法，或者将能量由一种形式转换成另一种形式的方法。

能够产生积极效果，是指发明或者实用新型专利申请在提出申请之日，其产生的经济、技术和社会的效果是所属技术领域的技术人员可以预料到的。这些效果应当是积极的和有益的。❶

> 小贴士：实际上，因为不满足实用性而没有被授权的情形还是很少见的，如果你是正常的发明人或者企业，那么发现技术问题，用技术方案解决技术问题，一般情况下都会满足实用性。

除了"三性"之外，审查员还要审查很多内容，本书主要介绍以下：

第一，要审查是否属于可以被授权专利权的申请。

是否属于根据《专利法》第 5 条不授予专利权的发明创造，如果是则不会被授权专利权，《专利法》第 5 条规定对违反法律、社会公德或者妨害公共利益的发明创造，不授予专利权；对违反法律、行政法规的规定获取或者利用遗传资源，并依赖该遗传资源完成的发明创造，不授予专利权。

> 小贴士：这个道理很简单，专利制度是为了促进科学技术进步，为了促进社会发展，违反法律、危害社会的专利申请当然不能授予专利权。

第二，在审查一件专利申请是否能够授予专利权之前，要先审查专利申请的主题是不是可专利的。也就是说是否属于《专利法》第 25 条规定的不授予专利权的客体，如果是则不会被授权专利权。《专利法》第 25 条规定：对下列各项，不授予专利权：（一）科学

---

❶ 引自 2010 年版《审查指南》第二部分第 5 章。

发现；（二）智力活动的规则和方法；（三）疾病的诊断和治疗方法；（四）动物和植物品种；（五）用原子核变换方法获得的物质；（六）对平面印刷品的图案、色彩或者二者的结合作出的主要起标识作用的设计。

> 小贴士：《专利法》有此要求主要还是基于制订《专利法》的初衷，如果某种类型授予专利权后会对社会发展产生不好的影响，则不会被授予专利权。例如疾病的诊断和治疗方法，如果被授予专利权，那么会对大家的疾病治疗产生负面影响（比如医生因为使用什么疗法要付专利费，那病人看病的钱就更高了，要是有急病的，因为获取专利许可耽误了治疗，那我们谁都不能答应啊！），所以法律就把这种情形排除在可授权专利权的客体之外。

第三，要审查该专利申请是否满足单一性的问题。

对于这一点，可以简单理解为，多个不相关的发明创造不能作为一个专利进行申请。

第四，要审查说明书和权利要求书是否满足以下要求：

说明书及附图主要用于清楚、完整地描述发明或者实用新型，使所属技术领域的技术人员能够理解和实施该发明或者实用新型。

权利要求书应当以说明书为依据，清楚、简要地限定要求专利保护的范围。

5.2 专利授权路漫漫：万里长征第一步

❀ 实质审查什么时候开始，什么时候结束

实质审查程序是专利被授予专利权的最后一个实质性程序，专利申请除了要求提前公开的以外，一般会在申请日起 2 年后会接到审查意见通知书。

按照正常程序，专利申请 18 个月之后被公开，公开之后，若提出了实质审查请求并交纳了相关费用，则该申请会开始进入到实质审查程序。

同时，《专利法》还要求，若你在 3 年内都没有提出实质审查请求，则专利被视为撤回。

所以，什么时候进入实质审查程序要取决你什么时候提出实质审查请求，以及是否缴纳相关费用等。

进入实质审查程序并不代表你的专利开始被实质审查。因为审查员人数有限，所有进入实质审查程序的专利会进行排队，按照一定顺序分配给审查员；分配给审查员之后，才会真正的被实质审查。当然，不排除个别领域专利不多，审查员数量较多的情况下，进入实质审查程序后会很快被分配给审查员，开始实质审查。

根据《专利法》第 35 条规定，"发明专利申请自申请日起 3 年内，国务院专利行政部门可以根据申请人随时提出的请求，对其申请进行实质审查；申请人无正当理由逾期不请求实质审查的，该申请即被视为撤回。国务院专利行政部门认为必要的时候，可以自行对发明专利申请进行实质审查"。可见法律并没有规定审查员进行实质审查的期限，只是规定了专利申请人应该 3 年之内提出实质审查，如果不提出来，就视为专利申请人撤回专利申请。所以说，开始实质审查后，什么时候发出审查意见通知书，什么时候授权，从理论

上都是不确定的。

当然，根据国家知识产权局的内部要求以及我们丰富的经验，一般情况下如果第一时间进入实质审查程序，在3年左右专利会被授权或者会被驳回；特殊情况下有可能4年、5年甚至更长时间。

❋ 发明人要做到的其实也很简单

在实质审查环节，发明人不可或缺，但也尽量不要一个人战斗，最好有专利代理人，和代理人通力合作！因为专利工作是一件比较专业的事情，结合了法律的技巧，技术的通透和商业的敏感。在很多企业中，都设置了专利工程师这个角色，专利工程师是连接企业内部的研发人员和外部专利专业人士的纽带，对内他们能给研发人员讲解法律程序，对外他们能给法律专业人士讲解公司的技术规划、专利的重点难点。所以在"生产专利"的阶段，发明人、专利工程师和代理人是打造优质专利的最佳组合。

团队介绍完毕，我再概要介绍一下实质审查环节的主要程序：

一般来说，审查员开始实质审查后，发现申请文件存在问题或者缺陷，则会发出实质审查意见通知书。

在收到实质审查意见通知书后，如果申请文件中确实存在如审查员所说的问题或缺陷，则可以根据审查员的意见对申请文件进行修改，以克服原有缺陷，争取尽早获得专利授权。

如果审查员对申请文件的理解有偏差，导致审查意见有失偏颇，则应当据理力争，尽量提出可以说服审查员的理由来反驳审查员的观点，最大化地保障你的权益。一般由代理人撰写据理力争的意见陈述，而专利工程师和发明人提供后方补给，给出技术上的解释和应用方面的效果。

对于经陈述意见或修改后消除了原有缺陷的专利申请，审查员会发出授予专利权的通知书；对于经陈述意见或者修改后仍然存在不可克服的缺陷的专利申请，审查员会发出驳回决定通知书，驳回该专利申请。

> 小贴士：以上过程说起来简单，可是结合期限、接收意见通知书，分析审查意见，撰写意见陈述书等环节和要求，不管你是否嫌我们啰嗦了，我还是要再次建议，作为发明人的你，不要独立应对实质审查程序，要和专利工程师、专利代理人一起来应对。一个好汉三个帮！

细心的发明人可能会问，之前讲过这个环节专利工程师和专利代理人是第一主演，发明人是第二主演，那么发明人具体要做什么呢？

发明人要做的就是对技术方案负责，审核意见陈述书和申请文件修改中是否存在技术方案理解错误。

严格来讲，所有意见陈述书的内容都需要发明人来审核，毕竟是发明人的创意，不是别人的。不过，根据专业从业人员的经验，较为集中的审查意见包括：关于新颖性、创造性的问题；独立权利要求缺少必要技术特征的问题；说明书公开不充分的问题。这三类审查意见的答复均与技术方案本身密切相关，因此，你审核重点就是针对这三类审查意见在技术方案方面进行细致的审核。

下面分别介绍上述三种常见类型审查意见的答复审核。

(1) 关于权利要求缺乏新颖性或创造性的审查意见。

由于此类审查意见中，审查员通常会结合其所检索到的一篇或多篇对比文件来质疑本申请的新颖性和创造性。因此，我们首先需要仔细阅读审查员检索到的对比文件。在阅读对比文件后，开始对意见陈述书进行审核。

第一，针对本发明最初需要保护的每项关键欲保护点，确定其是否已在对比文件中有所描述，如果在对比文件中没有描述该关键欲保护点，则专利代理人应当在意见陈述书中将该点作为与对比文件的区别点进行清楚论述。

第二，如果所有关键欲保护点都已在对比文件中有所描述，我们应考虑是否有补充的关键欲保护点，若有，确定该关键点是否已在对比文件中有所描述，若对比文件中没有描述，则代理人应当将该点作为与对比文件的区别点予以清楚描述。但应注意，希望补充的关键欲保护点必须在原有的说明书中有所记载。

第三，如果所有关键欲保护点都已在对比文件中有所描述，除了关键欲保护点外，可以进一步比较本发明与对比文件是否还有其他代理人未找到的技术上的区别点。

在完成以上工作后，还需要进行一般性的审核，即在意见陈述书和修订版申请文件中是否存在技术描述错误。

(2) 关于独立权利要求缺少必要技术特征的审查意见。

独立权利要求应当从整体上反映发明或实用新型的技术方案，记载解决技术问题的必要技术特征。如果审查员认为独立权利要求缺少了某技术特征，则认为该发明请求保护的技术方案不是一个完整的方案，本领域技术人员是无法实现的。

我们在审核此类审核意见的答复时，应在通过阅读原申请文件回忆技术方案后，再重点关注以下三个方面：

Ⅰ. 现有独立权利要求描述的技术方案；

Ⅱ. 代理人在申请文件修改中对独立权利要求增加的技术特征；

Ⅲ. 本发明要解决的技术问题。

在详细阅读这三方面内容后，应针对每项独立权利要求分别确认是否缺少必要技术特征，可以按照如下步骤进行判断：

第一，Ⅰ描述的技术方案是否足以解决Ⅲ描述的技术问题；如果足以解决，则不需要对专利进行修改，要解释并说服审查员。

第二，如果Ⅰ描述的技术方案不能解决问题Ⅲ，那是否是Ⅰ必须增加特征Ⅱ才能解决问题Ⅲ？如果是，则需要增加特征Ⅱ到Ⅰ中。如果Ⅰ+Ⅱ也不足以解决问题Ⅲ，请补充还需要增加的新技术特征Ⅳ；

第三，是否存在其他可替代Ⅱ的特征Ⅱ′，即Ⅰ+Ⅱ′也能解决问题Ⅲ。

(3) 关于说明书公开不充分的审查意见。

说明书充分公开是指，说明书应清楚完整地给出对于理解和实现发明所必不可少的技术内容，所属技术领域人员按照说明书记载的内容，就能够实现该发明的技术方案，解决其技术问题，并且产生预期的技术效果。如果说明书中仅给出了一种功能设想或一种愿望，而未给出任何使所属技术领域人员能够实施的技术手段，就会因缺乏解决技术问题的技术手段而被认为无法实现。

在进行公开不充分审查意见答复时，常用的答复方式是，论述根据原说明书的记载，或者根据原说明书以及本技术领域公知常识，本领域技术人员就可以实现本发明，解决其技术问题。

在进行公开不充分的审查意见答复审核时，应先仔细阅读审查员认为未充分公开的内容，按如下步骤进行审核意见陈述书：

第一，针对每项审查员认为未充分公开的内容，确定该内容在原专利申请的说明书中是否已有完整描述，如果没有完整描述，进一步审核该内容是否是本发明的关键欲保护点；

第二，对于未充分公开的内容确实在原专利申请说明书中没有完整描述并且该内容不是本发明的关键欲保护点的，可以从该内容属于现有技术的角度进行陈述，因此，你就需要协助提供证明这部分内容在申请日前已经公开的文献，例如工具书、教材等，以便为代理人的意见陈述提供有力证据；

第三，对于未充分公开的内容在原专利申请说明书中有完整描述的情形，你应当在意见陈述书中是否做了充分陈述，若未进行充分陈述，应具体指明说明书中描述或隐含描述的相关内容，并由专利代理人补充到意见陈述书中。

> 小贴士：以上内容挺多的，听起来好像并不简单；其实不然，因为发明人需要做的聚焦在技术方面，所以看着内容多，归根结底都属于技术范畴，对于发明人来讲都是小菜一碟了！

下面给一个案例，增加一下大家的直观认识吧：

中国移动2007年提交了一件名为"支持提前附着的移动终端、网络切换方法及系统"的专利申请，审查员在审查意见中指出本申请文件中的独立权利要求7、9缺少必要技术特征。之后，针对第一次审查意见提交了意见陈述书，对申请文件进行了修改，并陈述了修改后的独立权利要求克服了缺少必要技术特征的问题的理由。最终，该理由被审查员接受。

专利名称：支持提前附着的移动终端、网络切换方法及系统

专利简介：

针对现有移动终端从异构网络切换到移动通信网络流程的缺点，即不能同时保证较小的切换时延和能量、网络资源的节约，本发明提出双模终端在满足某些条件时提前进行网络附着，但不进行数据通路激活的切换方案，既有效的减少了切换时延，又节约了移动终端宝贵的能量和网络资源。

以双模移动终端从WLAN或WiMAX切换到GPRS网络为例，当移动终端进入重叠覆盖区域，并监测到WLAN或WiMAX信号强度低于一个阈值后，移动终端在保持WLAN或WiMAX连接的同时，将GPRS接口启动，完成小区选择以及PDP附着过程。当移动终端离开两个网络的重叠覆盖区域、WLAN（或WiMAX）连接失效时，移动终端进行PDP激活，完成GTP隧道的建立，获取IP地址以后，通过

移动 IP 机制告知 HA/CN 新获取的 IP 地址。

分析：

必要技术特征是指发明或实用新型为解决其技术问题所不可缺少的技术特征，若缺少了必要技术特征，则独立权利要求所记载的方案不能解决其技术问题。可见，判断是否缺少必要技术特征的两大要素是技术问题和独立权利要求的技术方案。以权利要求 7 为例进行说明，权利要求 7 的具体内容如下：

7. 一种移动终端，其特征在于：包括：

控制模块，用于控制各功能模块完成自身功能；

信号检测模块，与控制模块连接，用于检测移动终端所处网络的信号强度，将检测结果发送给控制模块；

网络附着模块，与控制模块连接，用于移动终端进行移动通信网络附着；

数据通道建立模块，与控制模块连接，用于与移动通信网络建立通用数据传输平台隧道；

存储器，与控制模块连接，用于存储阈值信息、IP 地址信息。

说明书中给出的权利要求 7 所要解决的技术问题是使本发明所涉及的移动终端可以在移动终端进行网络切换时延时小，给用户良好体验。

结合申请文件内容对审查员的意见进行分析，可以看出，审查员认为权利要求 7 请求保护一种移动终端，其所要解决的技术问题是减少切换延迟。这与说明书中给出的所要解决的技术问题相符。

那么，现在的权利要求 7 是否能够解决减少切换延迟的问题呢？可以看出，权利要求 7 中未涉及任何提前附着的技术特征，仅仅根据权利要求 7 现有的全部技术特征，并不能够解决减少切换延迟的技术问题，可见，审查员的质疑是有依据的。

在这种情况下，应当从说明书中查找是否记载了解决减少切换延迟的技术问题的特征，因为在答复审查阶段，说明书部分的内容是可以补充到权利要求部分的。在该申请中，说明书中存在"当移动终端进行移动通信网络附着，所述移动终端离开重叠覆盖区域，且与异构网络连接断开后，所述移动终端与所述移动通信网络建立通用数据传输平台隧道"的记载，因此，将权利要求 7 做了如下修改：

7. 一种移动终端，其特征在于：包括：

控制模块，用于控制各功能模块完成自身功能；

信号检测模块，与控制模块连接，用于检测移动终端所处网络的信号强度，将检测结果发送给控制模块；

网络附着模块，与控制模块连接，用于移动终端进行移动通信网络附着；

数据通道建立模块，与控制模块连接，**当移动终端进行移动通信网络附着，所述移动终端离开异构网络和移动通信网络的重叠覆盖区域，且与异构网络连接断开后**，用于与移动通信网络建立通用数据传输平台隧道；

存储器，与控制模块连接，用于存储阈值信息、IP 地址信息。

> 修改后的权利要求 7 中体现了移动终端在与异构网络连接断开之前,就进行了移动通信网络附着,即提前附着,而由提前附着就减少了切换延迟。修改后的权利要求 7 解决了其技术问题,克服了缺少必要技术特征的问题。

对于发明人来说,是不需要自己去撰写意见陈述书的,需要做的是对代理人作出修改和/或陈述意见中的技术描述进行审核,若代理人对审查员的意见答复存在问题,则需要对代理人指出。

5.3 时限问题:千里之堤,溃于蚁穴

审查意见答复是有期限的,你需要在期限内完成答复并递交到国家知识产权局专利局。若不然,专利就会视为撤回。

> 小贴士:这是本章的最后一节内容,一般来讲发明人不太需要了解相关知识,因为时限问题会有专利代理人来把握。但是,因为时限出了问题后果会相当严重,所以,也在此简短的介绍一下重点时限。

一般来讲,第一次审查意见答复的期限为 4 个月,后续审查意见答复的期限会由审查员根据审查意见的难易程度、复杂程度指定一个期限,一般为 2 个月。

如果你认为在期限内完成意见答复很困难,可以提前要求延期答复;审查员没有特殊情况都会答应你的请求。

刚才提到,如果你在期限内没有答复审查意见,则专利会被视为撤回。但是,事情到这一步还不是无可挽回的。在超过期限一定时间内,你还是可以请求权利恢复,但是,权利恢复也是有要求的,如果超期太长,则专利肯定无法挽救了,如果超期时间较短,还是有机会的。

《专利法实施细则》第 6 条对此规定如下:

第 6 条 当事人因不可抗拒的事由而延误专利法或者本细则规定的期限或者国务院专利行政部门指定的期限,导致其权利丧失的,自障碍消除之日起 2 个月内,最迟自期限届满之日起 2 年内,可以向国务院专利行政部门请求恢复权利。

除前款规定的情形外,当事人因其他正当理由延误专利法或者本细则规定的期限或者国务院专利行政部门指定的期限,导致其权利丧失的,可以自收到国务院专利行政部门的通知之日起 2 个月内向国务院专利行政部门请求恢复权利。

如果你真的遇到以上问题,具体情形和可以挽回的办法,会由专利代理人来和你沟通,你了解存在补救措施即可。

> 实质审查专利授权前最重要最关键的步骤,因此我们用了一章来系统介绍。在该程序中,审查员会进行实质审查,我们需要答复审查意见让专利通过审查员的实质审查并获得授权。发明人的技术方案审核和技术方案解释支撑工作是答复审查意见中非常重要的支持环节,该环节直接影响代理人能否顺利答复审查意见,并使专利获得授权。

第 6 章　专利复审阶段

经过第 5 章的介绍，大家都清楚了在实质审查程序中审查员会审查专利是否满足授权条件，对于存在缺陷或者问题的专利，会发出实质审查意见通知书，专利申请人或者发明人需要进行答复去说服审查员，在答复的时候，或者对申请文件进行了修改，或者不对申请文件进行修改。

那么，如果审查员认为你的答复未能克服申请文件存在的缺陷，会怎么样？简单的说，你的专利会被审查员驳回。驳回之后怎么办？我们将在本章来介绍应对驳回的办法。

6.1　驳回与复审

❋ 什么是复审程序

前面已经提到，在实质审查程序中专利是有可能被驳回的，但驳回不是世界末日，因为我们有救济程序——复审。

根据《专利法》第 41 条规定，专利申请人对国务院专利行政部门驳回申请的决定不服的，可以自收到通知之日起 3 个月内，向专利复审委员会请求复审。

专利复审程序是要求官方重新审查判断该专利申请是否可以授权的程序，如果复审请求被复审委员会接受，则本专利申请将得到重新审查的机会，有可能会推翻之前的审查意见，重新获得授权。

复审程序就是专利在审查阶段被驳回之后的救济程序，同时也是专利审批程序的延续。

（1）复审委员会是什么样的组织？

复审请求需要向复审委员会提出，那复审委员会是什么样的组织呢？

复审委员会由国家知识产权局设立，与专利局同级别，都隶属于国家知识产权局，下页为国家知识产权局的组织结构图（图 6-1）。

专利复审委员会设主任委员、副主任委员、复审委员、兼职复审委员、复审员和兼职复审员。专利复审委员会主任委员由国家知识产权局局长兼任，副主任委员、复审委员和兼职复审委员由局长从局内有经验的技术和法律专家中任命，复审员和兼职复审员由局长从局内有经验的审查员和法律人员中聘任。❶

合议组：如果一个专利申请人向复审委提出了复审请求并被受理后，则复审委会成立一个合议组来进行复审，合议组一般由 3~5 名同事组成，包括组长、主审员、参审员。

---

❶《专利审查指南》2010 版，第四部分第 2 章

第 6 章 专利复审阶段

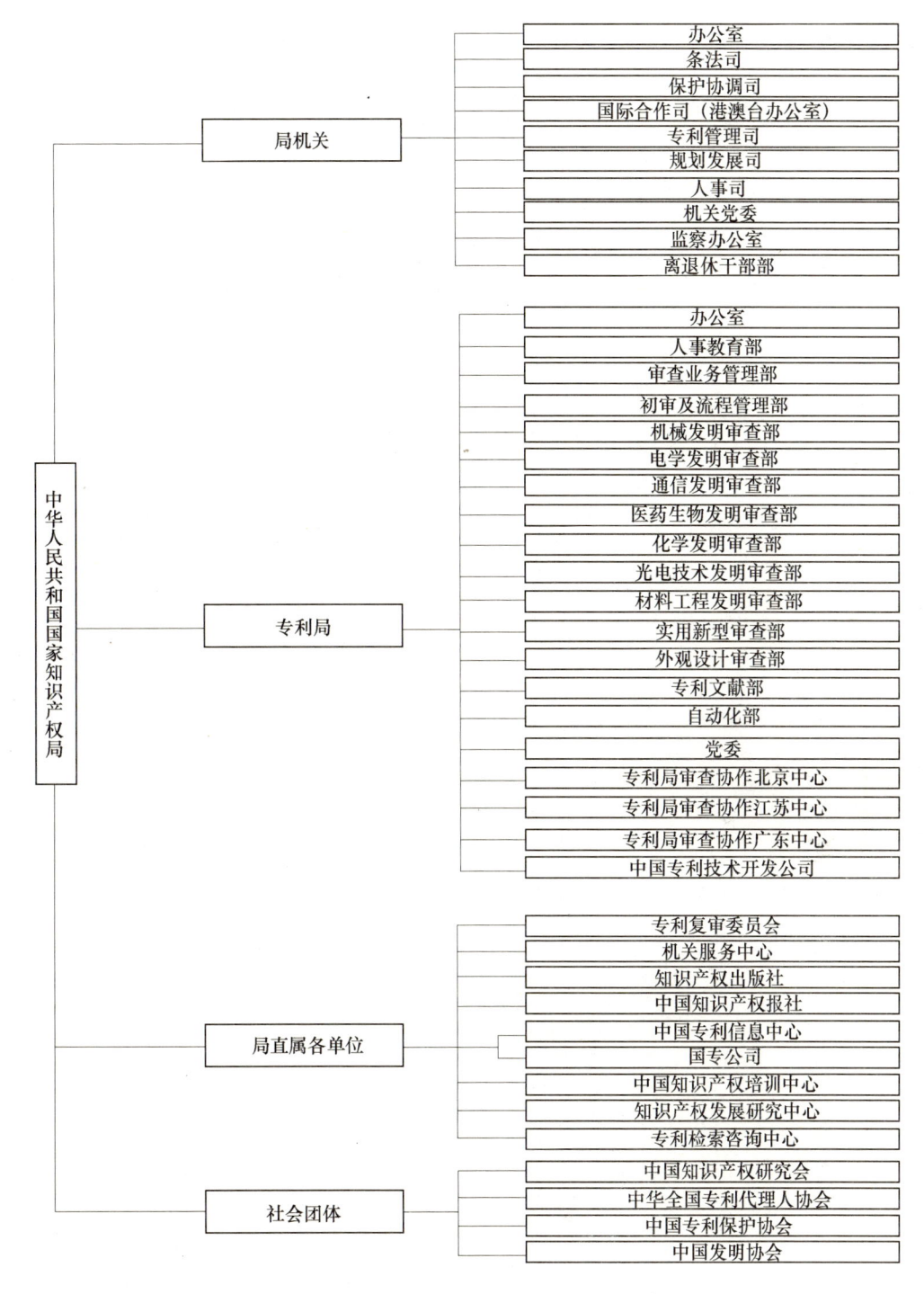

```
                            ┌── 办公室
                            ├── 条法司
                            ├── 保护协调司
                            ├── 国际合作司（港澳台办公室）
                   ┌ 局机关 ─┼── 专利管理司
                   │        ├── 规划发展司
                   │        ├── 人事司
                   │        ├── 机关党委
                   │        ├── 监察办公室
                   │        └── 离退休干部部
                   │
                   │        ┌── 办公室
                   │        ├── 人事教育部
                   │        ├── 审查业务管理部
                   │        ├── 初审及流程管理部
                   │        ├── 机械发明审查部
                   │        ├── 电学发明审查部
                   │        ├── 通信发明审查部
                   │        ├── 医药生物发明审查部
                   │        ├── 化学发明审查部
中华人民共和国 ────┤        ├── 光电技术发明审查部
国家知识产权局      │ 专利局 ─┼── 材料工程发明审查部
                   │        ├── 实用新型审查部
                   │        ├── 外观设计审查部
                   │        ├── 专利文献部
                   │        ├── 自动化部
                   │        ├── 党委
                   │        ├── 专利局审查协作北京中心
                   │        ├── 专利局审查协作江苏中心
                   │        ├── 专利局审查协作广东中心
                   │        └── 中国专利技术开发公司
                   │
                   │             ┌── 专利复审委员会
                   │             ├── 机关服务中心
                   │             ├── 知识产权出版社
                   │             ├── 中国知识产权报社
                   │ 局直属各单位 ┼── 中国专利信息中心
                   │             ├── 国专公司
                   │             ├── 中国知识产权培训中心
                   │             ├── 知识产权发展研究中心
                   │             └── 专利检索咨询中心
                   │
                   │        ┌── 中国知识产权研究会
                   │        ├── 中华全国专利代理人协会
                   └ 社会团体┼── 中国专利保护协会
                            └── 中国发明协会
```

图 6-1　国家知识产权局的组织结构图❶

组长只能是 1 名，由专利复审委员会各申诉处负责人和复审委员担任。主审员也只能

---

❶　http://www.sipo.gov.cn/gk/zzjg/zzjgt/201209/t20120924_755556.html

1名，参审员可以为1~3名，主审员和参审员可以由复审委员、复审员、兼职复审委员或者兼职复审员担任。

(2) 复审程序复杂吗？

从实质内容来讲，复审程序就是另外一个实质审查，其审核要求、内容与实质审查高度类似，很多人都把它简单理解为一个类似行政复议的程序，但是，因为复审委员会不是专利局的上级单位，所以它又不能被简单分类为行政复议程序；部分人又认为复审程序就是为了确保实质审查的准确性而由另外一部分审查员来检查之前实质审查中审查员的工作（前提条件是专利申请人质疑实质审查结果的准确性），当然，在复审阶段，都有合议组，参与审查的成员也增多了，同样也是为了确保审查的准确性。

专利申请人不服专利局审查员的驳回意见，那么就由专利复审委员会的多个审查员组成合议组再次审查一遍。

复审专利能不能授权的要求并不比实质审查要求高，但是程序上的确要比实质审查要复杂一点，不过不用担心，我们现在来用流程图来说明这个相对有些复杂的程序。

图6-2为复审程序的简版流程图。

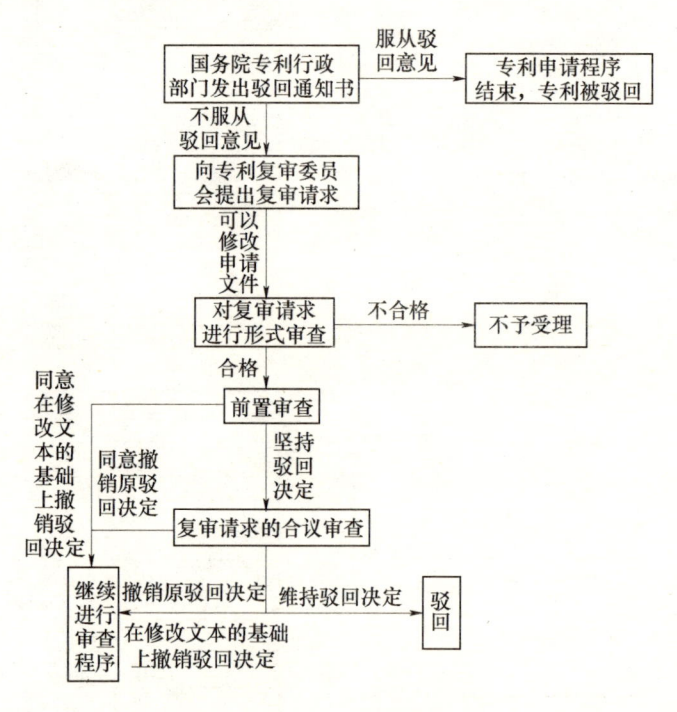

图6-2 复审程序简版流程图

复审程序的起点是审查程序中的"驳回"，如果，专利申请人对于驳回意见非常认可而没有提复审请求，3个月后整个申请程序就结束；如果，你并不认可驳回意见，则可以发起复审请求。

小贴士：按照规定，驳回主要发生在初步审查和实质审查程序中，所以复审程序不能说是实质审查程序的补救程序，应当说是驳回之后的救济程序。既然驳

· 112 ·

回（可见本书第 5.1 节申请和授权程序图）发生在初步审查阶段和实质审查阶段，那么这两个阶段都可以发起复审程序。

❋ 复审程序

1）形式审查

进入复审程序的第一步就是由专利复审委员会对复审请求进行形式审查。

形式审查主要审查以下内容：

①复审请求客体。

对专利局作出的驳回决定不服的，专利申请人可以向专利复审委员会提出复审请求。复审请求如果不是针对专利局作出的驳回决定的，不予受理。❶

> 小贴士：提出复审必须是针对原驳回决定的，如果与原驳回决定不相关，复审委员会不予受理；同时，在提出复审的时候，如果你部分认可原驳回意见，还可以对申请文件进行修改；如果你完全不认可原驳回意见，可以不对原申请文件做任何修改。

如果在提复审请求时对原申请文件请求书进行了修改，那你一定要注意，不能随意修改，修改需要满足下两项要求：

a. 修改不能超过原申请文件的范围，也即与原申请文件相比（主要包括说明书、权利要求书）不能增加新的内容。

b. 修改是为了消除驳回决定或者复审通知书指出的缺陷。

②复审请求人资格。

被驳回申请的申请人可以向专利复审委员会提出复审请求。复审请求人不是被驳回申请的申请人的，其复审请求不予受理。

被驳回申请的申请人属于共同申请人的，如果复审请求人不是全部申请人，专利复审委员会应当通知复审请求人在指定期限内补正；期满未补正的，其复审请求视为未提出。❷

③期限。

在收到专利局作出的驳回决定之日起 3 个月内，专利申请人可以向专利复审委员会提出复审请求；提出复审请求的期限不符合上述规定的，复审请求不予受理。❸

> 小贴士：若超出期限并且超出期限并不久的情况下，可以发起权利恢复，权利恢复成功后则再提起复审请求。还是那句话，遇到具体问题要咨询专利工程师或者专利代理人。

④文件形式。

a. 复审请求人应当提交复审请求书，说明理由，必要时还应当附具有关证据。

b. 复审请求书应当符合规定的格式，不符合规定格式的，专利复审委员会应当通知

---

❶ 《专利审查指南》2010 版，第四部分第 2 章
❷ 《专利审查指南》2010 版，第四部分第 2 章
❸ 《专利审查指南》2010 版，第四部分第 2 章

复审请求人在指定期限内补正；期满未补正或者在指定期限内补正但经两次补正后仍存在同样缺陷的，复审请求视为未提出。❶

⑤费用。

费用当然是必不可少的。除了第5.3节，本书一般是不提费用的，但是这里我还是要提一下，提的原因会在下一节揭晓。一般来说，复审的官方费用为1000元，代理人的服务费用要视案子的复杂程度以及你的议价能力而定。

如果形式审查未通过，则专利复审委员会不予受理复审请求；复审请求人可以在期限内再提出复审请求，由复审委员会再次进行形式审查。

2) 如果形式审查通过，则进入复审程序的第二步：前置审查。

前置审查实际上复审委员实质介入该专利之前的一个程序，由专利复审委员会将经形式审查合格的复审请求书（包括附具的证明文件和修改后的申请文件）连同案卷一并转交作出驳回决定的原审查部门进行再次审查。

前置审查主要是对复审人提出的新的证据或者理由进行审查，如果复审请求人对申请文件进行了修改，则还要先审查修改是否满足要求，我们刚才提到了修改需要满足的2项要求，其中第2项在审查指南中有明确的规定，下列情形就不满足第2项要求：

> 《审查指南》规定：
> (1) 修改后的权利要求相对于驳回决定针对的权利要求扩大了保护范围。
> (2) 将与驳回决定针对的权利要求所限定的技术方案缺乏单一性的技术方案作为修改后的权利要求。
> (3) 改变权利要求的类型或者增加权利要求。
> (4) 针对驳回决定指出的缺陷未涉及的权利要求或者说明书进行修改。但修改明显文字错误，或者修改与驳回决定所指出缺陷性质相同的缺陷的情形除外。❷

其实以上内容说白了就是两点：一是在提复审的时候，如果修改权利要求，只能继续限定、缩小你的权利要求；二是修改只能针对驳回决定直接针对的权利要求。

前置审查的结论有两种：同意撤销驳回决定或者坚持驳回决定。这两种结论会导致不同的后续处理程序。

> 小贴士：在《审查指南》中对于同意撤销驳回决定的又细分为两类，这两类的区别主要是在提出复审的时候是否对原申请文件进行了修改，具体来讲一类是专利权人在提出复审的时候并没有对原申请文件进行修改，前置审查意见为同意撤销驳回决定；一类是专利权人在提出复审的时候对原申请文件进行修改，前置审查意见为同意撤销驳回决定。因为这两种情形的处理结论是一样的，所以在本书中对于前置审查的结果简单分为了两种。

对于同意撤销驳回决定的，则会把前置审查意见发给专利复审委员会，专利复审委员

---

❶ 《专利审查指南》2010版，第四部分第2章
❷ 《专利审查指南》2010版，第四部分第2章

会不再进行合议审查，会根据前置审查意见作出复审决定，通知复审请求人，并且由原审查部门继续进行审查程序。

> 小贴士：原审查部门是不能未经专利复审委员会作出复审决定而直接进行审查程序的，要知道，继续进行审查程序实质上意味着复审程序的结束，但是，复审程序的启动是在复审部门，所以复审程序的结束也应当由复审部门来发起。

为什么还要继续进行审查程序？复审委同意了复审请求的中意见不就可以授权了吗？

在实质审查的时候需要审查的内容特别多，只要任何一项需要审查的内容不满足要求就可以发出驳回意见；驳回意见仅仅指出专利申请因为不满足某一项要求而被驳回，而不会涉及其他要求；那其他要求是否满足呢？要看原审查时是否进行了审查，若还没有审查过，则当然需要继续进行审查；若其他条件已经审查过，则在继续进行审查程序中由审查员酌情处理。

> 小贴士：什么是酌情处理？因为根据规定，尽管审查员审查过某一方面授权的要求，但是在发出授权通知书之前，审查员可以随时再对某一授权要求再次进行审查。

如果审查员又发出驳回通知书怎么办？之所以要继续审查，就是要看你的专利是否满足授权的全部条件，只要还有不满足授权条件的，审查员当然可以再次发出驳回通知书，但是，如果经历过复审程序，那么审查员再次发出驳回通知书的时候是有一个限制的，也即审查员不能以同样的事实、理由和证据作出与之前复审决定意见相反的决定。

3）对于坚持驳回意见的，则进行下一个程序：复审请求的合议审查。

合议审查的内容主要是对针对驳回决定所依据的理由和证据进行审查，其要求和实质审查的要求相同。

如果复审请求人对申请文件进行了修改，则还要对修改是否满足要求进行审查。我们在前置审查里面已经介绍过修改的要求和审查的要求，在此就不再赘述。

针对一项复审请求，合议组可以采取书面审理、口头审理或者书面审理与口头审理相结合的方式进行审查。

在合议审查阶段，审查员可以根据需要发出复审通知书，这个时候复审请求人就需要在期限内进行答复。

合议审查的结论与前置审查类似，也可以分为两类：或者驳回或者继续进行实质审查程序。只不过合议审查的结论就是整个复审程序的最终结论。

> 小贴士：在实践中还有另外两种结论：复审程序的终止和复审程序的中止。这些内容在专利《审查指南》中都有详细规定，这两种情形实际上遇到的可能性较小，所以在此也不过多介绍，如果你真的遇到，还是建议你尽早和专利代理人联系。

到此，整个复审程序就介绍完了，如果幸运，你在实质审查阶段收到的驳回通知书会被"收回"；如果很不幸，你的复审请求会被驳回，则意味着在国家知识产权局专利局这个层面，你的这个专利已经不会被授予专利权了。

❋ 发明人的工作

这一节内容少,但因为介绍了发明人这个角色在专利申请路上的重要戏份,所以对发明人来说还是很重要的。

虽然本章节内容不多,并不意味着发明人在这个阶段就可以闲着了。

在复审阶段,发明人要做的工作与在实质审查阶段类似,是第二主演——配合代理人或者专利工程师的工作。

所以,发明人在此阶段的工作说少可能会很少,说多也可能会很多,主要就是看案子复杂程度和难易程度了,以及需要你配合的程度了。

尽可能减少复审的办法就是做好前面的专利创造和撰写工作,前面多做一些工作,把工作做扎实一些,后面就可以少做一些了。

一般来讲,专利被驳回大多是因为不满足新颖性和创造性要求,新颖性和创造性都是围绕请求获得专利保护的技术方案与已有的技术是否不同,不同到何种程度的审查标准,且审查的时候是以权利要求书中撰写的各项权利要求文字描述的技术方案为基础。因此,一项专利申请的新颖性和创造性通常取决于两方面的因素:其一,我们本身做出了一项什么样的发明创造,与已有的技术有何不同,解决了什么技术问题,产生了什么样的技术效果;其二,专利代理人如何进行该专利申请的申请文件,尤其是权利要求书的撰写。当一项发明或实用新型专利的申请文件完成撰写并正式在某申请日递交,则该申请在新颖性和创造性方面的授权前景的客观面就已基本确定,后续修改和答复的空间都较为有限。

因此,为了降低因新颖性或创造性不符合《专利法》规定而被驳回的可能,我们应当在提出专利技术方案前就开始着手相应的工作。对于确定申请的技术方案应考虑尽早提出专利提案,尤其是处于技术发展迅猛的通信领域,避免他人先期公开的技术破坏新颖性和创造性。在进行专利提案前,应尽量充分进行国内外专利文献和科技文献的检索,了解已有的相关技术,而不限于现在产品上实际采用的技术方案,通过与已有技术的比较,从技术上,分析实质性的区别点,明确想要通过专利保护的发明点。对于存在较大新颖性或创造性问题,但又较为重要的发明创造,应在申请前与专利人员充分沟通,确定专利申请文件的权利要求如何部署,并要求代理人进行撰写时,充分考虑到后续审查意见的答复。

在撰写申请文件的过程中,发明人常常会遇到需要补充技术内容的情况,这个时候发明人应当积极配合。有些情况下,需要就技术方案的实现细节需要进一步补充;有些情况下,需要补充更多的实施例;有些情况下,是专利申请文件撰写人员根据经验对技术方案进行了扩展,需要提供扩展后的详细技术方案。无论如何,作为发明人应尽量按照要求去补充完善,这个时候多做一些工作,会避免后续的很多附加工作。

在审查意见答复过程中,发明人也应当积极配合去分析审查员对对比文件和本专利申请请求保护的技术方案的对比分析是否正确,本专利申请与对比文件是否存在其他实质性的技术区别点,帮助专利代理人或者专利工程师确定最佳答复方案,争取能够获得授权。

小贴士:其实在复审阶段,发明人需要做的工作与在实质审查阶段非常类似。在此我们只是强调,为了避免后续我们要启用复审程序,最好的办法是做好前面的工作,正所谓磨刀不误砍柴工。

6.2 什么专利可以复审

在第 6.1 节里面我们介绍了复审程序以及发明人要做的工作，我相信你肯定有一个疑问盘旋于脑海之间：是不是所有被驳回的专利都需要提起复审？

肯定不是，原因有二：

（1）复审是需要花费金钱的：官费 1000 元，还需要支付代理服务费若干；

（2）复审是需要花费人力的，发明人、专利工程师都需要做大量的工作。

所以，我们也不建议所有被驳回的专利都提复审。

或者你又会问，既然复审需要花费成本和人力，干脆我们就都不提复审了。这样也不行，大家申请专利为了什么？不能因为有一个小的挫折就放弃了。若专利发挥出价值，其收益是非常巨大的，这一点花费算什么。

通过上面我们可以看出来是否提复审要考虑很多因素，不能一刀切，听我们专利资深人士给你分析，还是那句话，我们争取把复杂问题简单化，下图是一个简单分析实例：

```
授权可能性：由低到高 ↑
            |
  区域一：授权      区域二：授权
  可能性高，商      可能性高，商
  业价值低          业价值高
  ─────────────────┼─────────────────
  区域三：授权      区域四：授权
  可能性低，商      可能性低，商
  业价值低          业价值高
            |
            └──────────────────→
              专利商业价值：由低到高
```

图 6-3 专利是否复审因素

通过图 6-3 可以很清楚地知道，决定一个专利是否复审可以从两个维度考虑：授权可能性、专利商业价值。

区域三和区域二的结论应该是很明确的，授权可能性低并且商业价值低当然不需要走复审了；授权可能性高并且商业价值高的，当然需要提起复审了。

对于区域一和区域四稍微就有点复杂了，而且是实践中还有其他因素会左右最终结论；例如有时候某企业需要较多数量的授权专利，或者某企业资金压力较大，希望有投入就有产出等因素。

我们仅从推动专利工作的角度来介绍我们对于区域一和区域四的观点。

先说区域四，如果授权可能性低的极端情况：不可能获得授权，那就不用提起复审了。毕竟，浪费钱财实在没有必要；但是经过认真分析，专利授权可能性仍然存在，考虑到专利价值高，那么有必要努力争取一下。要知道，万一专利获得授权，获取的收益就会是巨大的!

再说区域一,专利授权可能性高的情况下,如果你是企业的发明人,我们建议还是要争取获得授权,毕竟费用也不太高,拥有一个授权专利,对于企业的创新形象还是有好处的,并且,万一当前对该专利的价值评价存在问题,说不定5年后商业价值变的很大呢。如果你是资金不足的个人,那我们还是建议可以放弃,毕竟提起复审需要花费人力财力,授权后维护仍然需要花费财力,对于价值低的专利实在没有必要。

综上,不同的角度有不同的看待问题的方法,对个人和企业来说法律是工具,不是非要争个你死我活的终极目的。对企业来说,法律是实现商业目的的工具。

> 小贴士:细心的读者可能会问,如何评价专利价值呢?其实我们在4.1节中介绍了什么是"好专利","好"专利的评价维度与专利价值的评价维度实际上是类似的,因为我们前文已经介绍过授权可能性这个维度,在本节提到的专利价值评价中就不再赘述。

下面我们给出一个实例,看看在这个案例中如何来决定是否发起复审的,这是一个因为创造性和新颖性问题被驳回的案例。

专利"单向信道业务播出的网络系统及业务播出的方法"经过多次审查意见答复后,仍被审查员认为不符合有关新颖性或创造性的规定,予以驳回。

专利名称:单向信道业务播出的网络系统及业务播出的方法

技术方案简介

该申请针对现有MBMS(Multimedia Broadcast Multicast Service,多媒体广播多播业务)网络系统使用与UMTS R99的网络完全相同的网络架构(除增加BM-SC节点外),而UMTS R99网络作为一种典型的支持点对点通信的移动网络架构,并不适合MBMS这种单向下行的点到多点业务方式的问题,提出了一种单向信道业务播出的网络系统及业务播出的方法,以提高移动通信网络对于多点信息发送的频谱效率,减少移动通信网络的上行带宽资源的浪费,并且避免了现有技术复杂的资源管理和调度过程。

为实现上述发明目的,本发明提供了一种单向信道业务播出的网络系统,该系统包括移动通信网络和单向播出节点,该单向播出节点与所述移动通信网络连接,用于从所述移动通信网络的网络侧节点获取单向下行业务内容,向其覆盖的区域的移动终端广播发送所述单向下行业务内容。并相应提出了一种单向信道业务播出的方法(见图6-4)。

❀ 案例分析

该申请属于因发明专利申请不符合《专利法》有关新颖性或创造性的规定而被驳回的典型案例。

该申请包含两套权利要求,其中,权利要求1~7要求保护单向信道业务播出的网络系统,权利要求8~12则要求保护相应的方法。以下分析以系统权利要求为例进行说明。

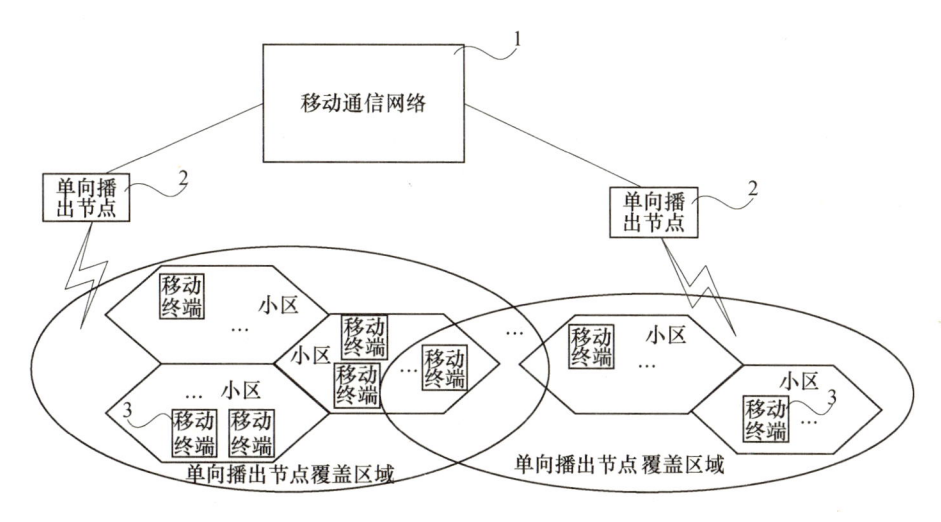

图 6-4 单向信道业务播出网络系统示意图

审查员在首次审查时，检索到一篇对比文件，并认为：

本专利申请的权利要求 1 请求保护一种单向信道业务播出的网络系统，对比文件 1 (S-UMTS access network for broadcast and multicast service delivery: the SATIN approach) 公开了一种移动通信网（UMTS），其中披露了以下内容：该移动通信网中包括一卫星，该卫星通过卫星网关、SGSN、GGSN 从 BM-SC 获取 MBMS 业务，在前向链路上，该卫星直接或间接通过中间模块中继器 IMR（相当于单向播出节点）向 UE 发送 MBMS 信号；而在反向链路上则 T-UMTS 是基本情况，经过卫星提供双向通信是可选的一种结构，因此，这里隐含说明发送 MBMS 信号的节点为单向播出节点。该权利要求所要求保护的技术方案与该对比文件所公开的内容相比，所不同的仅仅是文字表达方式上略有差别，其技术方案实质上相同，且两者属于相同的技术领域，并能产生相同的技术效果，因此，该权利要求所要求保护的技术方案不具备新颖性。

权利要求 2 是关于单向播出节点采用何种发射技术，OFDM、MIMO、直序列扩频技术都是本领域公知的发射技术，对于本领域技术人员来说可以根据需要选择采用这些发射技术。因此，在对比文件 1 的基础上结合公知常识得到权利要求 2 所要求保护的技术方案是显而易见的，因此，权利要求 2 所要求保护的技术方案不具备创造性。

权利要求 3~7 的附加技术特征在对比文件 1 中已经公开，在权利要求 1 不具备新颖性的情况下，权利要求 3~7 不具备新颖性。

在第一次审查意见答复时，对权利要求 1 进行了修改，增加"所述单向播出节点从 NodeB 中分离出来"的技术特征，并陈述权利要求 1 具有新颖性与创造性的理由主要有以下两点：一、技术特征"单向播出节点"与 IMR 不同，对比文件中的 IMR 是卫星通信中用来作中继传输的；二、特征"单向播出节点从 NodeB 中分离出来"，其在对比文件 1 中未公开。

审查员进行第二次审查时，接受了上述对权利要求的修改，但基于对修改后的权利要求，审查员仍坚持认为申请人所称的卫星通信领域与本发明的移动通信领域相同，"单向播出节点"与IMR也相同，IMR也从NodeB中分离，并最终作出驳回决定。

❋ **对是否提出复审进行初步分析**

首先，关于复审前景方面。本申请的核心技术方案是：网络系统包括移动通信网络，其特征在于还包括单向播出节点，该单向播出节点与所述移动通信网络连接，用于从所述移动通信网络的网络侧节点获取单向下行业务内容，向其覆盖的区域中的移动终端广播发送所述单向下行业务内容。

虽然从分析上看，对比文件中公开的IMR与本发明的单向播出节点存在一定的差别，这种差别主要是应用领域差异带来的，而且在第一、二次审查意见答复时均进行了陈述，但均未得到审查员认可。同时，由于本专利申请并没有其他的实质性特征，而目前的特征范围明显过大，事实上，存在可能更为接近的对比文件影响本专利的新颖性与创造性问题。从这个角度来分析，专利复审的前景一般。

其次，关于方案的应用情况。由于本专利申请实质涉及手机电视业务，从目前了解到的情况来看，基于国内广电系统主导手机电视服务的现状，该专利方案由于实质上通过移动通信网络提供手机电视业务，实际应用已经基本不太现实。所以，该方案在国内应用前景一般。

基于上述分析，相信你可以得出结论：放弃提出复审请求，接受驳回决定。

从法律角度看，对于企业，我们可以简单总结一下思路：凡是可能获得授权的，就可以提起复审，努力获得授权；凡是不可能获得授权的，不管专利价值高低，都不需要提起复审。但是，我们也明白，企业是市场经济的主体，法律对于企业是商业工具，仅仅从能否授权的角度评价是否复审，这个维度是较单一的，企业可以综合考虑自己所处的商业环境和战略规划决定如何使用专利工具，是否进行复审。

6.3 复审失败之后

如果你提了复审，虽然自己感觉非常有道理，但是复审委最终给驳回了，而你还是不认可复审委的驳回结论，坚持认为你的专利可以被授予专利权，那还有没有办法去改变你的专利的命运呢？

虽然改变命运的几率不大，但是的确还有补救的程序：行政诉讼。

复审决定作出后复审请求人不服该决定的，可以根据《专利法》第41条第二款的规定在收到复审决定之日起3个月内向人民法院起诉。

具体来讲就是向北京市中级人民法院提起行政诉讼。这一程序与复审程序相比，其实质内容仍然是审核专利是否满足授权条件，但是有一个最大的区别在于：复审程序中，是复审委作裁判，专利申请人和审查员是运动员，而在行政诉讼程序中，法官是裁判，专利申请人和复审委员会是运动员。

> 小贴士：因为国家知识产权局地址在北京，所以中国所有的与复审相关的行政诉讼都需要向北京市中级人民法院提起。

虽然我们有行政诉讼程序，但是作为资深专利人士，我们建议不到万不得已没有必要启用行政诉讼程序。如前文 7.2 节所言，相信细心的读者大概可以领略，专利的程序较复杂且投入人力物力成本的环节较多，所以如果不是某件专利意义重大，且存在授权的可能，尽量不要发起行政诉讼，因为诉讼会把权利人拖进另外一个环节复杂，成本高昂的维权之路——发起行政诉讼，一审之后，若专利仍然被驳回，则还可以发起二审，二审之后还可以到最高院发起再审——可谓漫漫长路。虽然救济之路很多，但这个过程需要付出大量心血和费用，所以，若非出于商业战略之必要，建议尽量不为诉讼所累。

> 本章到此结束，在本章主要介绍了在实质审查阶段专利被驳回之后的救济程序：复审。相对实质审查程序而言，复审在实质内容上与实质审查程序并无区别，在程序上区别就很大了。考虑到复审需要付出的成本和代价，我们还是建议发明人只对那些存在授权可能性的专利申请再提起复审。

第 7 章 专利无效

经过了从创意风暴、技术方案检索、专利文件撰写、审查意见答复/复审,到最后获得专利授权的漫长历程,拿着授权通知书,我们可以长出一口气,真正拥有了"专利权"。那么,拿到专利授权是否就可以高枕无忧了呢?

只能说,专利授权之后,大部分专利的确可能会高枕无忧,但并不绝对,因为还有专利无效宣告程序。

> 小贴士:根据资深专利人士的工作经验,被提起无效的专利比例还不到1‰,这说明一件专利走到无效宣告程序的比例还是非常低的,但一旦进入无效程序,专利权的稳定性就处于危险状态,正应了那句"last but not least"——无效虽然在后面但并非不重要。

专利权无效是指某专利权授予后,他人发现实际上授权的专利存在不满足授权条件情形的,可以向专利复审委员会提出无效宣告请求去无效该专利,一种螳螂捕蝉黄雀在后的感觉,只是这只黄雀的目的很多,我们会在后面的章节中对无效的目的有所展开。

7.1 专利无效

❀ 无效宣告程序有必要吗

在本章开始已经说了,授权之后并不意味着一劳永逸,因为还有可能处于被专利无效的险境之中。相信细心的读者肯定会问,授权之前已经通过了专利局审查员严格的审查,而且还很有可能经过了专利复审程序,那为什么还要设置无效宣告程序?授权了还要被挑战,是什么原因让专利权一直处在可能被挑战的情境之中呢?

我们可以简单从以下两点来考虑设置无效宣告程序的必要性:

(1)一件发明能获得专利授权是因为它满足了授权的条件,就其中比较主要的新颖性和创造性而言,这两个条件是通过对比现有技术而判断的,在审查过程中,现有技术通过审查员检索而得到。根据《审查指南》的规定,现有技术包括在申请日(有优先权的,指优先权日)以前在国内外出版物上公开发表、在国内外公开使用或者以其他方式为公众所知的技术。现有技术应当是在申请日以前公众能够得知的技术内容。根据这个定义我们可以看到,由于认知的局限性,现有技术可能存在文献检索遗漏或者有公开的方式不为审查员所知的情况,举一个极端的例子,在新颖性授权要求中,如果全世界有任何一个对比文献与某件专利申请公开了一样的内容,那么相应的专利就不应该被授予专利权,但是,以中国专利局的审查来说,如果有一个阿拉伯语的公开文献,从来没有被翻译为其他文字,碰巧该审查员又不懂阿拉伯语言，那么审查员完全有可能检索不到相关文献而授权专利权。这不是审查员的错，这是技术层面问题，在这种情况下实际上这个专利是不满足授权条件的，有一个后续的无效宣告程序就非常有必要了，此其一。

（2）专利授予专利权之后，专利权人拥有了禁止他人使用其专利技术的权利，这是一种"对世"权，你拥有而他人都没有，那么你的权利是否真的满足授权条件呢？为了确保赋予你该权利的准确性和正确性，完全有必要让公众参与到授权过程中。在前面的审查程序中，公众如果对某件专利有质疑，可以提出公众意见给审查员来实现"参与"；那么在授权之后，则就依靠无效宣告程序来"参与"授权条件的"审查"，此其二。

小贴士：人非圣贤，孰能无过？况且从技术角度讲原本就存在审查不全面的可能性，专利权人获得的是排他性的禁止使用权，因此设置一个类似于纠错或者说补充审查的程序非常有必要。

❋ **无效宣告程序复杂吗**

无效一个专利本身还是很困难的，因为毕竟专利授权之前是经过审查员的严格审查，并且，提起无效宣告程序的人是在否定"专利权"人的权利，"专利权"人必定会全力以赴来证明自己的专利是有效的。但是从程序角度讲，无效宣告程序比前面的审查程序和复审程序相比都要简单一些。

图7-1为无效程序的程序图：

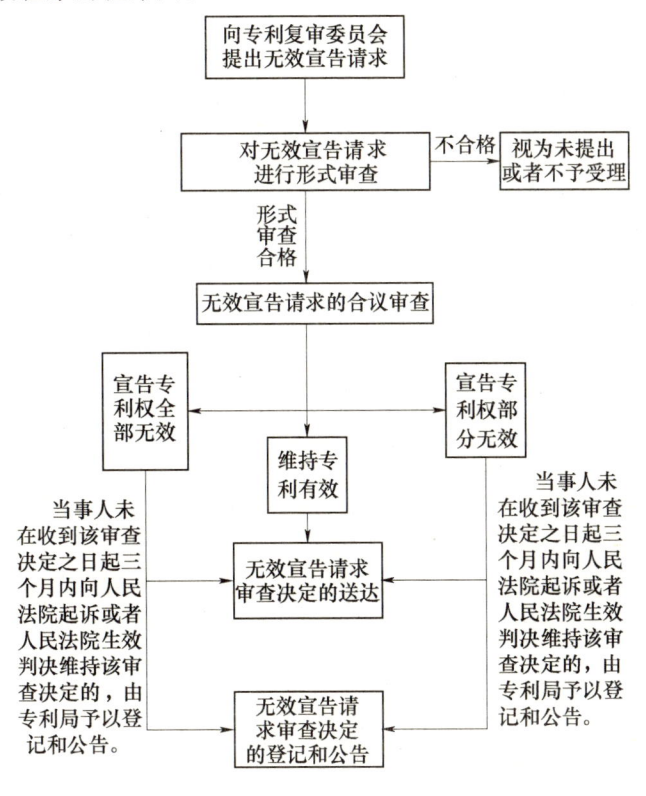

图7-1 无效程序图

与专利复审程序类似，专利无效程序首先需要向专利复审委员会提出无效宣告请求。请求人在提出无效宣告请求后，由专利复审委员会进行形式审查，形式审查的要求也即是无效请求人应当准备的材料要求，主要包括以下几方面内容：

（1）无效宣告请求的客体应当是已经公告授权的专利，包括已经终止或者放弃（自申请日起放弃的除外）的专利。无效宣告请求不是针对已经公告授权的专利的，不予受理。

针对授权公告的专利发起无效程序很好理解，无效的目的是去无效专利权，所以针对未公告授权的专利去无效，属于无的放矢。

但你肯定会问，对已经终止或者放弃的专利发起无效有何意义？终止或者放弃的专利还能拿出来用吗？这里有个关键点需要注意：如果一件专利被无效，则该专利的专利权视为自始即不存在，终止或者放弃的专利并不是自始不存在的。那是不是自始存在有什么特别的呢？

我们简单举例来看：A公司在2000年1月1日提出B专利申请，2003年1月1日B专利被授予专利权，2012年1月1日被全部无效；同时在2010年1月1日到2011年1月1日期间，C公司产品使用的技术方案落入到B专利的保护范围内。那么，在2010年到2011年之间C公司是否侵犯了A公司的专利权？根据《专利法》的规定，如果一个专利被无效，则专利权视为自始即不存在，也即B专利因为被无效，则视为B专利自始没有获得专利权，那么C公司产品也就不存在侵犯专利权的情形了。

（2）无效宣告请求人满足资格要求，根据《审查指南》的规定，请求人必须具备民事诉讼主体资格。

> 小贴士：实际上，根据《审查指南》的规定，请求人的资格要求还有很多，但是其他情形较少情况遇到，如果你真的遇到，还是那句话，需要咨询一下专业的专利代理机构。

（3）无效宣告请求需要明确记载请求的范围以及理由和证据，同时结合提交的所有证据具体说明无效宣告理由。对于无效宣告理由，简单的说就是不满足授权的理由。

（4）需要交纳相关费用。

另外，如果委托专利代理机构提起无效请求的，还需要提供委托手续。

通过复审委员会形式审查后，则进入合议审查。

与复审程序类似，合议审查首要组成合议组，通常情况下合议组仅针对当事人提出的无效宣告请求的范围、理由和提交的证据进行审查，不会进行全面审查。

> 小贴士：读者不用担心自己啥也不知道专利就被无效了：如果你的专利被人提起无效，你就不会置身于该合议审查之外，合议组会把无效宣告请求的相关材料转达给你，你也会提出自己的观点和看法，在需要的时候，还会进行口头审理，由你与提起无效的请求人"当庭对质"。

审查的要求与前面我们介绍的实质审查程序、复审程序的要求是一致的，在本章就不再过多描述；有一点需要注意，如果你的专利被别人提起了无效，而且你还是部分认可别人提起的无效理由，则可以对专利的权利要求进行修改以保住该专利能保住的部分。

> 小贴士：相对于前面介绍的实质审查程序和复审程序，在无效程序中的修改

第 7 章　专利无效

有严格的限制，修改要有原则，对于发明或者实用新型，对权利要求的修改不能改变主题名称，不能扩大原专利的保护范围、不能超出原说明书和权利要求书记载的范围、不能增加未包含在授权的权利要求书中的技术特征。

合议组根据合议审查的结果，作出无效宣告请求审查决定，无效宣告请求审查决定有 3 种类型：宣告专利权全部无效、宣告专利权部分无效、维持专利权有效。

在这稍微解释一下全部无效和部分无效的区别，简单举例，如果一个专利有 10 个权利要求，如果都被认定为无效，则可以认为是全部无效；如果有 8 个权利要求被认定为无效，2 个权利要求被认定为有效，则可以认为是部分无效。

> 小贴士：前面我们介绍过，如果一个专利被宣告无效，则宣告无效的专利权视为自始即不存在，对于部分无效的情形，被宣告无效的部分应视为自始即不存在，被维持的部分（包括修改后的权利要求）也同时应视为自始即存在。

对于无效宣告请求审查决定，专利复审委员会还要进行送达、登记、公告等程序。不管你是专利拥有者还是提起无效请求的人，如果对专利复审委的无效决定不服的话，怎么办？与复审程序类似，你可以在无效决定作出后 3 个月内向人民法院起诉，把行政程序转化为司法程序。

整个无效程序，从程序上讲，相对于实质审查程序和复审程序简单一些，从合议审查的实质来讲，审查的内容和要求与实质审查程序和复审程序类似，所以如果你对前面的实质审查程序和复审程序有一定了解的话，阅读本章的内容就简单多了。

> 小贴士：细心的读者可能会注意到，无效审查的内容和要求与实质审查程序和复审程序有些相似之处，但还是有些不同。例如单一性是授权的必要条件，但不是无效的理由，也即在授予专利权的时候需要审查专利是否满足单一性，但是在无效的时候，不能因专利不满足单一性要求而提起无效。这方面的知识有些太过专业，如果读者有兴趣，建议可以阅读《审查指南》以及咨询专业人士如企业内部的专利工程师或专利代理机构。

另外，在专利的实质审查、复审、无效程序等各阶段，专利权人和国家知识产权局相应机构在每一个程序所处的地位也是不一样的，简单解释如下：

（1）在专利审查程序中，国家知识产权局专利局审查员相当于裁量者，而专利拥有者是单方当事人，专利拥有者可以提出自己的观点，但是最终决定权在审查员手中；

（2）在复审程序中，国家知识产权局专利复审委员会的合议组相当于裁量者，而专利拥有者和国家知识产权局专利局审查员相当于双方当事人，这个时候，专利拥有者和国家知识产权局专利局审查员的地位是一致的，最终决定权在国家知识产权局复审委员会的合议组手中；

（3）在无效程序中，国家知识产权局专利复审委员会的合议组相当于裁量者，专利拥有者和无效宣告请求人相当于两方当事人，两方的地位是一致的，最终决定权在国家知识产权局专利复审委员会的合议组手中，该程序中不涉及国家知识产权局专利局审查员。

> 小贴士：在复审程序和无效程序中，如果不服国家知识产权局专利复审委员会的决定而向人民法院提起了诉讼，那么在诉讼程序中，你和国家知识产权局专

利复审委员会相当于两方当事人，两方的地位是平等的。

❄ 专利权人该如何应对无效宣告程序

作为专利拥有者，也的确不需要因为存在专利无效程序而担心，只要你的专利满足授权条件，无效只是增加了你的工作量而已，不会影响你的"财产"。更进一步，我们在申请专利的时候，要把"货真价实"的技术方案去申请专利，即使授权后被别人提起了无效，从容应对即可。

下面我们介绍一个案例，在该案例中，专利权人的专利虽然被别人提起了无效，但是因为专利"货真价实"，最终保住了专利权。

朗科公司是一家由留学归国人员创办的高新技术企业，专业从事闪存应用及移动存储产品的研发、生产、销售及相关技术的专利运营业务。该公司 1999 年发明了世界第一款闪存盘，并在 2002 年 7 月获得了国家知识产权局的发明专利授权——"用于数据处理系统的快闪电子式外存储方法及其装置"（专利号：ZL 99117225.6）。

2003 年 6 月 6 日，以色列厂商艾蒙系统（M-Systems，后更名为晟碟以色列有限公司）向国家知识产权局专利复审委员会提出了宣告针对朗科公司该项专利无效的请求。艾蒙公司的关键证据是其所拥有的两项在闪存技术方面的发明专利，并声称艾蒙才是闪存盘的开山鼻祖。

经过多次书面答辩和口头审理程序，专利复审委员会于 2008 年 1 月 7 日作出第 10970 号审查决定，维持该专利权全部有效。

艾蒙系统不服专利复审委员会的审查决定，于 2008 年 4 月 3 日向北京市第一中级人民法院提起行政诉讼，北京市第一中级人民法院于 2009 年 8 月 28 日作出一审判决，维持专利复审委员会作出的审查决定。[1]

这场轰动全国的专利无效案件引起业界和社会公众的广泛关注，对全球闪存盘产业而言，也将产生深远而广泛的影响。该项基础性专利被判有效将继续巩固朗科公司以"专利池"为基础的商业运营模式，朗科也有可能成为第一家在美国向其他闪存盘厂商收取专利使用费的中国厂商，意义非同一般。

> 小贴士：事实上，在艾蒙针对闪存盘专利提出"无效宣告请求"之前，华旗便已向国家知识产权局针对闪存盘专利提出过"无效宣告请求"。一个小小的闪存盘专利却频频遭致无效宣告请求，个中玄机对于业界人士来说是心知肚明。因为朗科闪存盘专利覆盖面相当之广，市场上几乎所有流通的闪存盘都会落入该专利的保护范围之内，这使得各闪存盘厂商都需要支付专利费，为了免除这笔专利使用费，"最简单的办法"则莫过于把朗科的闪存盘专利无效掉。
>
> 专利无效制度是一把双刃剑，一方面专利无效制度让不该被授权的专利归于无效，另一方面，却也可能让合法有效的专利面临着宣告无效的危险，因应对无效而投入财力物力，做无谓的消耗。而实际上，在越来越多的专利侵权纠纷中，专利无效渐渐成为被诉方通用的诉讼策略。当然，联系这所有一切的只有两个字——

---

[1] http://disclosure.szse.cn/m/finalpage/2010-12-21/58805958.PDF

专利背后所代表的"利益"。

7.2 无效是一种反制武器

前面我们介绍了无效的概念和程序，无效简单的说就是把某一个专利（全部无效）或者专利的某一个或者几个权利要求（部分无效）给"废掉"，所以在实践中，无效就是对抗专利武器的最直接、最有效的反制武器。如果你拥有专利，当然会担心别人使用该武器；但是反过来讲，如果你是公众，或者你是一家公司需要用到某些专利，而无效就成为你手中的反制武器。

本节就给大家介绍一下如何使用反制武器。

❀ **反制武器的使用规则**

前面提到，无效是对付专利的一个有效武器。专利权是专利权人的无形财产，提起专利无效实际上就是想把专利权人的财产"拿掉"，无论如何，这都是一种比较极端的应对方式。如果提起专利无效，往往意味着你要和专利权人"撕破脸"，基于此，我们建议要慎重使用该武器。

同时，想要无效掉别人的专利，需要付出一定的人力成本和财务成本，毕竟授权的专利都是经过审查员严格审查，不付出精力是无法"挖掘"到无效理由的。不管你是个人也好，或者是一家公司，任何行为都需要考虑商业利益，从这个角度讲，若无必要，不需要无效别人的专利。

那么到底什么时候会用"无效"这个武器？简单的说，如果专利权人用专利这个武器来对付你，而你发现所涉及的专利被无效的可能性非常大时，就可以考虑使用该武器了。

我们举出两种情形说明一下何时发起专利无效。

情形一：在前一段讲到的那种情形下，还没有到立即发起无效的地步，此时还要看专利权人的态度，如果专利权人在使用专利武器的时候态度还是比较友善，和和气气的和你讨论向你收取专利费的问题，你可以先把无效的理由提供给专利权人。明智的专利权人这个时候就会知难而退；但是，如果此时专利权人明知道专利存在缺陷，还"孜孜不倦"的纠缠你，那么你就应当不客气的使用"无效"武器。

情形二：如果专利权人用专利这个武器来对付你，并且态度比较"恶劣"，例如对方已经发起了诉讼，或者专利权人要求获得的许可费用非常不合理，并且不和你作任何协商，而你发现所涉及的专利存在被无效的可能性，那么，这个时候你就应当坚决地拿起"无效"武器，反制对方。

总结一下，人不犯我，我不犯人，专利权人犯我，我就无效你的专利。

❀ **人不犯我，我不犯人，专利权人犯我，我无效你的专利**

到底什么是"人不犯我，我不犯人，专利权人犯我，我无效你的专利"？下面介绍一个案例你就会非常清楚了。

在20世纪90年代初期的国际充电电池市场，日本厂商"独霸天下"，全球近90%的市场份额由三洋、索尼、东芝、松下等主要制造商盘踞，中国市场当然也不例外。不过，在世纪之交，中国的锂离子电池产业化有了长足的进步。

案例：比亚迪与索尼无效案分析

比亚迪（深圳比亚迪股份有限公司的简称）是当时我国最大的电池生产企业，其自1995年成立伊始便开始涉足电池生产产业并在短短数年里迅速崛起为国内电池界龙头。凭借优良的产品质量以及巨大的成本优势，比亚迪先后拿下台湾大霸、日本Nikko、飞利浦等国际大厂商的大额订单；21世纪初，比亚迪又与国内外领先的手机供应商（包括国外的巨头摩托罗拉、诺基亚、爱立信以及国内新兴的波导、TCL、康佳等）合作，迅速地占据了很多电池市场份额，并成为与三洋、索尼并列的全球第二大电池供应商，由此日本厂商独霸市场的格局被悄悄改写。其中，截至2003年，在锂离子充电电池方面，比亚迪排名全球第3位（仅次于三洋、索尼）。面对比亚迪的迅速崛起，全球电池市场上的制造巨头——索尼深感不安了，索尼决定采取行动以阻止比亚迪的超越，于是，索尼选择了专利诉讼，希望阻止比亚迪在国际市场的壮大和发展。

一场旷日持久、没有硝烟的的跨国知识产权诉讼悄然打响……

2003年7月8日，没有任何预兆，日本索尼公司一纸诉状将比亚迪诉至东京地区法院，理由是：比亚迪曾在2001年、2002年日本CEATEC展览会上展出两款锂离子电池，而这两款产品侵犯了其两项日本专利权（这两项专利权都是索尼于1988年申请的，一项是特许第2646657号"电池内部按平均容量设计一定空隙"的专利，一项是特许第2701347号"电池正负极涂敷物质的厚度及其比例"的专利，均是锂离子充电电池的基本专利），索尼要求禁止比亚迪在日本销售其六种相关的锂离子电池的产品。

比亚迪公司接到起诉后，冷静思考，在日本聘请了著名律师团队，由相关技术、市场部门给予充分配合进行应对。比亚迪对索尼的起诉状及涉案专利文本进行研究，确信自己并未侵犯索尼的专利权。更为关键的是，比亚迪依据有关工艺技术标准，指出索尼计算错误，并提出正确的计算结果，这实打实地证明了自己并未侵犯索尼的专利权。

2003年10月8日，经过精心准备，比亚迪向东京地区法院递交答辩书及相关证据38份，请求确认不侵犯索尼的专利权。在其后的诉讼过程中，比亚迪先后提交的答辩文书和证据材料共计近200份，折合5000多页。

在法庭上与索尼正面抗争是比亚迪的反制策略之一，比亚迪并非被动应诉，而是认真研究索尼的专利文件，并搜集大量的证据以发起对索尼的反击，针对索尼发起诉讼的专利，比亚迪采用釜底抽薪的战略，使出反制武器，提起索尼的专利无效。经过精心准备，2004年3月19日，比亚迪向日本特许厅提起请求宣告索尼的657专利无效的请求。

事实上，索尼的657专利自授权后，就一直饱受争议，先后有3家日本公司曾对该专利提出异议，请求法院宣告该专利无效。但是，由于索尼于2000年4月13日缩小了自己专利的权利要求保护范围，并于2000年6月6日获得了日本特许厅的认可，所以657专利一直有效。此次，面对比亚迪提出的专利无效申请，索尼一直自信满

第7章 专利无效

满,比亚迪的无效申请也被外界媒体戏称为"不计风险的挣扎"。

然而,结果总是出乎人们的意料!面对比亚迪的大量"铁证",2005年1月25日,日本特许厅宣告657专利无效。此后,索尼不服此判决,曾向东京高等法院上诉。然而,在比亚迪有力的证据和大量的事实面前,东京知识产权高等法院于2005年11月7日驳回索尼的上诉。

随后,索尼于2005年12月2日向东京地区法院递交了撤诉请求书,即撤销所有针对比亚迪的指控。至此,历时近3年的在日本本土进行的由索尼起诉比亚迪的诉讼,由比亚迪获得全胜并成功反击而告终。

事实上,早在索尼起诉比亚迪10个月以前,全球电池第一大巨头日本三洋公司已经在美国对比亚迪提起了专利诉讼,理由是比亚迪侵犯其多项专利。这样的"连环诉讼"在知识产权领域非常常见。其深层次的原因在于:两大电池业巨头因为比亚迪在全球电池市场上的占有率和竞争能力直逼三洋和索尼而感到了恐慌,这些诉讼本质上都是因为商业利益的存在。同时,比亚迪大部分的电池产品出口地是欧美和日本,所以,三洋和索尼不约而同地分别在美国和日本先后起诉比亚迪,这也是很常见的因商业利益引发的专利战。

从这个诉讼案中,我们可以得知选择积极的诉讼策略是化解知识产权诉讼的法宝。

通常,应对专利诉讼,企业有两种武器,一是精心准备证据,破除对方的诉求;二就是釜底抽薪,将对方的专利无效掉,一旦手中的专利被宣告无效,就不能再起诉别人侵犯自己的专利权。本案中,比亚迪就是同时使用了两种武器。

同时,真实有力的证据是决定诉讼成败的关键。在大量的专利侵权诉讼中,我国很多企业并不一定侵犯了对方的专利权,但是,如果证据收集工作做得不够完善,很容易就会败诉而遭致巨大的损失。本案中,整个纯粹搜索证据的过程持续了1个月之久,面对律师团根据200余份辩论文件和证据材料所形成的证据链和铁铮铮的事实,日本特许厅以及日本高等法院怎么能够无视?比亚迪公司能够成功无效掉索尼的657专利,律师团收集的证据起到了不可替代的关键作用。

小贴士:有时候,国外发达国家的授权专利也只不过是纸老虎罢了!在知识产权日益重要的时代,企业之间发生的专利战争是很常见的,尤其是由国外企业发起的比比皆是,碰到有人"无效"自己的专利也不用怕,见招拆招,兵来将挡就是。

总结一下,无效就是废掉一个专利全部或者部分"武功"的程序,对于专利权利人来说,只要专利是"货真价实"的,就不用担心无效程序;同时,对于公众来说,当面临专利威胁,同时所涉及的专利又存在不能获得专利权的原因时,"无效"就是一种有效的反制武器!

第8章 专利的国际化

在前面几章,我们已经把中国专利申请程序介绍了一遍,这也是中国企业,专利工作最基本的"功课"。现在越来越多的国内企业都在进行国际化,也在国际市场上取得了很好的成绩,那么专利国际化也就非常必要了。在本章,将向大家介绍专利的国际化:到别人的山头上插红旗。

8.1 在别人山头上插红旗

❀ 我们需要到别人山头上插红旗吗

是否需要到别人的山头上插红旗,这是我们本章首先要解决的问题。我们都知道申请专利的目的是为了使用专利,为了通过专利获得收益。通俗的说,拥有专利,则你可以禁止别人使用该专利技术,更进一步,如果别人要使用你的专利技术,则需要向你交纳专利许可费。

但是,你如果想获得专利收益,从理论上解决两个问题就好:

(1) 在本书第一部分介绍巴黎公约时我们已经介绍了专利权是有地域属性的,如果专利只在中国申请,那么就仅仅在中国有效,如果需要在某国使用专利,则就需要在某国申请专利并获得授权。所以第一个问题就是在你需要使用专利的国家去申请专利并获得授权。

(2) 确定你需要使用专利的国家。在本书第一部分第2章里面,我们曾经介绍过,以发明专利为例,别人使用你的专利的情形包括为生产经营目的制造、使用、许诺销售、销售、进口专利产品,或者使用专利方法以及使用、许诺销售、销售、进口依照该专利方法直接获得的产品,简单的说,如果某人的行为属于制造、销售、使用、许诺销售、进口的话,并且又涉及相应专利,则这种"行为"就属于"使用"到你的专利。那么确定你专利武器的主战场,就是十分重要的问题了。

我们简单举例,例如某公司的产品在美国研发,在中国制造,进口到荷兰,在德国销售,客户又运回法国使用,并且产品都使用到了你的专利技术,则这几个国家对你来说都是需要使用专利的国家。

现在我们已经在理论上解决了以上两个问题,我们再回到本节的问题来:需要到别人的山头上插红旗吗?

答案就是如果你在其他国家有制造、销售、使用、许诺销售、进口这五种涉及你专利技术的行为发生,就需要。

> 小贴士:在经济全球化的当今社会,大的企业都在合理利用全球的资源,产品也努力拓展到全球市场,所以一个好的专利肯定需要布局到其他国家。

❀ 我们需要在哪些山头上插红旗

对于这个问题,根据我们前面的介绍,看起来是很简单的,只需要判断在那些国家存在制造、销售、使用、许诺销售、进口这 5 种行为,然后进行布局即可。

但是,我们都知道专利具有新颖性,专利技术会早于产品应用,所以必须对未来的情况作出预测并判断需要布局的国家,如何做出这种判断就成为问题的关键所在。

下面就这个判断分享一下我们的经验。

首先我们可以结合我们前面介绍的五种行为,利用各种"蛛丝马迹"来进行判断他人需要使用专利的"山头"。

例如,对于无线通讯领域,欧洲采用的主流标准制式是 GSM – WCDMA,而美国采用的主流标准制式是 CDMAIS95 – CDMA2000,而中国采用的是包括 TD – SCDMA 制式在内的三种标准制式;根据这些信息,可以简单的判断 GSM – WCDMA 领域的专利重点需要在欧洲申请;CDMAIS95 – CDMA2000 领域的专利重点需要在美国申请,而在中国,三种制式相关的专利都需要进行申请。

再例如,产品都需要制造,以手机为例,比较多的手机制造以及手机的零部件的制造都在中国,那么如果你的专利涉及手机制造技术或者手机技术,则可以优先考虑在中国"插红旗"。

其次,我们也要考虑自己的产品的使用区域,专利的最本质权利是禁止别人使用,如果在一个国家申请了专利,则在这个国家别人就不能使用你的专利技术。

例如,你计划在巴西、美国推出你的产品,而与这个产品相关的专利技术就需要在巴西、美国申请专利。

再次,很多时候往往是很难做精准的判断,则可以根据大的形势进行粗略判断。

例如,欧洲、美国、中国是大的市场,很多产品都会在这几个地方销售并且销售量会比较大,那么这几个国家专利布局的成功可能性比较大;而中国是大的制造基地,则对于制造相关的专利,在中国布局则是比较好的选择;而日本、美国、欧洲、中国等地是国际企业的研发基地,则涉及研发环节的专利可以考虑优先在这几个国家布局;还有一些港口城市,例如荷兰,很多出口到欧洲的货物会首先进入荷兰,则荷兰也可以考虑作为重要的专利布局国家。

还有一些因素,例如在德国会举行很多国际展览,所以在德国申请相关展会产品有关的专利是比较好的选择。

也许你要说可以把专利在这些国家都布局一遍,不用费那么多心思去考虑布局的国家,是我们自己把这个问题搞复杂了。但是有一个问题你需要考虑:成本。

我们先不算人力成本,先算直接的经济成本,一件专利在美国申请并获得授权,直接花费的官费和代理费成本大约需要 1 万美金,而在欧洲、日本完成一件专利的申请和授权会超过 1 万美金。我们就以一个专利在海外布局 5 个国家,共有 100 个专利进行布局来计算,申请专利和获得授权的经费就超过 500 万美金,这可不是一小笔钱啊!

所以,我们需要精细化的考虑专利的布局,把好钢用在刀刃上。同时,如果你确信你的专利价值非常高,未来肯定会被使用,但是现在还不能准确判断,那我们建议多申请一些国家吧,把主要的销售地、制造地都申请上。

第二篇：制造专利

小贴士：100%精准的专利布局是很难实现的，我们一方面需要精准的考虑布局因素确定布局国家，另外还需要考虑一些未来的可变因素，给布局工作留下一些"富余量"。

如果你确信你的专利技术涉及的产品的所有商业环节都发生在一个国家，例如在中国，你就不需要考虑在其他国家"插红旗"的事情了。

8.2 如何到别人的山头上插红旗

这个问题我们在本书第一部分已经介绍过，为了方便在各个国家之间申请专利，国与国之间制订有巴黎公约，国际之间还制订有PTC条约，想要在其他国家申请专利就可以考虑利用这两种途径，本节将向大家简单介绍利用这两个途径进行国外专利申请的程序。

❋ **巴黎公约途径**

利用《巴黎公约》的申请程序相对比较简单，但是首先有一个前提条件，就是两个国家之间签署有《巴黎公约》。当然了，现在世界上主流国家之间都签署有该协议。

小贴士：现在世界上主流国家之间都签署有该协议，如果选择该途径，并且申请专利的国家属于常见国家，则不用考虑该问题。

图8-1为巴黎公约申请程序：

图8-1 巴黎公约申请程序

在巴黎公约程序中，我们需要注意的地方有三点：

（1）先要有一个"国家申请"，以中国为例，想通过巴黎公约到其他国家申请专利，得首先在中国有一个申请；

（2）要注意12个月期限，想要利用巴黎公约，则在中国申请的最早申请日后12个月内要完成向其他国家的专利数申请，在这期间，你需要完成两件事情：一是要确定要申请哪些国家，二是要完成申请文本的准备；

（3）在12个月内提交国外申请时，针对你想进入的国家，要根据这个国家的要求完成申请文件的准备。以美国为例，你需要完成文本的翻译，如果专利权属于企业，还需要提供转让声明。

小贴士：一般来讲，没有国内申请也不会想到国外申请，所以第（1）点一般都会满足，第（3）点可以委托专业的专利代理机构来完成，所以，你最需要关注的是第（2）点，并且为了给专利代理机构一定的准备时间，你需要提前至少2个月确定申请的国家。

❋ **PCT途径**

相对于巴黎公约，利用PCT途径去国外申请专利在程序上会复杂一些。图8-2是

PCT途径的程序图。

图 8-2 PCT申请程序

下面我们依据该程序图简单介绍一下PCT申请程序：

（1）国家申请。

与巴黎公约类似，一般情况下PCT申请程序也需要先有一个国内申请，如果你在中国，就需要先申请一个中国专利。

（2）递交国际申请。

与巴黎公约类似，在国内申请（本地申请）最早申请日起12个月内你需要完成国际申请的递交，这里面需要注意的地方有两点：

一是关于PCT专利申请受理局：PCT申请多数向作为PCT受理局的国家局提出；哈拉雷协议、欧亚专利公约或者欧洲专利公约的成员国的国民或居民一般也可以选择向非洲地区工业产权组织（ARIPO）专利局、欧亚专利局或欧洲专利局分别提出国际申请。一些发展中国家的国民或居民只能向作为他们受理局的WIPO国际局提出国际申请。此外，所有PCT成员国的国民和居民也可以选择国际局作为受理局。❶

> 小贴士：一般来说，PCT缔约国的国民和居民所在国的国家局应当是主管受理局。如果申请人的国籍和居所分属于不同缔约国，可以由申请人从中选择一个国家局作为国际申请的受理局。

二是需要注意不同的受理局有不同的官方语言要求，中国国家知识产权局接受两种语言：中文、英文。PCT申请文本也有格式和内容要求，大部分内容与中国《专利法》的相关规定类似，但也存在一些区别，例如，在递交国际申请时，需要至少包括下列项目：

①说明是作为国际申请提出的，只要申请人使用国际局统一制定的请求书PCT/RO/101表，该表上会有这样一段话，"下列签字人请求按照专利合作条约的规定处理本国际申请"，那么该项要求就得到满足。

②至少指定一个缔约国；

③写明申请人的姓名或名称；

④说明书；

⑤权利要求书❷。

（3）在最早申请日起算16个月内，由国际局认可的国际检索单位会发出国际检索报

---

❶ http://www.sipo.gov.cn/ztzl/ywzt/pct/jczs/200804/t20080411_374616.html

❷ http://www.sipo.gov.cn/ztzl/ywzt/pct/jczs/200804/t20080411_374616.html

告。国际检索报告主要关注专利申请的新颖性和创造性,一般来讲,国际检索报告会给出与这个专利申请相关的对比文件,分为 A、X、Y 三类。A 类对比文件是与申请相关的文件,但是并不影响专利申请的新颖性和创造性;X 类文件是指有可能影响新颖性的对比文件,Y 类文件是指有可能影响创造性的文件。

当前国际局认可的国际检索单位分别为:

AT	Austrian Patent Office
AU	Australian Patent Office
BR	National Institute of Industrial Property(Brazil)
CA	Canadian Intellectual Property Office
CN	State Intellectual Property Office of the People's Republic of China
EP	European Patent Office(EPO)
ES	Spanish Patent and Trademark Office
FI	National Board of Patents and Registration of Finland
IL	Israel Patent Office
JP	Japan Patent Office
KR	Korean Intellectual Property Office
RU	Federal Service for Intellectual Property, Patents and Trademarks(Russian Federation)
SE	Swedish Patent and Registration Office
US	United States Patent and Trademark Office(USPTO)
XN	Nordic Patent Institute❶

> 小贴士:国际检索报告还是很有价值的,你可以针对国际检索报告中的这几类对比文件进行分析,自己对专利的新颖性、创造性进行评价;评价结果可以使你更好地决定是否进入其他国家,以及进入哪些国家。

(4)在最早申请日起第 18 个月,国际局会把你的申请予以公开,此时所有人都可以看到你的专利申请文件。

(5)根据申请人的要求,在最早申请日起第 28 个月时,国际初步审查单位会对你所提交的专利进行国际初步审查。

> 小贴士:与国际检索报告类似,国际初步审查的结果对你判断这件专利授权前景非常有帮助。

(6)在最早申请 30 个月内,你需要把专利申请递交到你想布局的国家。

与巴黎公约申请类似,PTC 申请程序也需要注意的地方有三点:

①一般情况下,需要有一个在先的"国家申请",以中国为例,想利用 PCT 申请程序到其他国家申请专利,最好在中国先申请一个专利;虽然在实践中,你可以直接向中国国家知识产权局提交 PCT 申请,但是因为存在以下两个原因,一般不建议这样操作:

a PCT 申请的费用高于国内申请,如果最终这件专利并没有进入其他国家,则你的花费就会多一些,这种情况下,直接申请国内更节约费用。

b 如果你先申请国内,在 12 个月内再申请 PCT,在这个时间段内你发现专利撰写存

---

❶ http://www.wipo.int/pct/en/access/isa_ipea_agreements.html

在不足,则还可以进行修改,如果你直接申请了PCT,则意味着少了一次修改的机会。

  小贴士:如果你第2)种情况真的发生了,例如你确信这个专利会申请很多国家,所以直接申请了PCT,但是在12个月内真的发现专利撰写存在问题,想进行修改,还是有操作途径的:你可以再申请一个PCT专利,要求原先PCT申请的优先权,这个时候可以对专利撰写方面做出修改,当然这样的操作实质上会多花费用,万不得已我们不建议使用。

② 要注意12个月期限,对于1件国内申请,想要利用PCT申请程序向国外申请专利,则在中国申请的最早申请日后12个月内要完成向PCT受理局的递交,但是与巴黎公约不同的是,在这期间,你不需要确定要申请哪些国家,可以先简单指定一些国家即可。还有一点,如果你的专利撰写非常棒,不需要修改,则你可以照搬国内的专利说明书、权利要求书、摘要、摘要附图等,因为中国PCT受理局接受中文的文本。

③ 在30个月内提交国外申请时,针对你想进入的国家,要根据这个国家的要求完成申请文件的准备。以美国为例,你需要完成文本的翻译,如果专利权属于企业,还需要提供转让声明等。这些要求因国家而异,需要逐个进行准备工作。

通过本节以上内容可以知道,巴黎公约途径和PCT途径仅仅是一个过程或者说一个"道路",这两个程序本身并不直接得到具体国家的专利申请和授权,所以我们从来不提巴黎公约程序的授权,PCT申请的授权这两个概念。

❀ 如何选择通往"罗马"的路

看了前面的内容,你肯定会有一个疑问,现在存在两条路可以向国外申请专利,那我到底选择哪条路呢?这事说难也不难,只要根据巴黎公约和PCT的特点结合具体专利的实际情况选择即可。

对这两种途径的特点简单总结如表8-1:

表8-1

项目	巴黎公约	PCT	总结
费用	本身不产生费用	会有一定费用发生,以中国为例,多于国内申请的费用	PCT费用高于巴黎公约
进入具体国家的期限	12个月	30个月	PCT给予的期限更长
授权速度	与其他国家的直接申请一致	与其他国家的直接申请一致	如果在PCT途径的30个月时才进入国家,则授权时间会晚于利用巴黎公约(12个月)进入国家的专利
文本限制	必须适用拟进入国家的官方要求,例如国内申请为中国专利,需要进入美国,则必须翻译为英文文本并准备相关文件	可以先用中文文本递交PCT申请,但是在30个月内进入国家时,必须按照拟进入国家的官方要求完成申请文件的准备	从准备相关官方文本的时限来讲,PCT的期限更长(30个月),巴黎公约仅仅有12个月

根据以上的总结,我们可以发现,PCT申请存在一定费用,但是可以获得更多的宽限期来准备文本、来决定需要进入的国家;同时,如果你充分利用了PCT的期限,则意

味着授权时间会延迟。

根据我们的经验，我们认为，如果你在申请国内专利的时候已经明确这个专利需要进入其他国家，并且专利撰写质量有保障，专利稳定性有保障，则可以选择巴黎公约在 12 个月内就进入具体的国家（12 个月也足够准备相关文件）；如果你在申请国内专利的时候，对于这件专利的国外申请还存在很多不确定性，在 12 个月内不确定性仍然存在，则可以选择 PCT 程序，利用 PCT 程序"带来"的 30 个月期限决定需要进入的国家、准备相关文本。

> 小贴士：也许你会问，如果同时选在这两种途径是否可以？这是可以的，对于确定的国家，可以直接利用巴黎公约进入；对于存在不确定性的地方，可以在 PCT 程序"带来"的 30 个月期限内决定。当然，这样做需要付出更多的经费和人力，只有对于特别重要的专利才建议这样操作。

❋ 走完巴黎公约程序或者 PCT 程序后还需要做的工作

我们先明确的告诉你，前面介绍的 PCT 和巴黎公约的基本程序，对于你希望在其他国家申请专利并获得授权的目的来讲，仅仅是开始，后面需要做的工作还有很多！

不管你是选择 PCT 程序还是选择巴黎公约程序进入其他国家，你都需要准备满足其他国家《专利法》要求的文本，并且在其他国家专利机构完成实质审查并且认定满足授权条件之后，才算基本完成在其他国家的专利申请和授权工作。

以上内容的含义听起来比较拗口，我们举一个简单的例子来说明一下：

例如你在北京工作，需要到莫斯科谈判并签署合同。

我们可以把这个事情分为三个步骤：

（1）到达莫斯科；

（2）谈判；

（3）签署合同。

如何到达莫斯科？当然有很多途径：可以坐飞机、火车、汽车，甚至你愿意的话，可以骑自行车，走路都可以。你首先要做的是根据你的具体情况选择一个途径；选定一个途径之后，你需要做的就是根据这个途径的要求来准备相关工作，例如如果选择坐飞机则需要买飞机票，接着按照所选定的途径达到莫斯科。

当然，到达莫斯科只是完成第一步，而后还需要进行谈判，与合同的另外一个签署方进行反复的沟通，在双方互相理解并妥协后，签署合同。

对比这个例子，我们可以把"到莫斯科谈判并签署合同"视为在国外申请专利并获得授权；那么"巴黎公约"程序和"PCT"程序相当于为了到达莫斯科而可被选择的途径；"买飞机票"相当于选择一种程序而需要做的准备工作；到达莫斯科就相当于我们已经在其他国家提出了申请；进行谈判的过程就类似于我们接受其他国家的专利审查机构的审查并且进行答复的工作；签署合同就类似于我们申请的专利经过审查后获得了授权。

通过以上例子，你就可以知道，巴黎公约程序、PCT 程序本身仅仅是开始，要想获得真正的专利权利需要在其他具体的国家进行申请和授权工作，简单的说，你需要把在中国专利局做的工作再来一遍。

第8章 专利的国际化

在这我们要先声明一下，尽管其他国家关于《专利法》的规定与中国有很多类似，但是各个国家仍然存在不少区别，任何一个国家的相关知识都需要几本书来介绍，本书不涉及在其他国家申请专利并且获得授权的相关内容。但是，如何产出一个好的专利，以及专利获得授权的基本要求仍然是一致的。

❈ 这些工作都要自己来做吗

本章以上关于巴黎公约和PCT相关内容仅仅是程序上的要求，并没有涉及实质内容，而且非常重要的是本书并没有介绍其他国家《专利法》的程序规定和实质性规定。如果你对专利的认识仅仅来自于本书，那么就是你想做这些工作也做不下来啊！

但是，关于这个事情你一点都不用担心，你可以委托外部专业的专利代理机构来协助你完成！

其实在前面我们曾经反复强调过这一点，术业有专攻，何况专利工作本身就是很专业、很复杂的工作，本书介绍的内容也仅仅是很少的一部分，所以我们还是建议你委托外部机构来进行相关工作。

> 小贴士：对于国外申请，部分国家要求必须聘请本国的专利代理人来进行相关工作，这种情况下，当然需要外部资源的支持了。

通过本章介绍，使你初步理解了向国外申请专利的必要性以及如何确定需要申请专利的国家，同时，也初步介绍了向国外申请专利的途径和相关基本知识；虽然要付出额外的财力和人力，但是为了获得更多的专利收益，国外专利申请是必要的；在具体工作中，我们还是建议与专业的专利代理机构一起共同完成专利的国外申请和授权。

第三篇：运用专利

大家都知道，我们产出专利、维护专利、拥有专利的终极目的是使用专利，就好像挣钱是为了花钱。想要充分的使用专利当然要了解它，掌握其特点才可以，就好像战士开火之前要充分了解自己的武器。这一篇就是想让大家对专利这个武器本身以及专利武器的使用有一个基本的了解。

一般情况大家看到"使用专利"首先想到的是使用专利所涉及的技术，这是"使用专利"的最基本含义，但是如果你仅仅知道"使用专利"，那你就已经"out"了，现在专利圈用的最多的是"运营专利"，它包括专利的使用，包括专利的转让、许可、投资、抵押等与运营相关的所有情况。一句话，"运营专利"就是完完全全把专利作为资产来看待，去运作并获得收益。本书的编者都是专利领域的资深人士，在正式场合，我们都会说"运营专利"。

第9章　专利的运用

有人的地方，就有恩怨；恩恩怨怨，是为江湖。长生剑，离别钩，演绎出种种悲欢离合。在商战江湖中，专利往往是一把致命的武器。

9.1　进攻

专利是一种"禁止权"，这一点其实并不稀奇。所有的财产权都是一种禁止权。比如你有一个番茄，你当然可以禁止别人拿你的番茄来扔向一个无辜的路人。但你不能禁止其他人用其他番茄来打他/她（它）。但如果你有一种生产番茄的方法专利，你可以禁止被人用这种方法来生产番茄——当然，如果还有其他生产番茄的方法，你也没法禁止。但如果只有一种，那恭喜你，你赚到了，你能够掌握所有的番茄市场了！

利用专利的禁止权，将竞争对手驱逐出市场，从而为自己的产品打开销路，这是一种最为传统的利用专利的方法。

❈ 因为专利，柯达公司折戟即时成像市场

当你徜徉在天安门广场、颐和园、天坛、长城，想必你对于很多经营拍照留念的商贩记忆犹新。照相者一按钮，一张纸从相机下部推送出来。照相者用指尖夹着抖一抖，天冷的话还得拿在咯吱窝里捂一捂，你的靓照就完成了。

这种照相机采用的就是即时成像照技术。这项技术由美国宝丽来公司开发，而宝丽来公司的兴衰与这项技术也是密不可分的。宝丽来公司于1937年由艾德温·兰德和乔治·威尔怀特所创立，10年之后即发明了这项技术。而到1963年，宝丽来发明的即时成像彩色照相和可在60秒内立即显影的彩色胶片，并且研制成功连续拍摄的插盒式即时成像照相机。这一系列的技术创新，让宝丽来抢占了照相市场的极大份额，使得宝丽来取得与老牌对手柯达和施乐平起平坐的地位。

而胶卷成像技术的先驱柯达在1960年前后才开始研制即时成像相机，并花了940万美元来完善这个系统，以寄希望于与宝丽来在这一市场上一决雌雄。可惜，不是我们不聪明，只是敌人太狡猾，随着1972年宝丽来推出世界上第一台可直接"吐出自印相片"的SX-70型单镜头反光照相机，柯达被迫放弃了之前的项目。因此，在1976年以前宝丽来公司一直垄断即时成像照相系统的生产。

1976年，柯达公司终止了数十年来和宝丽来的亲密合作关系，正式向宝丽来宣战。柯达宣布推出自己的即时成像相机，一举打破了宝丽来公司近30年的独家垄断。由于柯达公司的介入使得市场竞争增强，消费者高兴了，但宝丽来的利润却大大下降，甚至不得不以低于成本的价格出售一些型号的相机。

柯达的行为惹怒了宝丽来。1976年，宝丽来公司正式向法院提起诉讼，状告柯达

公司侵犯其瞬时相机和胶卷的专利权。这场旷日持久的官司打了有 14 年之久,不过结果也是惊人的。1990 年 10 月 12 日,法官大卫·马佐宣布:柯达公司侵犯宝丽来公司即时相机及胶卷的专利权,赔偿宝丽来公司 9.095 亿美元。这一判决金额创下了当时专利侵权赔偿额的世界纪录。柯达受此一刀,失血过多,最终不得不彻底退出了即时成像市场。❶

专利的禁止权使得专利往往带着垄断的色彩。前面我们分享的案例就非常明显,权利人可以利用专利来驱逐竞争对手,之后市场上就只剩下它一家供应商,消费者不再有其他选择。

❄ 移动互联网,三星、苹果逐鹿专利舞台

如果你还自认为能跟上时代的话,那么移动互联网这个江湖,你一定不会陌生。这是一个硝烟弥漫的领域,卖手机的,卖上网本的,卖游戏币的,卖充值卡的,卖广告的,各路英雄张牙舞爪,让人眼花缭乱。但真正的大侠却是掌握着移动互联网命脉——操作系统的两位:苹果和谷歌。苹果的 iOS 自其诞生以来便一骑绝尘,搭载在颠覆性的产品——iPhone 上,市场份额节节攀升。而谷歌推出其 Android 系统,该系统也同样成功,且在一步步地抢夺 iOS 的市场份额,在刚上市前 12 个月内其市场份额就由最初的 0.5% 迅速攀升至 3.9%。苹果坐不住了,但谷歌自己也不做手机。那就先找几个出头鸟练练枪吧。

于是 2010 年 3 月上旬,苹果公司起诉宏达国际电子股份有限公司(HTC),控告其非法使用 20 项专利,涉及用户接口、基础构架、硬件等。苹果这"一石二鸟"的攻击,引起业界一片哗然,因为这意味着移动互联网的专利大战正式打响。这次诉讼中被苹果直接点名的 HTC 的 12 款手机中,有 5 款采用了 Android 操作系统。Apple 的意图不可谓不明显。

借由对 HTC 的诉讼,一方面可以打压 HTC 逐渐打开的美国市场,另一方面也可以起到警告 Google 的作用。而且因为众多手机厂商都开始使用 Android 系统,如若 Apple 成功控告 HTC,最大的损失者不是 HTC,反是 Google。

之后,苹果还对三星的 Android 发起了专利攻击。苹果与三星之间你来我往,成就了一场更大的战役。

这些战役对 Android 的发展造成了极为负面的影响。因为谷歌的盟友们突然发现 Android 并不是免费的,仍然需要支付专利费,而专利费到底是多少呢?完全不可预测。这给 Android 支持者们蒙上了一层心理阴影。❷

不过,移动互联网江湖的诡异之处,在于很难有人能完全依靠专利将竞争对手至于死地。对这一点,我们将在下一节中再进一步解说。

2010 年 5 月 20 日,原本是一家名为"河南新大新材料股份有限公司"在创业板上市的日子。这是一家生产晶硅片切割刃料的公司。如果其成功上市融资,将拉大与其竞争对手的差距。河南新大公司料想到了会有各种力量阻碍其上市之路,但没有想到的是,这些

---

❶ 案例来源:马秀山,《两虎相争——柯达与宝丽来的专利之战》,中国民营科技与经济,1997 年 21 期

❷ 案例来源:http://eshare.stut.edu.tw/EshareFile/2010_5/2010_5_f618431e.ppt

力量会如此强大，将其上市的梦想彻底给击碎了。

2010年3月25日，河南醒狮向证监会创业板发审委举报，称新大新材招股说明书中"本公司主营业务为晶硅片切割刃料的生产和销售"及其相关技术涉嫌侵犯河南醒狮公司"半导体材料线切割专用刃料"国家发明专利。举报主要内容："刃料"是河南醒狮公司独有、发明的一种新材料名称，对于这种产品，目前国际国内仅有河南醒狮具有独特的生产技术和专用设备，以及专有原料，自主标准。河南醒狮公司对该产品及其名称和技术、设备均拥有国家发明专利和实用新型专利，因此"刃料"未经公司授权、许可，任何人不得生产、实用、销售，更不能进行类似仿冒。

事情并没有结束。为了显示其所言不虚，河南醒狮一不做二不休，于2010年5月5日，以专利侵权为由，一纸诉状将河南新大公司告上法庭。

但河南新大公司的噩梦并没有结束。2010年，醒狮公司直接致信中国证监会主席尚福林，言辞激烈，"恳切要求中国证监会重视我们连续实名举报，实行独立核查……在查清事实基础上，将造假、污染企业清除出创业板，保证创业板健康发展。我们愿全力配合调查核实工作。如此次举报仍无结果，新大新公司如其所称在5月20日于深圳创业板上市，我们将秉持中国自主创新型高新技术企业的坚定信念同资本市场上一切违规、违法的恶势力斗争到底，不排除必要时对证券监管机构提起行政诉讼。"

由于其产品的单一性，如果侵权被认定属实，将使得河南新大公司无法继续开展其主要业务。最终，河南新大公司面对强大的舆论压力与市场质疑，不得不选择向深圳证交所申请暂缓上市。❶

出其不意，攻其不备。在其即将上市的节骨眼上，突然发难，这招可谓是稳、准、狠。即使新大公司仍然坚持上市，受如此负面消息的影响，其股票的认购情况，估计也只能用一个惨字来形容。而对于新大公司来说，产品结构过于单一，是其无法抵抗这一专利突袭的主要原因。

9.2 防御

拥有专利的人可以用它来进攻，将对手赶出市场。但若你不幸地成为了那个"对手"，也不要惊慌，这时候如果你也拥有强大的专利组合，它们会为你形成一个强大的防御体系，为你抵御竞争对手的强大专利攻势。

❋ 高通诺基亚专利大战何时休

在专利圈，尤其是通信行业的专利圈，高通公司是个传奇。技术专利化，专利标准化，标准商业化，再利用专利许可获得收益，这一商业模式被高通玩得炉火纯青。

从20世纪90年代初以来，诺基亚已向高通缴纳了超过10亿美元的专利费。为此，诺基亚很是郁闷。与高通签署的专利授权协议在2007年4月到期后，诺基亚拒绝按照原有协议续签。

这种行为惹怒了高通，于是向法院提起诉讼，指控诺基亚的GSM/GPRS/EDGE手机

---

❶ 案例来源 http://finance.sina.com.cn/focus/IPO23-XDXC/index.shtml

侵犯了高通多项基于 GSM 平台运行的手机技术专利权，并要求法院下令禁止诺基亚继续销售侵权手机，同时要求对已出售的手机，给予相应的赔偿。除此之外，高通还在美国国际贸易委员会以及英国，法国，德国和意大利的法院对诺基亚公司提出了一系列专利侵权诉讼。

你有张良计，我有过墙梯。诺基亚随即在地方法院就高通专利侵权之诉提起反诉，称高通未经授权擅自使用了其研发的可快速高效地向无线用户传输音频和视频的 Brew 和 MediaFLO 专利技术，并要求高通赔偿其损失，同时禁止高通公司销售其芯片组。2007 年 8 月，诺基亚再度请求美国国际贸易委员会（ITC）禁止高通芯片组的进口，理由是这些产品侵犯了诺基亚的 5 项专利，涉及无线通信设备性能和效率、确保低成本生产、缩小产品体积以及提高电池寿命等方面的技术。

这些反诉有力反击了高通的态势，两家到最后都在想，那还折腾个啥，谈和解吧。最终，双方签署了一份为期 15 年的专利交叉许可协议。按照协议，诺基亚、诺基亚西门子公司可以在其设备中使用高通公司所有专利。此外，诺基亚同意不利用其任何自有专利直接对抗高通，使高通公司可以在其芯片中集成诺基亚的技术。不仅如此，高通还要向诺基亚支付专利权使用费。一场长达 1 年、累计多达 15 起诉讼官司的专利之战总算落下帷幕。❶

有时候，专利实在是一把双刃剑，它既是进攻之矛，又是防御之盾。具有成本优势的新兴企业，如何防止市场上传统的大佬将其赶出市场？"以专利制专利"是一条重要战略。企业有了核心技术专利，一方面，就像有了自由出入的令牌，可以用以制衡竞争对手。另一方面，面对新兴厂商大量的专利储备，竞争对手也自然投鼠忌器，杀敌一千，自损五百，这笔账着实得算上一算。

❉ 夏普和三星，液晶电池的战场谁更强

夏普和三星都是全球液晶电视制造商的巨头，但谁都不能称霸。这种竞争关系一直持续，2007 年，双方的竞争上升到专利层面，开始互相指责对方侵犯自己的专利。夏普公司首先发难，在美国德克萨斯法院提起诉讼，状告三星电子的 LCD 产品侵犯了夏普公司的 5 项专利。面对这家日本公司淋漓的攻势，太极虎当然不会坐以待毙，随后便提起反诉，状告夏普的 LCD 面板当中侵犯了三星广角技术的专利权。

此后，双方你来我往，战火从美国一直蔓延到亚洲和欧洲，长达两年的专利纠纷中，双方先后在日本、韩国、美国和欧洲打了 21 场官司，不仅涉及液晶电视方面的专利，还包括移动终端、液晶显示器等相关专利技术。

夏普更是先声夺人，一件一件专利杀将过去，专利之剑舞得是花枝招展；而三星这么多年的专利积累也不是吃素的，矛盾相击，任何一方想轻易占到对方便宜也不是件容易的事，在已经有结果的 7 项诉讼中，夏普胜诉 5 起，三星胜诉 2 起，并逐渐形成拉锯战。

最终，任何夏普发现不可能完全依靠专利将对方赶出市场，于是趁三星主动求和之际，借驴下坡，见好就收，在 2010 年 2 月 5 日与三星签署了一项和解协议，同意就液

---

❶ 案例来源：http://comm.ccidnet.com/qualnokia/

晶显示器面板和模块相关技术达成交叉许可交易，并将所有专利侵权纠纷官司迅速撤销。

在这项协议中，虽然三星需向夏普支付一定的许可费，但总算市场保住了。❶

通过前面两个案例的分享，我们看到了专利作为一种防御工具为权利人的商业竞争起到的巨大战略作用，这种作用是在实际诉讼、谈判中体现出来的。

有时候仅仅因为你拥有一个庞大数量的专利组合，就足以威慑竞争对手，不敢轻易向你发动进攻。这在技术密集型的产业中体现得尤为明显。因为对于这种产业的竞争者来说，一个产品用到的技术实在是太多了，而相关的专业也实在太多了。在你打击竞争对手的同时，难以保证你的产品不会侵犯到竞争对手的专利。

所以，如果你拥有一个庞大的专利群，除非是竞争对手在市场上被你逼的无路可走了，否则不敢轻易向你发动攻击。

> 小贴士：电信市场就是一种典型。在电信市场上某个专利权人的竞争者，也同时是专利权人，双方角色可以互换，互相可以利用专利制衡对方，可以"明示的方式签署一份 IPR 的交叉许可协议，或者以默示的方式即'你不找我的麻烦，我也不去找你的麻烦'，来达成一种平衡"。

但是别忘了，大规模的专利军备，始终是有钱人的游戏。你需要聘请大规模的研发团队、专利律师团队来为你进行军备。有钱的大佬们当然玩得起，可对于一些不那么有钱的中佬或者小佬们，该如何迅速获得一个数量庞大的专利组合呢？"众人拾柴火焰高"、"人多力量大"的朴素无产阶级思想，又要在这里光芒四射了。

❀ 中彩联，抱起来也能取暖

向来以贸易自由自居的美国开始执行一项足以使整个中国彩电行业震惊的政策：自 2007 年 3 月 1 日起，出口到美国市场的电视必须是数字电视，并且必须符合 ATSC 标准。这一强制性标准出台之时，包括朗讯、真力时、汤姆逊、索尼在内的多家 ATSC 专利所有人开始向中国彩电企业发出具体的 ATSC 专利清单，要求其支付专利费用。同一年，欧洲 DVB－T 标准的专利权人也陆续发函给数字电视制造商长虹、康佳等公司，要求这些企业就每个使用 DVB－T 专利的产品支付专利费，并且付费周期要回溯 7 年，即从 2000 年开始制造的产品都要支付专利使用费。

靠企业的孤军奋战是不行的，必须联合起来，一致对外。

2007 年 3 月，TCL、长虹、康佳、创维、海信、海尔、厦华、上广电、新科、夏新十家国内彩电业巨头各出资 100 万元，各占 10% 股份，注册成立"深圳市中彩联科技有限公司"，这是一家专门负责成员企业与美国数字电视专利权持有人进行知识产权谈判的公司，实际上，其主要任务就是抱团进行专利预警，拒绝国外一些不合理的专利费用收取，并且期望能够集中各成员的专利，在未来的诉讼中一方有难，八方支援。

抱团作战是颇有成效的，在"抱团"的数年时间里，国外专利权人对中彩联各股东企

---

❶ 案例来源：http://finance.qq.com/a/20100210/004693.htm

业的专利费，已从每台41美元的最初报价，大降至28美元。❶

李宗吾先生在其《厚黑学》中讲道："我们从历史上研究，得出一种公例：'凡是列国纷争之际，弱国唯一的方法，是纠合众弱国，攻打强国。'任何第一流政治家，如管仲、诸葛武侯诸人，第一流谋臣策士，如张良、陈平诸人，都只有走这一条路，已成了历史上的定例。"应当说，中国彩电企业的抱团探索行为，已经成为国内众多企业应对国际专利危机的一个成功范例。

你有没有为中彩联的巨大胜利而欢欣鼓舞？在欢欣鼓舞的同时，有没有觉得作者在这里引用这个案例，好像有些跑题了？我们不是在讲专利的防御作用吗？中彩联这个案例，没看到专利有什么防御作用呀！他们的成功来源于集体谈判带来的优势，和专利无关！

我们在这里分享这个案例，是因为中彩联曾经设想能够建立一种机制，将大家的专利集中起来，形成一个专利弹药库。任何一个成员受到攻击时，都可以从这个弹药库中拿出专利（即使不是他自己的专利）来进行反击。但他们的这种想法并没有实现。法律架构的设计还是其次，各成员间在商业安排上难以协调，才是主要原因。一个逻辑悖论是：如果我真有好专利，我凭什么要拿给我的竞争对手去进行防御？可是如果加入的成员都没有什么好专利，这个弹药库还有什么用？

不过产业界对这种联合防御机制的探索，从来没有停歇过。相信聪明的人们，终会设计出一个合理的机制来。也许，这个难题会由你来解决？

❋ 你了解专利池吗

这里我们介绍一些国际上比较有名的联合防御机制。

AST：2008年，威瑞森、谷歌、思科、爱立信与惠普等决定成立"企业安全联盟"（Allied Security Trust，简称AST）自保，以避免成为他人兴讼的目标。新组成的企业安全联盟的目的抢在对手一步前买下关键知识产权，以让敌方无法利用专利权对他们兴讼。加入该联盟的会员须支付约25万美元，之后再提供约500万美元的担保金，作为未来专利权收购的资金来源，用于购买专利。AST成员公司会在授予自身非排他性的核心技术专利后，出售他们所收购的专利（图9-1）。

AST目前的成员有（中讯、爱立信、惠普、国际商业机器公司、英特尔、摩托罗拉、甲骨文公司、飞利浦、黑莓公司、威瑞森）；该联盟通过如下图示的三项措施来确保成员企业的知识产权风险为最低。

```
        （企业安全联盟）
       ／     ｜      ＼
（获取模型）（许可模型）（剥离过程）
```

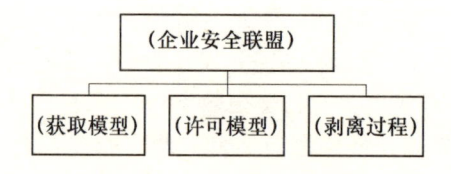

图9-1 AST组织结构

通过购买模式买入相关专利，通过许可模式向许可至成员或非成员企业，通过资产剥

---

❶ 案例来源 http：//nf.nfdaily.cn/epaper/21cn/content/20100129/ArticelJ19003FM.htm

离程序保证 AST 自身不持有专利。

其中，AST 的核心在于按照成员的需求购买到满足会员需求的专利，初步了解购买的专利的流程如图 9-2：

获取并分类专利来源 ⇨ 征求和接受内部出价 ⇨ 联系卖家 ⇨ 购买专利 ⇨ 评估许可

图 9-2　购买专利流程

总的运营模式见图 9-3：

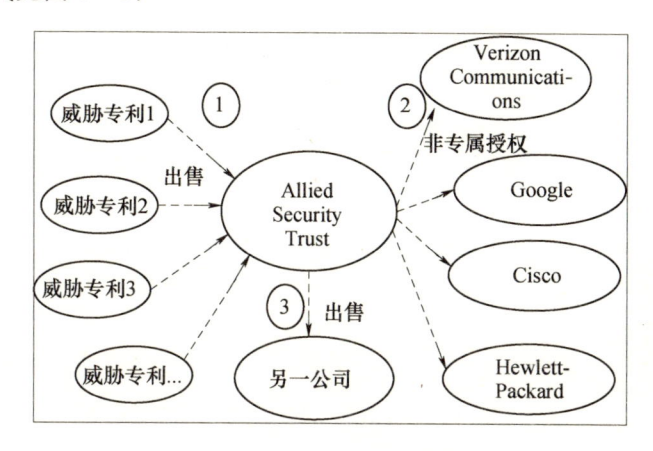

图 9-3　AST 运营模式

其特点在于：
(1) 将购买、许可与专利剥离过程完全分开；
(2) 许可方式多样且灵活，根据成员需求决定。
仅服务于会员公司。

RPX：RPX 是一家独立的公司，具有专利防御联盟的性质，通过向会员企业收取会费，用于以防御为目的专利购买，并给会员企业提供免费许可，LG 电子、三星电子等已加入这一联盟。

RPX 会员每年的年费根据会员企业的大小和需求不同从 4 万美金到 520 万美金不等。截至目前，RTX 已经有 65 个成员加入，作为一家"专利收购服务公司"，RPX 将购买专利，以防止 NPE 购买而影响企业运作。

RPX 将独资购买可能会被 NPE 购买并据以提出侵权诉讼的专利。接着，企业需支付年费以取得专利授权与会员权利。企业的营业收入决定年费多寡，企业如果确定自己会长期使用该专利，可以选择一次付清会费。并且该公司专注于 IT、软件、电子商务、行动通讯、网络与消费性电子产品的专利。众所周知，这些领域是 NPEs 重点关注的领域。

RPX 的模式在于，它与防御性专利池不同，RPX 不要求成员对参与专利购买等事务，这样避免了成员的许多潜在的风险。RPX 不会将这些专利应用在商品上，也不会坚持利用他们来对付其他公司。RPX 将会从专利授权与销售专利来获取收入。

9.3 另一种防御

前面我们讲了联合防御是一个在设计上还没有实现的难题。但有一种防御措施，却是很容易实现，而且甚至已经有了不少实践了。这种防御我们姑且叫做帮忙防御。

> **案例**：甲公司和乙公司是竞争对手。乙有一天突然看甲不顺眼，于是以专利起诉之。甲属于典型中国爆发户型企业，光有钱，没专利。从天而降公司丙，将自己专利给甲用以抵御外侮，或者丙好事做到底，直接以其专利起诉乙，帮甲解围。当然，你不要以为丙是做慈善，这里面甲肯定是要给丙好处的。
>
> 乙：好小子，你有种，敢去帮甲。你等着，我找到你产品侵犯我专利的证据，我就马上告你！
>
> 丙：我不怕，我司不做产品。
>
> 乙：不做产品，总要做服务吧！我也有很多服务的专利哦！哈哈哈哈。
>
> 丙：对不起，我也不做服务。
>
> 乙：好吧，你赢了。

案例中的丙就是我们这一节讲的怪侠/怪盗。专利界对他们有一个专门的术语，叫做 Patent Troll，很多中国人把这个词翻译成"专利怪物"；有些人觉得"怪物"这个词容易让人想到可爱的怪物史莱克，这也太抬举他们了，不好。于是他们将这个词翻译成"专利流氓"，甚至"专利蟑螂"——虽然你查任何词典，也看不出这个词和蟑螂之间有什么关系。在英文，"troll"确实是个贬义词，意指一种丑陋的怪兽。他们躲在桥底下，待有小孩从桥上过时，突然跳出来把他们吃掉。

随着人们对 Patent Troll 的认识更加回归理性，有一个新的名词被创造出来，叫做 Non-Practicing Entity（NPE），就是那些手中握有专利，但却不做产品，不实施专利的公司。这些公司不依靠产品赚钱，而是依靠手中的专利赚钱。本书从中立角度出发，下面还是用 NPE 来称呼这些怪侠/怪盗们吧。

很多传统的制造型企业，尤其是信息和电信领域的企业，之所以对 NPE 恨之入骨，是因为他们已经习惯了的解决专利问题的方法，突然不管用了。正如本书前面谈到的，电信业的大佬们习惯了那种"你中有我，我中有你"的暧昧关系。你的产品用了我的专利，我的产品也用了你的专利，大家互相不攻击，老老实实卖产品。但 NPE 的出现打破了这一点。你中有我，但我中没你。NPE 根本就不做产品。

NPE 其实也有不同的模式。从货源上讲，有的是自己做研发；有的是买别人的技术或者专利；有的是自己又做又买。从渠道上讲，大部分还是依靠收许可费赚钱；也有些公司会将专利卖出去，或者靠帮人打抱不平赚钱。总之是模式多多，只有想不到，没有做不到。

最为有名的一家 NPE 叫做"高智"，由美国人创建。他们通过资本的运作来实现发明创造的产业化。高智模式的基本逻辑是通过为专利构建一个资本市场，使得它们能够流动起来，流动通过交易来完成，而交易则带来利润，从而吸引来自私人领域的投资发明创造。（想一想，我们现在大部分的专利其实都沉睡在发明人手中）。

9.4 熟悉专利规则决定成败

前面和大家分享了很多的案例，体现了形形色色的对专利的利用方法。其实利用专利还有很多的途径，限于篇幅和我们的视野，我们无法一一列举。通过这些案例，我们想告诉大家的是，专利这种无形财产的运作，有着它自身的法律规则。在市场竞争中，基于这些规则可以衍生出很多的商业模式，或者专利的使用模式。因此，熟悉这些规则，以及你所处的市场环境，在很大程度上决定了竞争的胜败。

假设你准备成为一个手机制造者为人们提供质高价廉的通讯工具。你遵纪守法，要求自己的经营行为完全符合法律的规定，其中当然包括不侵犯他人的专利权。你当然不会愚蠢到认为手机和100年前的电灯泡一样，专利被掌握在一个极其聪明的发明人手中。可能会有专利涉及手机的基本结构；手机中采用的通信标准可能也受到专利保护；还有手机的摄像头、键盘、触摸屏、听筒、电路、芯片等部件，以及彩信、短信、电子邮件、解锁方式等业务和流程，都可能涉及别人的专利。

那么你需要怎么做呢？首先你需要将这些可能涉及的技术进行分解，然后对每个技术点进行详细的检索（如果你打算把手机在全球进行销售，还得检索那些有专利制度的国家的专利库），经过层层筛选、比对权利要求，找出涉及的专利，这即是所谓的"专利分析"；一般而言，你可能会发现你必须使用的专利数有数千个。接下来，你需要与这些专利权人（往往是数百个）一一进行联系、协商，以获得他们的许可。你要做好心理准备，他们中有的人固执无比，即使你出再多的钱，他们都可能拒绝许可。他们当然有权这么做，因为法律赋予他们禁止权。但任何一个拒绝，都将可能使你的手机生意被迫搁浅。

假设他们都同意了许可，你们达成了协议（事实情况是，这几乎是不可能的），你在专利分析、许可谈判中花费的大量时间和金钱总算没有白费。于是你开始生产手机并销售。

但很可能有一天一个专利权人突然找到你，说你的手机侵犯了他的专利，并要求你进行巨额赔偿或者直接命令你停止生产。这可能是因为你在专利分析时对技术点的划分还不够细，或者专利检索的关键词设计不恰当，导致专利检索有遗漏；也可能是因为在你进行专利分析时，这个专利尚未公开；甚至可能这个专利你曾经检索到，但你对权利要求进行解释后认为，你的手机不会侵犯这个专利，而专利权人（以及法官）却采取了另一种解释。

你觉得委屈无比。但没办法，这就是现在的法律，这就是信息和通信产业（ICT）的现实。在这个产业中充斥着海水般的专利，这个产业中每一个产品都使用了成千上万项专利技术。要准确确定每一件专利是不可能的，要获得每一件的许可是不可能的，因此要守法，也是不可能的。人们只能尽力而为，并采取诸如交叉许可、专利池等方式，在一定程度上缓解主要矛盾或增加专利问题的透明度。但无论如何，ICT行业中的每一件产品，都被专利的幽灵所威胁着。

前面的例子，并不是要否定专利分析的价值，事实上，专利分析能够帮助你规避掉很多风险。但绝不是全部。这时候，你需要充分利用专利的各种规则，并设计出你自己的专利策略，为你的产品销售保驾护航。例如，真有人拿着专利上门找麻烦，你得知道专利是可能被无效的；你可能还需要提前进行一些专利布局，以用于防御竞争对手的专利攻击；你甚至还可以考虑加入某些防御性质的联盟，组团与NPE就专利问题进行讨价还价⋯⋯

　　总之，专利游戏绝不仅仅是你起诉我，我无效你这样的法律程序，它更多的是一种综合性的策略设计。

第 10 章 专利标准化

第 9 章，我们介绍了专利的一些利用方式。有些是传统的方式，有些是随着市场的发展而产生出来的新方式。

本章，我们特别着重介绍一种专利运用方式：专利标准化。这种方式是电信行业中的一种非常普遍的运用方式，故我们特别向大家介绍一下。另外，专利与技术标准的关系，这是我国知识产权界在 21 世纪第一个十年中非常热点的话题。那些大讨论中所沉淀下的观点和理论，指导着很多公司继续在这条路上奋勇前进。在本章中，我们将为您介绍什么叫专利标准化以及如何靠此盈利。

在此之前，想先告诉您：这是一个相当烧钱的专利运用方式。所以，勿轻易模仿。

> 小贴士：如果从一个更加宏观的层面来观察知识产权运用途径的变化，可以将它分为三种手法。第一种传统手法，就是利用专利的禁止权，你打我一下，我打你一下，这个时候，专利主要是武器；第二种是以高通公司为代表的专利标准化，典型的特征是技术专利化——专利标准化——标准国际化，这个时候，专利主要是一种赚钱的工具；第三种是以高智公司为代表的专利资本化阶段，典型的特征是通过增强专利的流动性来获取利益，这个时候，专利才更多地作为一种财产出现。从法律理论的发展上，对于第一种途径的问题，主要是比较两个东西像不像，这是传统的知识产权法（对此本书在前面已经有所提及）；第二种途径下，开始更宏观地研究专利与竞争法的关系，这是现在的知识产权法（这个问题比较艰涩，鉴于本书不是法律理论书籍，就不再阐述了）；第三种途径下，需要将专利更有机地与民法、商法、金融法等领域结合起来进行研究，这是知识产权法的未来（这个问题本书不阐述）。

从第一种到第三种，越来越复杂，越来越高端，越来越"顶层设计"，也越来越烧钱。

10.1 专利与标准的开始

❋ 什么是标准，秦始皇的贡献

什么是专利，什么是标准，标准与专利有什么关系呢？

让我们回到公元前 221 年，秦始皇统一了中国。在那之前各诸侯国对度量都有自己的一套，并不统一。你在赵国买了 5 斤大米，在齐国可能也就只算 5 两。你在楚国身高 1.8m，在晋国可能身高 5.6m。秦始皇统一中国后，要求各国统一使用秦国的度量衡来进行测算，这就是"标准"。

现在，1m 被定义为"平面电磁波（光）在 1/299 792 458s 的持续时间内在真空中传播行经的长度。"1kg 是一个放在国际计量局水晶台上的用铂（90%）铱（10%）合金制成的、直径和高度均为 39mm 的圆柱体形状的标准砝码，全球说到 1kg 时，指的重量都一样。这些都是"标准"。

再比如，去肯德基吃快餐。一块炸鸡翅抹多少面粉、多少盐，用多少度的油来炸，炸多少分钟，这些肯德基都有严格的规定，以保证每个店每次炸出的鸡翅都是一个味道。这也是一种标准。

国家规定超市里卖的牛奶，每一毫升中必须包含多少的蛋白质、多少脂肪等，这些也是标准。

在电信产业，标准是很重要的。比如中国移动的用户甲，使用三星的手机；中国联通的用户乙，使用 iPhone 手机。甲和乙要通话，那么三星、中国移动、苹果、中国联通都必须遵循某一个标准，这个标准里会规定信号如何发送、信号的格式是什么等，只有这四家都按照这个标准来制造产品、提供通讯服务，甲和乙之间的通信才可能完成。如果各自为阵，那整个电信业可能都没法发展。比如一款手机只能发送两个字节的信号，而中国移动只能接受三个字节的信号，那这款手机的用户就无法使用中国移动的网络。

所以所谓标准，你可以理解成是一套规定，大家都要按照这个规定来做。

按照标准是不是有强制力，可以分为强制标准和非强制标准。注意这里所谓的"强制力"，专门是指国家的强制力，就是国家要求必须这样做，否则会受到惩罚。比如上述关于牛奶的标准，就是强制性的。如果加盟肯德基，肯德基总部肯定会要求按照他们的标准来炸鸡翅，不照做可能就违反了合同，严格来讲这也是有强制力的。但由于这种规定不是直接来源于国家，所以我们一般不把它视为是强制标准。

非强制标准，就是你按不按照标准做国家并不干涉你。只不过在有些时候，你如果不按照标准来做，可能受到商业上的损失。例如，刚才讲到电信行业要互联互通，如果大家都按照一个标准来做，而就你别出心裁，那可能你生产的手机就没法和别人的手机通话，自然消费者就不会买你的。

国家规定某个标准是强制性标准有很多的考虑。例如环境保护、安全、食品卫生等涉及国家公共利益的事项。还有的是出于国家经济利益的考虑。

> **案例：** 在国家 A，汽车制造商都制造采用三个轮子的汽车，他们的产品线也都是生产三个轮子的汽车的。此时有其他国家的汽车制造商向 A 国引进四个轮子的汽车，这将会给 A 国的汽车公司带来额外的竞争压力。尤其是如果消费者更多地选择四轮车，这时他们不得不重新购买生产线，竞争优势下降。此时 A 国政府就可能选择出台一项强制标准，要求 A 国的汽车必须是三轮的。这样将会造成相反的结果：其他国家的四轮汽车没法进入 A 国市场，他们将不得不额外花钱建立三轮车的生产线，竞争优势下降。

可以明显看到，这种强制性标准是会影响到国际自由贸易的。因此 WTO 中，要求各成员国签署《技术壁垒协定》，要求各国承诺，除了环境保护、国家安全、食品卫生等涉

第10章 专利标准化

及国家重大利益的，其他不得设立强制性标准。即使是国家推荐的标准，也应该首先选取国际标准来进行推荐。

> **案例**：丹麦国会于2006年通过了《关于在公共部门的软件中使用开放标准的协议》。对此，丹麦要求公共部门在采购新的软件时，必须使用政府选定的开放标准。2007年，丹麦政府根据《TBT协定》要求向WTO通报了该协议。除丹麦外，荷兰政府、德国慕尼黑市政府、美国马萨诸塞州政府、英国布里斯托市政府等都制定了强制实施开放标准的政策。马来西亚、巴西、南非等也都制定了推广和鼓励适用开放标准的措施。阿根廷和巴西还向世界知识产权组织（WIPO）提交了就开放标准问题开展讨论的提案。在这种情况下，丹麦WTO开放标准通报应该在WTO引起热烈的讨论。然而，WTO对于丹麦开放标准未作任何讨论。我国著名WTO专家安佰生博士认为，丹麦的开放标准政策在WTO内被"忽视"。但中国的相关政策，如无线局域网标准（WAPI）、第三代移动技术标准（3G）和信息安全政策均遭到美、欧、日等成员的质疑。由于TBT协定的模糊，我们无法明确遇见这些纠纷被诉述WTO争端解决之后的结果。中国是目前唯一在WTO内因信息标准政策遭到成员明确质疑的成员。我们有必要加强对《TBT协定》中关于信息技术标准适用性的研究，以便为我国的信息技术标准政策提供规则依据。❶

前面的案例中，不断提到一个词叫做"国际标准"。什么是国际标准呢？这样我们需要说到标准的另外一个分类：事实标准与制定标准。

事实标准就是指虽然没称为是标准，但由于用的人太多，大家实际上都按照它执行。最典型的例子就是微软的Windows操作系统的API，在应用软件行业称为标准。因为应用软件开发者必须要针对Windows的用户开发软件，而这些软件不得不使用Windows的API。

> **案例**：DVD标准也是典型的事实标准。诞生和标准的确立，和娱乐业的迅猛发展有直接的关系，其前辈CD光盘和VCD光盘都是因此孕育而生。媒体巨头们的越来越高的要求刺激了硬件厂商研制出全新的DVD光盘。20世纪90年代初，美国电影制片业顾问委员会起草了一份代表好莱坞七大电影制片公司的愿望书，其中一项就是要求能在一张CD中记录一部标准长度（135min）的视频节目，并且成像质量要高于LD。而当时VCD视频性能远远不足以满足上述要求。1994年12月16日，索尼公司率先发表了"单面双层12CM（5.25英寸）高密度多媒体CD的格式与技术指标"，简称多媒体光盘系统（Multi Media Compact Disc，MMCD），这也就是第一个DVD技术规格。而东芝公司也在不久后发布了SD（双层双面结构）的DVD技术规格。两个阵营在市场中进行了激烈的厮杀，但最终，东芝公司的DVD技术规格获得了市场的认可，成为了事实标准。❷

---

❶ 案例来源于安佰生：《从丹麦开放标准政策看《TBT协定》对信息技术标准的适用性》
❷ 案例来源：http://baike.baidu.com/view/6066.htm

制定标准就是由专门的标准制定组织制定出的标准。根据标准组织层级的不同，又可以分为行业标准、国家标准和国际标准。行业标准一般特指一国之内的企业联盟制定的标准。例如上述WAPI标准，就由WAPI联盟制定和推广；而下面将提到的AVS标准，是由AVS联盟制定和推广。国家标准是由国家级的标准化制定组织制定，例如我国的标准化委员会。国际标准严格意义上讲，应该是指国际标准化组织制定的标准，例如ISO、ITU（国际电信联盟）。但事实上，由于行业巨头们主导着产业的发展，因此人们习惯于将巨头们组成的国际联盟所制定的标准，也视为是国际标准。典型的国际联盟包括IEEE，3GPP等。

从市场的角度看，那些事实标准当然是最牛的，它们被市场完全接受。对于那些被市场广泛应用的行业、国家或者国际标准，也是很牛的。而一个标准能否被市场接受，主要取决于市场上主要的玩家们是否接受。这也就是为什么在电信领域，IEEE、3GPP这样的国际产业联盟的作用比ITU、ISO要大得多的原因。它们虽然不是国家层面认可的标准化制定组织，但是却得到了产业界各主要公司的支持。所以它们制定的标准，大家也愿意采用。ITU往往只是认可这些国际行业联盟制定的标准而已。如果它不认可怎么办？大的玩家们仍然可以自行其是：我们玩我们的，自然产业界跟随。

❋ 写入标准中的专利

前面说了那么多关于标准的话题，这些跟专利有很大的关系。当然，并不是所有的标准都和专利有关。比如航空公司规定空姐的着装标准、礼仪标准，这些跟专利不会发生联系。但那些涉及技术的标准，可能就和专利分不开了。

比如一个通信标准，涉及如何封装、发射、解析一个信号，两个设备之间如何进行信号交互等。这些流程、方法都是技术性的，可能本身就是一个技术方案。而专利就是保护技术方案的，所以，专利当中可能包含了专利的技术。

这会带来什么影响呢？

我们先回顾一下专利侵权判定的知识：假设你有一件专利，你怀疑一个产品侵权了，你首先要怎么做呢？——将产品拿过来，和你专利的权利要求比较一下，看看是不是对应。

可是，万一这个产品你拿不到，怎么办呢？比如说大型的机器，你去买一个要花几百万元，你不可能去买；或者说是一台交换机，都是放在办公区域使用的，你也不可能跑到人家办公室里去拆开来看看。

或者你的专利保护的是一种产品运行的方法，就算你拿到了产品，也没法确定到底是不是按照你的专利实现的。比如说你的专利保护的是一种手机发送信号的方法，你就算拿到侵权手机，可能也很难看出手机内部是如何实现信号封装和发射的。

如果一个产业80%的专利都是这种情况，那可怎么办？这些专利怎么来保护？专利没法保护，那创新的投入怎么得到回收？这个倒霉的产业就是电信业。这个行业中的大部分专利保护的都是一种看不见摸不着的机器运行的方法：如何传递发射、接收、传递信号；两个通信设备如何进行交互。

所幸的是，电信行业有很多技术标准，而各公司都必须遵循这些标准，否则它的产品无法和别的产品互通，卖不出去。于是，聪明的律师们设计了一种新的途径：将专利写入这些标准里面去。这样通过标准这一媒介，专利就与产品建立了联系：产品都会说自己适用某个标准，因此你不必把产品拿来与专利比，只需要将标准的文本拿来与权利要求对照，就可以知道产品到底是不是侵权了！方便、快捷、高效，而且最关键的是——成本低廉。标准文本往往都是公开的，可以免费下载。

这是标准与专利结合的第一个用处：方便举证。

标准当然不只一个用处。

假设你发明了一项技术并申请了专利。不用兴奋，这并没有什么了不起。每年全球有成千上万的新技术被发明出来并被申请专利。可是又有多少新技术真正被市场用到呢？很少。据统计中国的专利许可率只有15%左右。这其实很容易理解。不用把发明创造想象成一个多么神圣的活动，在现代社会，这和种大米没太大的区别。从事发明创造的人太多了，产出的新技术也很多。市场有太多的选择，要在这些竞争性的技术中脱颖而出，使得市场选择你的技术，一般来讲，并不是你发明了新技术后在家躺着睡大觉就能实现的，还需要付出艰辛的努力。就像虽然你种出了大米，但你仍然需要推销你的大米一样。买家一般不会自动找上门。

从技术这一产品的角度讲，你需要进行技术推广。让很多的人使用你的技术，并从中获利。专利就是你的一个获利手段。

而把这项技术写到标准里去，就是进行技术推广的一项手段。因为前面我们已经说了，标准往往会被很多公司使用。如果你的技术融入了标准，那么他们在使用标准的过程中，自然也就使用了技术。如果你又恰好对这个技术申请了专利的话，那么恭喜你，你的专利被很多人用到了！

这就是标准与专利结合的第二个用处：便于市场推广。

请记住，标准的这种技术推广的作用并不是当然的。有的公司很盲目，觉得自己的专利能写入标准那就万事大吉了。所以花很高的代价去参加国际标准会议，拼命往标准里面塞自己的专利。但正如我们前面说过的，标准也有垃圾标准。有些标准虽然是国际标准，虽然是ITU通过的，但是市场就是不认可，产业界就是不用，你能怎么办？市场不接受，标准推广技术的功能无法发挥；市场不使用，标准方便举证的作用更是无从谈起。

所以，专利写入标准只是一个手段；标准能够被市场广泛接受，从而专利能被广泛使用，才是目的。

下面，我们就来简单介绍一个如何把专利写入标准的一个基本的过程：

当然，你首先要先了解你准备要涉足哪项标准，这个标准涉及哪些技术。一般都会有一个叫做"标准制定组织"的机构负责标准文本的撰写、更新和讨论。你需要加入这个标准组织，了解下一次开会讨论什么话题、什么时候开会。

然后你可以鼓捣一些与这个话题有关的新技术出来。再把这个技术申请专利（记住，一定要尽早申请，因为很多其他人可能也在开发同样的技术），同时，还要把这项技术按照标准组织的格式要求，撰写成"标准提案"。

标准组织一般会要求成员在一定时间内把提案提交到一个数据库或者邮箱。再次提醒：在提交前，一定要先申请专利。

之后就开始组织会议了。标准会议一般会有一个主席负责主持，大家的提案就分别拿出来讨论。然后会议投票，少数服从多数。多数通过的提案，就写入正在起草的标准文本中去。要注意，大家都希望自己的提案能被通过，因此除了技术上确实合理，这里面谁的提案能通过，很大程度上是由你的公关能力决定的。你可以私下去找几家公司，以你支持他们的提案为条件，换来他们对你的支持。也可以找几家公司，看看各自的方案是不是能够融合一下（要注意，别融合了之后，跟你的专利就没关了，那你就惨了），重新搞个联合提案。甚至还可以在最开始写提案的时候，就联合着搞。各种方法，需要你根据实际情况去灵活运用。

草案写好后，再经过一些审批、确认程序，最后就发布了。

发布之后能否得到市场认可，取决于很多因素。这涉及更为综合性的商业决策。专利问题也会在其中起到作用。比如有的专利权人，对标准的实施收取的许可费太高，这就会导致标准实施成本很高，可能市场就会选择成本实施更低的竞争性标准。

参加标准化会议，尤其是国际标准化会议，住的都是五星级酒店，全世界到处飞，是很体面也很烧钱的一项活动。如果最后你的方案没有被采纳，或者即使采纳了但标准没被市场认可，你前面这些钱也就白花了。

案例：揭秘 GSM 标准专利战争

20 世纪 80 年代的欧洲电信市场还处在第一代移动通信标准时代，当时欧洲各国各自为阵，使用不同的电信标准，导致各通信设备无法兼容，游走于欧洲各国的人们苦不堪言，通信标准的纷乱大大阻碍了欧洲统一市场的形成，导致欧洲在全球的竞争力难以提升。

于是，当局痛下决心，要在第二代移动通信中统一各国的电信标准，以此为突破口提高全欧洲的竞争力。

这就是著名的 GSM 标准的诞生背景。请相信我，即使 GSM 这个词你觉得陌生，但这项标准您一定熟悉得很。因为在过去的十年中，无论您是中国移动的用户还是中国联通的用户，您每发一条短信，每打一次电话，都在使用着这项标准。❶

10.2 专利与标准的结合

看了 10.1 节的内容，你是不是有一种自己搞几个标准专利来玩一玩的冲动？是呀，标准专利确实用处巨大：不说别的，联系一下我们前面讲到的专利是一种"禁止权"，就足够你垂涎三尺：如果某个标准得到了广泛应用，而你有一件标准专利，意味着你可以控制整个产业的发展！所有使用这个标准的人，都会向你俯首称臣，因为你可以随时利用"禁止权"断掉他们的生路。即使你比较仁慈，不想赶尽杀绝，那至少可以获得高额的许可费，一夜暴富吧？

世界上当然没有这么不合理的事情。世间万物，相生相克。如果由得专利权人这样搞

---

❶ 案例来源：http://www.yangcai168.com/wiki/index.php?doc-view-7088.html

法，那标准制定出来还有什么用处？所以，各国政府、学术机构，都在研究如何制约标准专利权人，期望能在专利权这一私权和社会利用技术标准这一公共利益之间找到平衡。

标准组织作为这个问题的源头，当然也逃不了干系，他们也不希望自己辛辛苦苦制定出的标准，最后因为一个人的一句话，就毁于一旦。所以，现在你加入任何一家规范的标准化组织之前，签署文件同意他们的知识产权政策，是必不可少的一环。所谓的知识产权政策，其实就是你和标准组织间签的一份协议，你在标准制定过程中，必须按照这份协议的内容来处理你自己的知识产权。否则，最后法院会剥夺你的专利的禁止权。

标准组织的知识产权政策是什么样的呢？我们本节将为你进行解读。

你去看标准组织的知识产权政策，往往是个长达几十页的英文文本。我们去繁就简，着重谈谈其中的专利政策，并且将标准组织的专利政策主要分为三大项内容：主要包括了①对标准提案中包含专利这一做法的态度；②专利的披露政策；③专利的许可政策。

❀ **标准化组织：我的地盘我做主**

不同的标准化组织由于其所处的行业以及地域的不同，在处理知识产权问题上，往往存在着比较大的差异。各标准组织自身的知识产权政策，往往也是随着技术和产业环境的变化发展而发展。

因特网技术标准组织 IETF（Internet Engineering Task Force）就是明显的例子。从 20 世纪 80 年代开始，在因特网技术发展的前十年，因特网技术不像电信技术领域，因为没有什么专利技术对这个领域有影响，相关的因特网（包括前期的模糊标准）是开放和合作的。IETF 在这一阶段的标准化工作中，对专利技术的观点是：尽量采取非专利技术。他们担心采取专利技术，人们会担心那些握有专利的山大王们，从而影响标准的推广。

但随着因特网技术的发展，因特网相关标准在建立时无法避免地遇到越来越多的专利技术，现在有的专利技术是标准技术方案必不可少的，如果没有这些专利，标准方案就是很不完备的。最终，IETF 调整了其专利政策，开始接纳含有专利的标准提案。

就现在而言，各种标准组织对待专利问题，立场基本一致：

①对标准提案平等对待，不排斥包含专利的技术提案。没办法，想排斥，但排斥不了。大家都申请专利，你一排斥，就没人陪你玩了。

②不介入知识产权纠纷。既然不排斥，你们之间爱咋地咋地吧，反正最后别找到我头上来就行了。

❀ **专利的披露政策：脱去标准中专利神秘的外衣**

（1）什么叫专利披露？有什么用？

专利信息披露制度，是指标准组织成员对其所知的该标准的必要专利向标准组织或社会公众进行披露的制度，该制度包括何时披露、披露的范围、披露的对象、不披露的后果等内容，视标准组织的知识产权政策不同而会有所不同。

技术标准制定的目的在于使尽可能多的厂商采用它。在市场经济情况下，技术标准并非强制性的，大家对于其产品/服务是否采纳某一技术标准具有充分的选择自由，如同买条裙子一样，总得挑了又挑。因此，大家需要对技术标准进行充分的评估，以判断采纳它将给自己带来的成本（包括各种风险）。

对于强制性技术标准，大家同样需要对其进行评估。只是这种评估相对来说选择性更加的少，要么接受这一标准；要么不接受，退出市场。没有其他方案可以选择。就像市场上只有一家卖裤子的公司，你要是嫌它的裤子太贵，你只能选择不穿裤子，光屁股出门了。但你还是有选择的。

既然需要评估，那么大家有必要获得标准涉及的各种信息。包括其技术的先进性，标准的主导者等，专利信息也当然包括在内。

在存在完善的知识产权制度的情况下，标准中的专利可能会给标准使用者带来法律或者商业上的额外成本，从而增加大家对标准使用的成本预期。无论这其中的成本有多高，专利信息的透明化是一个起码的要求。否则大家根本无法对标准进行评估。看不清这一块的水有多深，很可能不敢冒然下脚，从而影响了标准的推广。

然而，标准组织本身并不参与标准的制定。标准的实际制定者是标准组织的成员，他们进行技术提案、技术沟通，互相联合和妥协，最终形成标准的文本。因此，标准组织并不知道一个标准中埋藏有多少的专利（其实还包括那些非提案的成员，因为他们对提案的审议一般来说仅仅是基于技术层面的），对此心知肚明的只有那些实际的提案者。

因此，为了使专利信息透明化从而使得专利的推广更为便利，专门的机制就被设置来促使标准组织的成员对其所了解的（往往是这些成员自己的）专利信息进行公开。

披露机制对于实现标准化根本目的有着重要的意义。理想状况下，标准制定组织应事前确立明晰的披露政策，要求标准制定的参与方在标准技术提案审阅完毕前披露与标准草案相关的知识产权信息，使标准制定组织有机会选择避开含有封锁性权利的技术方案，转而采用成本较低的其他方案（如进入公有领域的技术），降低技术标准的总实施成本。更为重要的，有效且足够强大的披露机制，能够尽可能早的暴露可能的必要专利，避免发生事后的劫持——大家都上了标准这条船了，突然你跳出来要求缴纳高昂的摆渡费，你这不是坑人吗？

（2）怎么进行专利信息披露？

专利信息披露涉及：谁来披露、披露什么、向谁披露、何时披露以及我不披露你能把我怎么样这几大问题。

1）谁来披露？

一般来讲，标准提案者最清楚自己的提案里面有哪些专利，所以一直是标准组织重点关注的对象。至于讨论组的其他成员，或者讨论组以外的其他成员是否有披露义务，不同的标准组织有不同的规定，一般而言是不需要的。

所以当你看到有别的成员提出提案，但其中的技术用到了你的专利，你就没事偷着乐吧。

2）何时披露？

为了确保披露制度的有效性，一般都首先要求提案者在"一开始"即应进行披露。所谓的一开始，即要求披露得越早越好。这个所谓的"一开始"，一般是在标准组织开会讨论你这个提案之前。等到标准都实施了，肯定不是"一开始"了，那时候你才披露，黄花菜都凉了。

有的标准组织比较狠。会议主席在开会前，会挨个问参加会议的人，你这个提案有没

第 10 章 专利标准化

有专利。这时候你要憋着说没有,恐怕需要很大的勇气和很厚的脸皮才行。

3)披露什么?

除了要求披露提案者本身的专利外,一般标准组织还要求其披露其关联公司的专利,以防止提案者利用关联交易来规避披露义务。

披露的内容一般是专利的相关信息,比如专利号、专利名称等。许可条件也需要披露,这个我们后面来讲。

4)向谁披露?

除了针对标准组织成员内部,一般也都面向社会公众,否则社会公众,尤其是标准使用者可能无法对标准中的专利情况进行评估,使得专利信息披露机制的设置在很大程度上失去了意义。

5)你能把我怎么样?

至于违反专利信息披露义务的后果,涉及标准中包含专利的信息披露义务设定应该采用"自愿"还是"强制"披露原则的问题。这一直存在很大争议,虽然绝大多数标准化组织都对专利信息披露进行了明确的或暗示性的要求,但在缺少相应的专利检索义务规定和违反披露政策责任承担的情况下,事实上能对标准化组织成员起到的约束作用相当有限。换言之,这些披露政策尽管具备了"强制"披露的"形",其"实"还是采取的鼓励成员自愿披露相关专利信息的原则。

之所以制定"柔性"的专利披露政策,是因为标准化组织担心设置强制事先披露义务可能对成员的利益造成一定的负面影响,"会挫伤那些拥有庞大专利的公司参与标准化活动的积极性"❶,因为成员需要花费相当的人力物力去了解与技术标准有关的专利的确切范围,然后才能履行所谓的披露义务。另外,提前披露也可能给予竞争对手更多的时间去寻找替代技术,从而可能降低该专利技术将来的市场价值。❷

然而,实践表明,非强制性的专利披露政策不能解决"专利埋伏"(patent ambush)问题,即专利持有人❸在标准制定过程中故意隐瞒专利信息,在标准公布后再以此专利进行要挟或操纵标准,谋求不公平地强化其知识产权价值的行为。

> **案例:违反政策的后果,你不能承受,揭秘蓝博士案**
> 赫赫有名的蓝博士案中,法院认为"因为JEDEC的专利政策仅仅鼓励自愿披露标准中的必要专利"❹,从而认定蓝博士没有违反任何JEDEC规则。

---

❶ See Agreement Containing Consent Order to Cease and Desist In re Dell Computer Orp, No. 931-0097 (FTC. 1996),http://cyber.law.harvard.edu/seminar/internet-client/readings/Week10/ftc_complete.doc

❷ Richard T. Rapp and Lauren J. Stiroh, *STANDARD SETTING AND MARKET POWER*, for the Joint Hearings of the United States Department of Justice Federal Trade Commission, Competition and Intellectual Property Law and Policy in the Knowledge-Based Economy. April 18, 2002, at 7, http://www.ftc.gov/opp/intellect/020418rappStiroh.pdf.

❸ 此处所称的专利持有人,既包括作为成员的专利权人,也包括非成员的专利权人。

❹ In the Matter of Rambus Incorporated, Docket No. 9302, Text of Initial Decision of Chief Administrative Law Judge Stephen J. McGuire [Public Version], http://www.ftc.gov/os/adjpro/d9302/040223initialdecision.pdf。

这个案件中，蓝博士诉英飞凌专利侵权，而英飞凌又反诉蓝博士欺诈。英飞凌称蓝博士当初没有向一家名为 JEDEC 的标准组织披露其拥有的与 JEDEC 开发的 SDRAM 和 DDR-SDRAM 标准相关的专利，构成欺诈行为。陪审团认定蓝博士构成欺诈，但联邦巡回法院最终推翻了陪审团对蓝博士公司欺诈问题的裁决，认为蓝博士公司没有违反了其参与 JEDEC 期间的任何披露义务。法院认为英飞凌未能证明蓝博士的技术是否在 JEDEC 所要求的披露范围内。

案例：高通 VS 博通案例浅析

高通参加了一家名为 JVT 的标准化组织制定标准的过程，但没有披露专利。后来被博通公司主张它违反了披露义务，因此高通的专利丧失了禁止权。法院首先调查 JVT 的书面 IPR 政策是否对其参与者要求披露义务，其次如果有某些书面政策含糊不清，JVT 参与者是否认为这些政策规定了披露义务。

最终法院认为，虽然政策里面没有明确说强制性的披露义务，但 JVT 参与者都认为政策施加了披露义务，且高通也认识到这样的情况，因为法院仍然认为政策包含披露义务。

案例：戴尔 VS FTC 案例浅析

美国联邦贸易委员会（FTC）对戴尔电脑的诉讼涉及 VL-bus 行业标准，VL-bus 是"一个在电脑 CPU 与其外围设备之间传输指令的机制，如硬盘驱动器或视频显示硬件"，由视频电子标准协会（VESA）制定。戴尔，以及几乎所有美国主要的硬件和软件制造商，参与 VESA 开发 VL-bus。参加者必须证明说明他们是否拥有涉及该标准的任何专利。虽然戴尔公司已获得涵盖拟议标准某些方面的专利，但是它却声称没有专利。只有在 VESA 通过该标准后，且该标准在商业上非常成功，戴尔才打破沉默，告知各实施该标准的电脑制造商，戴尔公司有权基于其专利收取许可费。

FTC 认为戴尔公司构成欺诈行为。最终戴尔同意放弃相关专利的禁止权。

另外一个案例，涉及汽油。加州空气资源委员会（CARB）是一个国家行政机关，发起了制定低排放的新配方汽油（RFG）的标准❶。优尼科参与了这个过程，但隐瞒了其专利的存在。优尼科的行为促使 CARB 采用它标准，而事实上该标准包含了优尼科隐藏的专利申请。

直到相关标准规定快要生效前，优尼科才声明其专利的存在，而相关产业在优尼科的误导下已经投入了十亿美元以符合这个标准，开弓没有回头箭，只能硬上了。之后，优尼科开始大肆通过许可和诉讼执行其知识产权。美国联邦贸易委员会称优尼科的误导损害了竞争并直接导致其获得制造和提供 RFG 技术的垄断地位，同时也损害了加州 RFG 市场中下游产品的竞争，违反了 FTC 法第 5 条。

经过很长一段时间的行政诉讼，优尼科于 2005 年签署承诺书，放弃了其专利的禁止权。

---

❶ 参见 In the Matter of Union Oil Co. of Cal., No. 9305, 2005 FTC LEXIS 116 (F.T.C. 2005 年 7 月 27 日)。

（3）专利许可政策解读。

披露专利的目的，是让大家在考虑采用哪个提案的时候，心里有点数。一般来讲，面对两份技术上相关不多的提案，大家肯定会优先考虑没有专利的那一份。不过，指望一份提案不包含专利技术，就像指望有个人突然到你面前送你一万块钱一样不靠谱。

也好，那我就选择不许可。到时候等标准广泛实施了，我再来个关门打狗、瓮中捉鳖——如意算盘打得倒是噼啪响。

很多标准化组织就没有"不予许可"这个选项，有些标准化组织有这个选项，但是你一旦选择了，你也就别指望你的提案会被接受了。本来参加标准制定，就是希望大家都能来实施标准，但不许可专利，就是说大家不能实施标准，这很难让大家接受？

那么，一般标准组织的许可选项有哪些呢？很简单，一般就两项：

1) 免费许可

免费许可（Royalty Free，RF），就是说不收钱，大家随便用吧。标准组织大多会有这个选项，不过选的人比较少。一般情况是在互惠条件下的免费使用，对那些没有任何交换条件的使用者，很难获得免费许可。当然，对那些技术标准被广泛实施可以促进知识产权人与该标准相关业务的商业利益时，知识产权权利人也可能贡献自己的知识产权。以前有的标准组织强制要求大家都免费许可了。不过随着专利对各公司的经营影响越来越重要，这个强硬要求已经难以为继了，否则大家不跟你玩了。

当然，作为标准制定组织，如果有人愿意选择免费授权，那是再好不过了。除非是相关的技术实在太差，一般肯定会优先接受免费授权的提案。

2) RAND 许可

免费许可，有时候确实有点让提案者为难。放弃专利费，这个损失可能是相当大的。可是不免费，那你又准备收多少钱呢？也挺为难的。标准制定过程中，往往还看不到市场前景。说高了吧，又怕提案不被采纳，说低了吧，又怕到时候自己吃亏。

于是，出现了所谓的"RAND"许可条件。RAND 是"合理无歧视"（Reasonable and Non-discriminatory）的简称。这是处理标准化中知识产权问题的世界范围内的传统规则。ETSI知识产权公约规定，专利在标准的实施中被使用，专利权人应当得到适当公平的回报。其中规定，如果与某标准有关的必要专利引起欧洲电信标准化协会（ETSI）的注意，ETSI总干事将立即要求该必要专利的所有人在3个月内给出一份保证书，写明该必要专利所有人准备在公平、合理、无歧视的条件下提供不可撤销的专利权许可。

虽然 RAND 原则几乎是所有标准知识产权许可政策中的一个重要原则，然而，几乎没有标准组织对"合理且无歧视"的许可条件做出定义或清晰的阐释。

案例：创新者苹果公司对于专利许可的期望

苹果请求欧洲电信标准协会（ETSI）制定一系列标准，是企业必须许可他们的无线通信专利。这位智能手机的领袖指出，产业缺少一个系统而恰当的许可协议，并建议了一套所有公司都要遵守的特许权使用费数额。

苹果早在11月份就把这封信提交给了委员会,但现在才公之于众。"显然我们的产业在移动通信标准领域缺少对无歧视原则的一贯坚持,并因此而遭受损失,"苹果在这份请愿书中说。该公司希望那些发布专利并最终成为产业标准的权利人执行连续一致的专利税率。

除了固定的专利税率,苹果希望对于以无歧视原则为基础的专利,委员会不再允许基于合理使用这些专利的禁止令。

苹果当前因卷入与摩托罗拉、三星和世界各地的其他企业的诉讼争端当中而不可自拔。❶

参考阅读 FRAND——从原则到规则

从头说起:妥协和偷懒

对公平、合理、无歧视(FRAND)原则的讨论由来已久。争议的根源在于这一原则在实践中难以把握。"公平""合理"即使用在民事立法的表达上也嫌过于抽象❷,而将其放在私人协议❸中以期用以指导协议相关方的行为,则显得更加无能为力,甚至有些空洞与苍白;"无歧视"似乎比较明确,这一要素要求知识产权所有权人对条件相似的被许可人以相同的条款进行许可。但什么才是"条件相似",也是比较模糊的概念。不过至少业界有一点共识是,"无歧视"不代表"许可费相同"——但这一共识似乎仅仅使得这一原则的内涵更加模糊而已。

FRAND原则最早存在于标准制定组织的知识产权政策当中,这一原则是防止专利权人彻底拒绝许可,或者通过设定过高的条件而间接拒绝许可。但目前这一原则在ICT产业内正被广泛使用,一些非标准组织的政策中采纳这一原则❹;大量双方间的技术合作协议,在无法就未来的知识产权许可条件达成一致时,律师也往往愿意转而求助于这项原则。

FRAND进入私人协议当然是各方妥协的结果。有些成员,或者合同中的一方(往往是技术使用方)希望能够尽早地公开许可条件,以利于评估"技术"这一产品的成本。因为一旦开始使用一项技术,尤其是当一个产业开始使用标准技术后,改变是非常困难的,此时如果专利权人突然主张高价,将导致技术使用方面临"专利劫持"。另一些成员,或合同中的另一方(往往是专利权人)则不愿意匆忙给自己的技术定价,因为在未来技术商用后,他们可能会发现早期的价格承诺实在过

---

❶ 案例来源:http://www.mobileburn.com/18483/news/apple-asks-europe-to-standardize-frand-patent-licensing-for-mobile-devices。北京大学徐慧丽翻译
❷ 尹田:《论民法基本原则之立法表达》,载《河南省政法管理干部学院学报》,2008年第1期
❸ 对于标准化组织知识产权政策的性质,一般认为由于标准化组织并不具有立法权,本质上其实就是在标准化组织成员间的一份私人协议。详见张平:《知识产权政策的合同法分析(上)》,载《WTO经济导刊》,2007年第3期
❹ 如曾经Symbian基金会的专利政策,要求每个成员方就平台专利承诺给予任何人以FRAND许可

低❶。于是一个博弈的结果,就是大家接受了一个由一些看上去很美的词组合起来的许可原则:公平、合理、无歧视。

这是一种妥协,或者是一种偷懒。各成员或者协议双方不愿意事先就许可条件问题进行更为细致的沟通,因为这将耗费大量精力,可能使得"标准制定被拖延甚至失败"或者"项目无法进行下去"。但正如前述,由于 FRAND 原则的不确定性,知识产权人的"推定合法地位"将使得其对这一原则拥有更大的解释权❷。实践中这种情况(标准组织或者协议双方为了推动标准制定或者项目进行而匆忙选择 FRAND)如此之多,以至于"先使用技术,再谈价钱,谈不拢就起诉"在 ICT 产业似乎已经成为很多专利权人的一种常规的许可商业模式。

这一问题很多公司都已经注意到了并希望能有所改变。由电信运营商组建的下一代移动网络国际组织(NGMN)联盟曾号召各厂商事先确定 LTE 标准专利的许可费,并发起过一个专门的项目❸;苹果此次向 ETSI 提交的请愿书,也是希望标准中的技术成本能够做到事先透明,而非事后。

一、真实的生活:不同的实践,不同的 FRAND

由于 FRAND 内涵不确定,实践中对该原则的落实也是不同的。

专利池一般采用"相同许可费"的方式来践行这一原则。即确定一个固定的许可费(或者费率),之后无论被许可方实际情况,一概适用这一固定的许可费(率)❹。这种许可模式也被一些公司在单独进行许可时采用❺。这种方式简单易行,避免了区分不同被许可人而增加的管理或谈判成本,另一方面也可以规避一些质疑,毕竟对不同的许可人适用同样价格,至少在表面上是"无歧视"的。

而在欧盟对微软的反垄断裁决中,欧盟提出了"象征性许可费""技术创新性衡量""市场可比技术的许可费"等判断标准来认定"合理无歧视",所谓"象征性许可费"指许可费负担轻微,不会给市场竞争者增加过于沉重的成本;"技术创新性衡量"指

---

❶ 于是,在一些"事先披露"的场合,专利权有将许可费定得偏高的倾向。这导致技术使用方事实上无法依据这些披露的数据来进行决策,因为大家都知道,将来必定还有折扣。一个不太典型的例子是,在 LTE 通信技术上,北电、阿尔卡特-朗讯、爱立信、华为、高通、摩托罗拉、中兴、诺基亚、诺西等 9 家主要的设备商曾应 NGMN 的号召分别披露了其欲收取的 LTE 专利费,最后累积总额竟然达到了产品售价的 14.8%,转引自 http://www.investorvillage.com/uploads/82827/files/LESI-Royalty-Rates.pdf, 2012 年 2 月 23 日最后访问。如果再考虑其他公司主张的许可费,则事先披露的许可费累积将非常高。而最终实际的专利费成本其实绝不至于如此,因此这些事前披露的意义可能仅有参考作用

❷ 知识产权的私权性使得在法律上默认其权利行使具有正当性,而要主张其行使方式违背了公平竞争,则需要由被诉侵权人来举证。对此的论述可参见拙文《电信业的知识产权竞争格局——兼议知识产权的私权属性与市场竞争的关系》,载《科技创新与知识产权》2011 年第 6 期(特别需要说明的是,在该文中,笔者提到专利权人做出 RAND 许可等同于放弃禁止权,这一观点是有误的)。同样,在适用 FRAND 原则时,也需要技术使用方来证明专利权人的许可条件是"不"公平合理无歧视的。又由于 FRAND 原则本身的内涵不清,这种举证其实相当困难

❸ http://www.ngmn.org/workprogramme/ipr.html, 2012 年 2 月 23 日最后访问

❹ 可以参见专利池管理公司 Sisvel 的许可政策,http://www.sisvel.com/english/licensingprograms/background, 2012 年 2 月 23 日最后访问

❺ 例如 AT&T 对 MPEG-4 标准专利的授权政策,详见 http://www.att.com/gen/sites/ipsales? pid=19116, 2012 年 2 月 23 日最后访问

许可费与技术创新性成正比;"市场可比技术"是指以市场上的类似技术确定该技术的许可费是否合理❶。

在美国,博通诉高通一案中,高通向使用非高通芯片的厂商收取更高许可费,被法院认定构成歧视,违反了 FRAND 原则❷。这一案件至少在一定程度上明确了"歧视"的判断标准。而在蓝博士一案中,美国联邦贸易委员会参照标准制定之前同等技术的专利许可费来计算蓝博士最高可以收取的专利费。

上述美国和欧洲的做法表明了官方对 FRAND 原则的进一步具体化,这有着积极的意义。但在私人许可交易中有时候仍会出现问题。例如,替代性技术并非总是存在或者难以被私人认知,甚至什么是"替代性技术",在私人之间可能本身就会产生争议。而多少许可费才不会使"市场竞争者增加过于沉重的成本",私人主体恐怕也难以衡量。

实践中有时候问题还会更加复杂。例如一项标准中的不同必要专利权人,甲以 1 美元/专利对外许可其专利,而乙的许可价格却是 1.5 美元/专利。当甲向乙以 1 美元进行许可时,要求乙将其必要专利回授权给甲,此时乙的授权费用应该适用 1 美元还是 1.5 美元?

二、复杂的条件:不仅仅关乎钱

以上围绕 FRAND 内涵的讨论,我们都在谈"钱",即许可费。如果问题仅仅如此简单,那么按照苹果的请愿书,专利权人放弃禁令的申请,将使得 FRAND 原则变成一个类似于法定许可的原则:权利人与技术使用人之间只需要讨论"许可费"多少就可以了,由于专利权人不能申请禁令,在无法就许可费达成一致时,可以诉诸法院,法院只需要判决一个许可费。

但问题往往并不如此简单。一个许可交易涉及的"条件",可能不仅仅是"许可费"。例如,要求对方将其拥有的某个领域(不一定是与许可技术相同的领域)的专利回授权给许可方❸,当双方就此达不成一致而诉诸法院时,法院应该如何判决?这一条件是否合理?再比如,权利人坚持要求许可协议适用某一国的法律,而被许可人不同意,法院又应如何认定权利人的这一要求是否合理?

专利权人做出 FRAND 承诺后,若仍然可以申请禁令,则这些复杂许可条件的谈判筹码掌握在专利权人一方,他们可以动辄以禁令相威胁。在法院难以判断这些条件是否"合理"或者"无歧视"时,技术使用者需要向法官证伪从而确定专利权人违反了 FRAND 承诺。技术使用者必须承担这一"证伪工作"的原因在于,如果法院未被说服,则他们将无法继续使用该项技术。在这一法律结构中,他们风险很大。而在专利权人事先放弃禁令申请的情况下,这些谈判筹码将转移到技术使用人一方,因为他们无须担心被禁止使用技术。此时向法院证伪这些条件的合理性或者非

---

❶ 何怀文:《合理无歧视许可要求的客观衡量标准探析》,载《电子知识产权》,2008 年第 8 期
❷ 501 F. 3d 297(3d Cir. 2007)
❸ 这是一个许可合同中常见的条款

歧视性，对于技术使用者来讲并不十分迫切。相反，倒是专利权人需要尽其努力说服法官，以期尽快达成协议、尽早取得许可对价。放弃禁令的法律结构下，谈判或者诉讼的久拖不决，对专利权人是不利的❶。苹果的请愿书，即在为技术使用人一方争取这些谈判筹码。

传统商业中"先谈价钱再买货"的模式，由于各种原因，并未广泛适用于ICT产业的技术许可领域。这一行业的大部分情况是"先用技术，后谈价钱"，因此FRAND，这一权利人事先做出的唯一承诺，其内涵显得尤为重要。通过产业界及各国法院的努力，它的内涵开始逐渐变得清晰起来，虽然完全明确还有很长的路要走，但相信它终有从原则转变为规则的一天。

RAND听上去很美，但操作起来很困难。有个标准化组织不堪忍受这种模糊，于是更进一步：你也别承诺RAND许可了，就直接告诉我你最多准备收多少钱吧！

这个组织就是大名鼎鼎的VITA。作为解决传统的许可原则的一种尝试，VITA要求提案者事前披露其最高许可费。2006年VITA年起草的专利政策采用强制性事先披露原则解决专利信息披露问题和专利许可授权问题，使之成为全球范围内首次采用事先披露原则的标准化组织。而且，2006年10月30日该政策草案通过美国司法部的反垄断商务审查。2006年11月26日，VITA理事会通过了新专利政策实施程序，2007年1月27日，VITA全体成员投票正式通过了该专利政策。

VITA具有里程碑的意义。事实上，IEEE也开始采用事前披露，虽然不是强制性的义务。很多人认为VITA无疑代表着一种方向，表明技术标准中的知识产权许可的不确定性，已经受到各界的高度重视，而且，大家正努力创造规则，提高法律和市场的可预见性。

10.3 标准专利的深度解析

无论是运用专利标准化战略，还是分析各种标准组织的知识产权政策，都不免要围绕一个核心词汇："标准专利"。顾名思义，所谓标准专利，就是写入标准的专利。那到底什么才叫写入标准的专利呢？

这需要我们回顾一下本章所讲的标准专利的第一个作用：容易取证。在运用标准专利的这个特性时，我们的逻辑是：产品使用了某一标准，而标准中包含了专利技术，所以产品也就侵犯了专利。标准只是专利与产品之间建立关系的媒介。最终的专利侵权论证方式并不因这个专利是否是标准专利而有任何变化：需比对专利的权利要求与产品的关系。

而我们前面已经介绍过了，比对方式就是看专利权利要求中的所有技术特征，是否在产品中都能找到。如果答案是肯定的，则构成侵权。那么很自然的逻辑便是：看一个专利

---

❶ 一个可以类比的情况是，所有权人将房屋出租给承租人，并且事先放弃了租赁期间收回房屋的权利，待承租人入住后才开始讨论租金问题。此时如果双方就租金久谈不决，所有权人可能将长期不能取得房租

是否是标准专利,就看专利中的所有技术特征在标准中都能找到。由于标准基是一个公开文本,其技术特征都是以文字的形式体现的,这恰恰和专利的权利要求有类似之处(也是以文字描述一个方案),所以相对于与产品对比而言,对比标准更为直接和方便。

不过标准所使用的语言和权利要求使用的语言毕竟不同,所以不要认为分析标准与专利的对应关系是一件不需要动脑筋的事情。事实上,这个分析过程也是相当复杂的。

在实践当中,大家一般使用一种叫做"Claim Chart"的表格来分析专利与标准的对饮关系,最终确定某个专利是不是标准专利。只有一项权利要求中的所有技术特征在标准中都有对应的描述或者可以根据技术逻辑毫无疑义地、唯一地推导出来,专利和标准才算对应。

看着是不是有点头晕?不要着急,其实没什么神秘的。

进行对应关系的分析,首先需要对权利要求进行分解,分解成若干技术特征后,在标准中寻找与技术特征对应的描述。分析过程其实和分析专利与产品是否对应是一样的。下面,请您开动脑筋,结合本书前面讲的侵权判定的一些规则,思考一下表 10-1 至表 10-5 的专利是否是标准专利呢?

表 10-1

权利要求	一种把大象放入冰箱冷冻的方法,包括,步骤 A,打开冰箱门;步骤 B,把大象放进冰箱;步骤 C,关上冰箱门
标准描述	一种把大象放入冰箱冷冻的方法,包括,打开冰箱门,把大象捆起来放进冰箱,关上冰箱门

权利要求的技术特征	标准描述	对应关系分析
一种把大象放入冰箱冷冻的方法,包括:	一种把大象放入冰箱冷冻的方法,包括	对应
步骤 A,打开冰箱门	打开冰箱门	对应
步骤 B,把大象放进冰箱	把大象捆起来放进冰箱	涵盖
步骤 C,关上冰箱门	关上冰箱门	对应

权利要求的技术特征	标准描述	对应关系分析
一种把大象放入冰箱冷冻的方法,包括	一种把大象放入冰箱冷冻的方法,包括	对应
步骤 A,打开冰箱门	打开冰箱门	对应
	把大象捆起来	专利无相应特征
步骤 B,把大象放进冰箱	放进冰箱	对应
步骤 C,关上冰箱门	关上冰箱门	对应

答案：这是一件标准专利。因为权利要求中的所有技术特征，在标准中都能找到。由上表可以看出，只要标准中的技术方案具有专利权利要求的全部技术特征，即专利的技术特征少于或等于标准的技术特征，或者专利的技术特征是标准所描述技术特征的上位，则该专利是标准专利。

你答对了吗？

表 10-2

权利要求	一种把大象放入冰箱冷冻的方法，包括，打开冰箱门；把大象捆起来放进冰箱；关上冰箱门
标准描述	一种把大象放入冰箱冷冻的方法，包括，打开冰箱门，把大象放进冰箱，关上冰箱门

权利要求的技术特征	标准描述	对应关系分析
一种把大象放入冰箱冷冻的方法，包括：	一种把大象放入冰箱冷冻的方法，包括：	对应
打开冰箱门	打开冰箱门	对应
把大象捆起来	无描述	不对应
放进冰箱	把大象放进冰箱	对应
关上冰箱门	关上冰箱门	对应

答案：这不是一件标准专利。因为权利要求的某个技术特征，在标准中没有。也就是说，按照标准来进行实际生产操作的时候，我们可以不把大象捆起来。这样操作方法就没有被专利权利要求的所有技术特征覆盖了。

表 10-3

权利要求	一种把大象放入冰箱冷冻的方法，包括，步骤 A，打开冰箱门；步骤 B，把大象放进冰箱；步骤 C，关上冰箱门
标准描述	一种把大象放入冰箱冷冻的方法，包括，把大象捆起来放进冰箱，关上冰箱门

权利要求的技术特征	标准描述	对应关系分析
一种把大象放入冰箱冷冻的方法，包括：	一种把大象放入冰箱冷冻的方法，包括：	对应
步骤 A，打开冰箱门	把物品放进冰箱必然要打开冰箱门	暗含
步骤 B，把大象放进冰箱	把大象捆起来放进冰箱	涵盖
步骤 C，关上冰箱门	关上冰箱门	对应

答案：这是一件标准专利。标准中没有描述"打开冰箱门"这一技术特征，但是把物品放进冰箱必然要打开冰箱门，所以标准中虽然没有描述，但是暗含必然有这一技术特征。

可能你会问，我怎么知道是不是暗含呢？这就得从本领域的普通技术人员的角度去看了。如果行业中都知道某个特征必然被暗含，那么标准中即使没有写，也应该是暗含的。

表 10-4

权利要求	一种把大象放入冰箱冷冻的方法,包括,打开冰箱门,把大象捆起来,放进冰箱,关上冰箱门
标准描述	一种把大象放入冰箱冷冻的方法,包括,打开冰箱门,把大象立着放进冰箱,关上冰箱门

权利要求的技术特征	标准描述	对应关系分析
一种把大象放入冰箱冷冻的方法,包括:	一种把大象放入冰箱冷冻的方法,包括:	对应
打开冰箱门	打开冰箱门	对应
把大象捆起来,放进冰箱	把大象立着放进冰箱	不对应
关上冰箱门	关上冰箱门	对应

权利要求的技术特征	标准描述	对应关系分析
一种把大象放入冰箱冷冻的方法,包括:	一种把大象放入冰箱冷冻的方法,包括:	对应
打开冰箱门	打开冰箱门	对应
把大象捆起来	无对应描述	不对应
放进冰箱	把大象立着放进冰箱	涵盖
关上冰箱门	关上冰箱门	对应

答案:这不是一件标准专利。这个案例中两种对应关系分析的不同之处,仅在于对技术特征的分解颗粒不一样。由此可以看出,虽然专利很多时候是在玩文字游戏,但权利要求一旦确定,你怎么分解技术,其实并不影响最后侵权的判定。

表 10-5

权利要求	一种冷冻方法,包括,步骤A,打开冷冻容器门;步骤B,放入冷冻物;步骤C,关上冷冻容器门
标准描述	一种把大象放入冰箱冷冻的方法,包括打开冰箱门,把大象放进冰箱,关上冰箱门

权利要求的技术特征	标准描述	对应关系分析
一种冷冻方法,包括:	一种把大象放入冰箱冷冻的方法,包括:	涵盖
步骤A,打开冷冻容器门	打开冰箱门	涵盖
步骤B,放入冷冻物	把大象放进冰箱	涵盖
步骤C,关上冷冻容器门	关上冰箱门	涵盖

案例:这是一件标准专利。这个例子中,权利要求的每一个技术特征都采用比标准描述更为上位的概念,因此权利要求的保护范围显然涵盖标准。在实务中,代理人采用这种上位的写法是一种很好的处理方式,当然前提是上位的合理。

当我们分析了专利权利要求与标准的对应关系,发现是一件标准专利时,也不要兴奋得太早。咱们还得继续看你的这个方案在标准中是什么位置。这里我们又不得不引入几个新的概念,希望不会让你觉得头晕:

(1)标准相关专利:有的标准,或者标准中的一些部分,并不会明确地记载技术方案，只是提出一些功能要求。例如，只是说了某个参数要达到多少，某个性能要达到怎样，对如何达到并不做规定。最典型的，比如标准规定牛奶中蛋白质含量的多少，至于你是通过精细饲养奶牛达到的，还是通过加豆腐达到的，标准不管。

（2）标准专利：就是我们前面说的了，专利要和标准的技术方案对应。标准专利又可以分为必选标准专利（通常叫做必要专利，essential patent）和可选标准专利。

所谓必选标准专利，就是它对应的标准中的技术方案，是标准要求必须照做的，否则就不符合标准。例如标准规定了牛奶中蛋白质含量，还规定了必须通过精细饲养奶牛来达到。这就是属于标准要求必须照做的方案。与这样的方案对应的专利，叫做必选标准专利。

所谓可选标准专利，就是标准中规定了好几种方案，而这个专利只对应了其中一种。例如，标准规定了可以通过精细饲养奶牛来实现蛋白质含量达标，也规定了可以通过添加三聚氰胺来达标。这时候你的专利如果仅仅是对应三聚氰胺这种方法，那就属于可选标准专利了。

虽然就一字之差，但从专利的价值和杀伤力来说，可选标准专利与必选标准专利就有天渊之别了。如果说必选专利的战斗指数为 100，可选专利可能也就是 20 左右。因为你用可选标准专利去主张侵权，被告很可能会抗辩说他用的是标准中另外一个技术选项。这时候标准专利的"容易取证"的作用丧失殆尽。

在实践中，各种涉及标准专利的运用的场合，大家谈的就都是必选标准专利（基本专利、必要专利）。至于那些可选标准专利，先一边凉快去吧。

所以下面我们讲到的标准专利，主要是指那些必选标准专利，行业中更为通常的叫法是基本专利、必要专利。

❈ 标准专利的战略运用

对于很多的通信厂商而言，标准专利具有重要的战略价值。很多企业想销售使用 GSM 的标准设备时，由于他们没有 GSM 的标准专利，因此需要向他们的竞争对手支付一大笔的专利费用。要销售使用 CDMA 标准的设备时，还需要向高通等大专利权人交付大把许可费。到了 4G 的 LTE 标准，数据显示中国公司的基本专利开始多起来。

不仅如此，相对于 2G 时代，标准专利掌握在少数几家公司手中，在 4G 时代，标准专利所有人已经非常分散了。这些公司之间是互相制衡，能否形成一个更为广泛的开放性全球市场，还需拭目以待。

在标准中真正拥有实力的公司，其拥有的必要专利数量，往往是几十件。再加上这几十件专利的后续申请、同族专利，其在全球范围的必要专利数量可能达到上百件。这些公司往往也是对标准制定有着决定性影响的公司，其技术实力雄厚，对标准组织的游戏规则也非常的谙熟。

在许可谈判中，这些公司一般会直接给你一个包含了上百件专利的清单，告诉你这些专利都是某个标准的必要专利，你需要为此付费——费用当然是高昂无比了。让你郁闷的是，你光把这些专利看一遍，就够你受的了，还别说去分析这些专利是不是真的和标准对应。这个时候如果你也有一些基本专利，也可以抛给他们一个清单，要求进行交叉许可。如果对方认可，那你们接下来要谈的就是谁该给谁多少钱的问题了——这就是所谓的"打群架"的专利许可方式。谈定之后，双方的协议中也往往不会说把具体哪些专利许可给对方了，只是概括地说一下"使用某个标准的必要专利"都一揽子许可了。

事实上，没有人真正知道哪个公司对某个标准拥有多少基本专利。有的公司在标准组织的数据库中声明一大堆，以表明自己拥有很多基本专利——但可能只有他们自己知道哪些是"注了水的猪肉"。反正声明错了也没什么责任。

但各公司拥有基本专利的比例，大概还是能够推算出来。一种相对较为精确的方法是看各公司在标准组织中被最终接受的提案量。一般来讲，提案背后都会隐藏专利，因此提案被接受得越多，其拥有基本专利的可能性也就越大。

> **案例：深度解析北电网络专利拍卖的内幕**
>
> 电信业中的贵族，加拿大通信设备商北电网络彻底没落了，2009年宣布破产。2011年，北电宣布，该公司的6000余项技术专利已经以45亿美元售予一个由苹果、易安信、爱立信、微软、移动研究公司和索尼联合组成的财团。这批专利中涵盖了无线、4G、数据网络、光学、语音、互联网和半导体等多种技术。其中，爱立信和移动研究公司分别以3.4亿美元和7.7亿美元购得北电部分专利，苹果和微软均未透露购买专利的具体金额[1]。

这场引起全球关注的拍卖，过程也是惊心动魄。谷歌预期的报价高达9亿美元，目的是确保拍卖最终完成，业内一片看好。谷歌在竞拍活动中自称为"Ranger"（游侠骑士）。其他的竞拍团体还包括苹果、Rockstar Bidco财团（由移动研究公司、易安信、爱立信、索尼以及微软组成）、英特尔和Norpax（美国专利收购公司RPX的子公司）。

拍卖于2011年6月27日上午9：15在纽约举行。英特尔首先出价，虽然并不清楚具体价格，但肯定高于谷歌的9亿美元。此后，最低加价幅度确定为500万美元，其余的竞拍者都开始出价。

北电对形势进行研究后决定将加价幅度从500万美元上调至5000万美元，于是开始了第二轮竞拍。这一次Norpax没有出价。北电宣布了新的最高价并决定将加价幅度提高到1亿美元。由于Norpax没有出价，因此被迫退出，于是只剩下了4家竞拍方：谷歌、苹果、英特尔和Rockstar Bidco。

谷歌从这一轮开始的报价让人大感不解。他们之后报出了1 902 160 540美元、2 614 972 128美元等这样的价格。通数学的人或能认出这些数字是布朗常数或梅塞尔-梅尔滕斯常数（Meissel-Mertens constant）。一位知情人士说："谷歌用一些不是数字的报价竞拍。例如，他们显然以日地距离为报价金额。有一次报价还是一个著名数学常数的总和，当双方在30亿美元的价格上展开争夺时，谷歌又报出价码为圆周率π（31.4159亿）美元的竞价。"

到第5轮时，Rockstar Bidco没有出价。这就使得竞拍者减少到3家：谷歌、苹果和英特尔。之后，戏剧性的一幕发生了。正当Rockstar Bidco看似已经放弃时，苹果要求北电允许其与该财团进行合作谈判，北电同意了。谈判结束后，苹果决定与Rockstar Bidco

---

[1] 案例来源：http://news.newhua.com/news/2011/0711/127016.shtml；http://bbs.cfanclub.net/thread-486130-1-1.html。

合作，并采用对方的名称和交易结构。

在第 6 轮竞拍后，英特尔也决定放弃。这时，剩余的两家竞拍者被允许与已经放弃的各方探讨合作机会。到第 8 轮后，Ranger（谷歌）与英特尔展开合作。

于是，最终的决战双方变成了 Ranger（谷歌＋英特尔）和苹果（资助 Rockstar Bidco）。接下来的 10 轮竞价中，双方的加价幅度均为 1 亿美元。

到第 19 轮时，苹果（Rockstar Bidco）给出了 45 亿美元的报价。Ranger（谷歌＋英特尔）希望能够多一些时间来思考下一轮的报价，并获得了批准。他们最终决定放弃，而苹果（与 Rockstar Bidco 合作）则成为了最终的赢家。苹果这个"高富帅"是唯一一个没有放弃过的竞拍者。而且，正是苹果的资助才确保实力更强的 Rockstar Bidco 获得了最终的胜利。为什么 Rockstar Bidco 的实力更强？因为该财团获得了其他多家科技公司的支持，包括移动研究公司、易安信、爱立信、索尼以及微软。

谷歌收购北电专利失败了，当人们正在为谷歌如何获得电信行业的入场券，以推动其 Android 生态系统发展表达担忧时，2011 年 8 月，谷歌和摩托罗拉突然宣布谷歌将斥资 124 亿美元收购摩托罗拉移动，业内再次震撼了。

虽然谷歌在 2012 年提交给监管部门的文件显示，去年收购摩托罗拉移动的 124 亿美元中，有 55 亿美元是贡献给了"专利和成熟的技术"。但包括李开复在内的很多熟悉谷歌的人士都透露，谷歌完全就是冲着摩托罗拉的专利去的。

标准专利的重要作用在于与主要的竞争对手进行交叉许可谈判，互相制衡。但在诉讼方面，它是一把双刃剑。由于标准专利大都受到 RAND 原则的制约，如果你拿你的标准专利去找别人主张高额许可费，或者禁令，一旦得到法院的支持，很可能被视为其他标准专利的价格标杆。这样的话，其他人可能就会向你要求高额的许可费。当然，如果你是一个"专利怪盗"，则不必有此担心。

另外，如果你的产品中了竞争对手非标准专利的招，而你手中能够抗衡对手的只有标准专利，那局势对你来说也是非常不利的。因为标准专利由于涉及技术标准，并且一般做过 RAND 承诺，它在诉讼中的威力已经大大减弱了。

苹果公司的律师们开始对三星和最近收购了摩托罗拉移动的谷歌利用专利技术进行"不正当竞争"而忿忿不平。是的，这正是曾经对智能手机竞争对手广泛发起专利战的苹果公司，这也正是宁愿将竞争产品排挤出市场也不愿协商许可费用的苹果公司，这还是在多点触控技术被一所研究大学开发出来 26 年后才申请专利的苹果公司。但在他们眼中，真正的罪魁祸首反而是三星和摩托罗拉。这些公司的依据无线通讯相关专利提起的反诉❶。

大部分专利作为工业标准的组成部分都遵从"公平、合理和非歧视性"（F/RAND）原则。该原则能保证研发公司得到报酬，但前提是这些公司必须对使用者许可 F/RAND 专利。

苹果公司的律师最近在摩托罗拉的一场听证会上称，"摩托罗拉通过虚假承诺建立世界范围的标准，利用这些标准合并他自己的专利，排斥替代性的竞争技术。现在的摩托罗

---

❶ 案例来源：http：//blog.sina.com.cn/s/blog_5edb1c150100w3i6.html，北京大学徐慧丽翻译。

拉已经变成了一个看门人,专门积累力量破坏或阻挡相关领域竞争力量的进入。"

苹果还特地举例子,称摩托罗拉在反诉中拒绝从其18项专利集合中区分出7条F/RAND专利的事实。在之前的一场诉讼中,芬兰的诺基亚利用F/RAND专利和其他几项专利就交叉许可解决方案赢了苹果。可是在那件案子里,诺基亚仅对其法庭文件的特定部分区分了F/RAND专利,只不过苹果没有表示反对。

参考阅读:移动互联网江湖的专利较量

1. 江湖劫难

苹果向三星、摩托罗拉发动专利战争,就好似一个从IT深山中走出的武林高手,要在电信的江湖上打出一片天地。虽然这些受到挑战的电信大侠不过是移动互联网故事中一群被杀鸡儆猴的配角(苹果真正想刺杀的是另一位互联网绝世高手——谷歌),但他们也绝不可能束手待毙。

而专利这种兵器,恰恰是这些大侠所擅长的。几十年的技术内功修为,也足以让其在专利战上有实力与苹果一较高下。而且是苹果首先改变了电信终端的定义,"打乱"了终端市场的竞争格局。这个江湖中的新面孔还没有向各路已成名的英雄参拜码头,无视iPhone上使用的电信标准中的专利,却反客为主,在这些大侠凤凰涅槃、寄谷歌篱下以求生之际,落井下石,欲致人于死地。是可忍孰不可忍?于是这势必是一场双方比武,而非苹果单方的技艺展示。双方的兵器都是专利,但苹果剑走轻灵,使出的是一系列杀手级的"应用"专利;而电信大侠们则大多中规中矩,以电信业传统的标准专利予以回击。

2. 带伤上阵

短兵相接时,人们突然发现电信大侠手中之剑虽然势大力沉,但却受到牵绊。而这个"牵绊",尽赫然是被很多学者批评为"不清晰""易被权利人滥用"的RAND承诺。

RAND承诺确实不清晰。"合理"、"无歧视",这两个核心概念都是不明确的。"合理"这一带有强烈主观性的评价自不必言。"无歧视"本身也可以有多种解读,例如对不同公司收取不同许可费,是否属于歧视?而不同公司产量、可回授专利的规模、财务状况、客户对其产品的价格敏感度❶等方面可能各不相同,仍对其收取同样的许可费,是否反而属于歧视?由于这种不清晰,RAND原则也确实可能被权利人滥用,以合理的名义,收取客观上已经不合理的许可费。

然而从苹果的"抱怨"中,我们看到RAND虽然不清晰、可能被权利人滥用,但却绝不是无用的。带有RAND承诺的专利,权利人原则上不应禁止他人使用;并且,虽然模糊,但合理、无歧视还是具有一定的客观标准可供衡量,例如在欧盟对微软的反垄断裁决中,欧盟就提出了"象征性许可费""技术创新性衡量""市场

---

❶ 例如,一款售价5000元的高端智能手机与一款售价仅600元的普通手机,同样涨价50元,其各自的客户群体的接受程度显然是不同的。

可比技术的许可费"等判断标准❶。在蓝博士一案中,美国联邦贸易委员会也是参照标准制定之前同等技术的专利许可费来计算蓝博士最高可以收取的专利费。

因此这场较量中如果电信大侠将这些带有 RAND 牵绊的专利与苹果的杀手级专利相提并论,这当然是苹果不愿意看到的。

3. 一诺千金

苹果的抱怨当然不是毫无道理的。但电信大侠们似乎觉得委屈,甚至有人认为他们是"无辜的受害者",认为这些"无辜的受害者是否还有必要继续卑躬屈膝地为之提供 F/RAND 许可的确是一个值得讨论的话题。"

这个话题真的那么值得讨论吗?市场中没有"无辜的受害者",有的只是弱者与强者。在移动互联网的江湖,现在的弱者是这些电信大侠,而强者是两个绝世高手,一个叫苹果,一个叫谷歌,或许还会有第三个,但他的名字多半叫微软。这些电信大侠为了生存而不得不寄于谷歌的篱下。他们因谷歌的 Android 系统而受到专利攻击,他们手上握有攻击者不得不用的电信标准专利,因此他们需要反击。但他们多年前为了将专利写进电信标准而做出过 RAND 承诺,这个承诺毫无疑问依然有效,其效力不会因他们是"弱者"或"无辜者"而变得"值得讨论"。

所以,这场较量的吊诡之处在于,苹果使用了电信标准,而大侠们的标准专利受到 RAND 许可的牵绊;大侠们也使用了苹果的技术,但苹果的专利却不受任何许可承诺的牵绊❷。电信大侠们的标准专利确实在一定程度上防御作用降低,但因此而对其施与同情,认为 RAND 承诺的效力此时"值得讨论",找不到任何的法律依据。这只是对专利攻击抱有仇视性成见之人的异想天开。

4. 投石问路

不过我们或许可以在法律上找到一种解决方案,即在未来的标准制定中赋予 RAND 承诺一定的条件:在承诺人受到"攻击"时,RAND 承诺可以失效。这种"攻击"的范围,又可以进行从小到大的界定:

(1) 最小的范围:第三人因承诺人实施同样标准侵犯其标准专利而要求承诺人停止侵权的,承诺人对该第三人可以不再受 RAND 原则约束;

(2) 较大的范围:第三人因承诺人实施其技术侵犯其专利而要求承诺人停止侵权的,承诺人对该第三人可以不再受 RAND 原则约束;

(3) 更大的范围:第三人因承诺人使用其技术/作品侵犯其专利/著作权而要求承诺人停止侵权的,承诺人对该第三人可以不再受 RAND 原则约束;

……

(n) 最大的范围:第三人因任何原因起诉承诺人的,承诺人对该第三人可以

---

❶ 何怀文:《合理无歧视许可要求的客观衡量标准探析》,载于《电子知识产权》,2008年第8期。

❷ 当然,这并不意味着苹果就一定会赢得这场较量。正如新闻稿里所述,电信厂商不仅拥有标准专利,也拥有苹果需要的其他专利;并且如果电信厂商的标准专利数量巨大,苹果需要支付的专利许可费也将是电信厂商的重要谈判筹码。

不再受 RAND 原则约束；

第（1）～第（n）皆是防御性措施，作为标准组织的一项政策，可以由承诺人自行选择。但在技术标准被产业界广泛接受，不予专利授权可能会影响到竞争的情况下，这些措施能在多大程度上获得反垄断法上的认可值得考虑。毕竟，所防御的对象已经超出了该标准本身，落入了另一领域，这种行为可能被认定为滥用市场支配地位阻碍其他领域的技术创新。

在现实领域，通过 DOJ 审查的 VITA 及 ETSI 的知识产权政策❶均只包含"有限"的反向许可条款，即反向许可仅局限于同样的标准之内（相当于类似于第（1）种方案）。而涉及专利池时，DOJ 也是严格将专利改进的范围限制在专利池中现存的与标准相符合的核心专利❷。在此情况下，其他方案似乎也难以解决本案中涉及的问题（电信标准专利与非电信标准专利间的制衡）。

因此，上述方案看来也并非良策。或许真正有效的解决方案是同时依靠大量的非标准专利来解决问题，因为这些专利不受 RAND 承诺约束，属于"自由"的武器。

当然，苹果的兵器虽然不受 RAND 承诺限制，但是否可以在使出"停止侵权"这一招时发挥作用，还需要引入反垄断法的考察。这需要证明这些技术"确已"成为事实标准，苹果若不开放将会阻碍竞争，然后再讨论许可费的问题。就像当年太阳公司在欧盟要求微软开放其接口一样。否则，这些技术充其量只能属于受市场欢迎的技术，电信大侠们的使用就属于彻头彻尾的侵权了。

至于有人认为苹果的专利有效性值得怀疑，存在在先技术而应被无效，那不过是专利较量中的正常招式。这种双方均可采用的常规打法往往很有效，可以直接斩断对方的利刃。但面对如此的大战，除了置身事外的闲人，可能没有哪一方会相信对方在法庭上用于致命一击的专利是能被轻易无效的吧？

5. 殃及池鱼

苹果的抱怨目前仅仅针对的是电信大侠们的 RAND 承诺，但可能对未来电信业专利问题的解决产生重大影响。

随着电信行业标准的发展，参与电信标准制定的公司将增多，而拥有电信标准专利的公司也将会越来越多，从而加剧实施电信标准时的"专利灌丛"现象。为解决这一问题，电信业界很多公司希望借助于专利池实现一站式许可，降低专利许可难度，给予业界可以预期的专利成本，从而有利于技术标准的推广❸。然而正如前文所述，由于反垄断法的限制，加入电信标准专利池的公司在许可其标准专利的同时，只能获得被许可方基于同一标准的标准专利回授权。这也就意味着，如果电信企业加入了专利池，苹果可以很容易地通过专利池获得这些专利的许可。如果苹果仍然用其杀手级的"应用专利"攻击他们，此时他们的电信标准专利将基本丧失防御作用。

---

❶ VITA IPR 政策第 10.3.2 条；ETSI IPR 政策第 86 条。

❷ 可参考 DOJ 2002 年 11 月 12 日对 3G3P 的审查函及 1998 年 12 月 16 日对 3C DVD 专利池的审查函。

❸ NGMN Alliance Calls for LTE Patent Pool, http：//www.lightreading.com/document.asp? doc＿id＝211726，2011 年 9 月 18 日最后访问。

> 这或许会成为电信厂商加入专利池的顾虑。在移动互联网的江湖中，主动放弃一项武器，可能意味着一次重大的战略失误。而缺少电信大侠们的专利池又是难以真正解决专利灌丛问题的。
>
> 苹果一个抱怨，可能让电信标准中的专利问题变得更加复杂起来。

10.4 专利池的形成

❋ 专利池的基本架构介绍

一个标准可能有成百上千件的基本专利，而这些专利又可能分布在数个，甚至数十个权利人的手中。从理论上讲，要实施这个标准，需要获得所有这些专利权人的授权。——与他们谈判是个耗时费力的事情，交易成本非常之高。能不能有一种办法，可以一揽子地把这些专利尽收囊中呢？

既然市场有这个需求，那么就有人来满足这个需求。于是就有了我们这一节所讲述的"专利池"。所谓的专利池，听起来挺玄乎，其实就是把某个标准中所有/部分基本专利，放到一起，统一对外许可的一种形式。标准实施者只要签署一份许可协议，就可以取得这些不同专利权人的专利。

对于"专利池"这个概念的理解，其实也有不同。有人将专利池等同于专利联盟，认为两个以上公司为某种与专利有关的目的而组成联盟，即建立了专利池；有人认为专利池应指将不同权利人的专利集中在一起的一个平台，这些专利可以用于进行许可，也可以用于进行防御；还有人将两个公司的交叉许可也归入专利池的概念之内。

一般认为，1856年美国的缝纫机联盟是世界上第一个专利池，美国当时几乎所有缝纫机专利的持有人都是该专利池的成员。1908年，Armat、Biograph、Edison和Vitagraph四家公司达成组建专利池的协议，将早期动画工业的所有专利集中起来，形成专利池，统一对外向电影放映商进行许可。专利池的模式属于"技术的联合"，这些参与联合的公司可能是竞争对手，聚集的技术也可能是具有竞争性的，这些具有竞争关系的东西联合在一起，总是被反垄断法所仇视。

因此，专利池一直受到反垄断法的严加审视。所幸的是，目前反垄断当局对如何组建"合法"的专利池，还是有比较统一和清晰的意见的。而各专利池在实际构建和运作中，为保险起见，也尽量按照这些反垄断当局已有的意见进行操作。这样的好处是组建的专利池无须事先提起反垄断审查。

这些意见归纳起来主要包括如下要求：（1）有独立的第三方评估者；（2）只能以互补性专利入池；（3）不能限制权利人在池外进行许可；（4）不得披露被许可人的保密具体经营信息；（5）许可条件应遵循RAND原则；（6）入池专利的退出机制；（7）防御性设计只能针对同样标准的必要专利。

"互补性"技术有时候并不容易界定，为保险起见，在实践中专利池一般都只吸收某一技术标准中的必要专利。因为可以确定，这些专利都是实施该技术标准所必须的，相互间没有竞争性。

因此，从实际情况看，国际上真正运作的"专利池"，特指基于某一技术标准而组建的专利池，入池专利均为实施该标准所必须的专利，专利池的组建目的就是将这些专利聚集在一起对外进行许可。例如，意大利专利管理公司 Sisvel 管理的 CDMA2000 专利池[1]，杜比实验室的独立子公司 Via Licensing 管理的 802.11 系列标准的专利池[2]等。

> **案例：MPEG 专利池的反垄断审查解析**
>
> MPEG-2 是一种数字视频压缩技术，运用在各种产品和服务上，包括 DVD、通讯以及电缆、卫星和广播电视。一群拥有大部分的 MPEG-2 标准及 CableLabs 核心专利及的许可人组成了一个专利池。该专利池由一个独立组织，MPEG LA 管理。参与方向美国司法部（DOJ）提请了反垄断审查，DOJ 于 1997 年 6 月 26 日作出审查决定。

DOJ 批准该 MPEG-2 专利池，认为以下专利池条款使得专利池利于竞争而非抑制竞争：

首先，独立专家能确保被纳入专利池的各专利都是 MPEG-2 标准的核心专利，这点确保了被纳入的专利相互互补。

其次，MPEG LA 有义务基于相同的条件向所有潜在被许可人授予许可，因此降低了该专利池可能损害特定被许可人利于的可能性。不仅如此，被许可人也可以从专利各自的持有人处单独获得专利许可，这点也确保了专利池不具有反竞争的效果。

再次，保密条款禁止 MPEG LA 将竞争性敏感信息告知许可人和被许可人，因此降低了专利池被用作不法勾当的可能性。而且，因为设定的许可费只是 MPEG-2 产品费用的一小部分，许可费不可能用作不法操控下游产品价格的机制。

最后，专利池并未对未来创新设置任何反竞争限制，包括竞争产品和技术的发展。专利池也没有阻碍任何许可人开发竞争标准或禁止被许可人生产不符合 MPEG-2 标准的产品。反许可条款的条件很窄，仅适用于要求拥有核心专利的被许可人基于公平合理的条件，非排他性地将其专利许可给所有人。这降低了阻碍未来创新的可能性。

这个专利池也在欧盟申请了反垄断审查。欧盟经审查认为，各方（通过非独占许可）将开发 MPEG-2 技术的核心专利提供给集中许可人——MPEG LA。由于标准实施者不可能在不侵犯专利权人专利的情况下实施标准，因此这些专利为阻挡性专利。为解决阻挡性专利问题，将各自的技术进行集合许可是合理的。同时委托 MPEG LA 作为许可代理人也可以控制交易成本并迅速传播技术。任何希望实施 MPEG-2 规格的第三方将在标准的、非歧视性的条款基础上向 MPEG LA 寻求专利许可。另外，各方可以自由地同任意潜在被许可人进行单个许可的谈判。

---

[1] http：//www.sisvel.com/english/licensingprograms/cda2/introduction，2012 年 4 月 27 日最后访问。

[2] http：//www.vialicensing.com/licensing/ieee-80211-overview.aspx，2012 年 4 月 27 日最后访问。

> **案例：3C DVD 专利池的反垄断审查解析**
> 美国司法（DOJ）部于 1998 年 12 月 16 日就 DVD 专利池发布了一个反垄断审查意见。这个专利池包括三个持有与制造 DVD 有关的，符合 DVD-ROM 和 DVD-Video 格式的核心专利的许可人。
> 3C DVD 专利池其与众不同之处（在 MPEG-2 或 3G3P 专利池中未曾发现的特征）是不雇用一个独立的实体作为专利池管理人，而由其中的一位许可人——Philips，作为专利池管理人。

DOJ 发现，该池的如下条款可以促进整个 DVD 产业的竞争：

首先，一名独立专家将确定每个纳入专利池的专利是符合标准的核心专利。这些被纳入的专利只包括互补性专利，从而降低了专利池用于削减竞争性、替代性专利之间相互竞争的可能性。由于没有管理人，因此这个独立专家由许可人自己聘请。DOJ 最初对这一做法存在疑虑，但是许可人明确表示，这个专家的报酬和未来的续任都不会受到其做出的核心性认定的影响。因此 DOJ 认为这一做法并未违反反垄断法。

其次，DOJ 认为以下的具体条款不存在阻碍相关市场的竞争的风险：

（1）计划的许可费率相对于总制造成本来说非常低，使得它不太可能导致各制造 DVD 播放器的专利权人间相互勾结，来打压其他制造 DVD 播放器的公司；

（2）专利池将加强第三方获得核心专利许可的可能性，因为飞利浦被要求以一个非歧视性的条件将专利许可给所有感兴趣的第三方；

（3）每个许可人都可以自由独立于专利池自行许可其专利；

（4）飞利浦有权通过独立会计师审计被许可人，其他许可人同样有权利审计飞利浦，因而不会为任何实体不正当地获取竞争性敏感信息创造可能性。

最后，专利池并没有阻止未来的创新：

（1）仅现有的核心专利和专利申请被强制纳入池中；

（2）反向许可条款，仅限于核心专利，因为其得到了充分的限缩，因此不会打击被许可人对与 DVD-Video 和 DVD-ROM 标准相关的非核心性改进的动力。

2005 年 12 月 11 日，多年研究国内外知识产权案例的北大教授张平，向国家知识产权局提出申请，直指以飞利浦为代表的国际 3C 联盟（由索尼、先锋、飞利浦组成）针对本土 DVD 企业的专利收费问题。"我之所以要对飞利浦在中国使用的部分专利提出无效申请，并非专门针对这一家跨国企业。""我只是希望借这一个案例，让中国的企业能够意识到，自己是能够改变这种由于专利垄断而带来的不利局面。一直以来，在我的研究领域中，不断发现中国企业在面对由跨国企业带来的各种专利问题时，是无力的。而这些跨国企业带来的许多专利却是不合理的，严重阻碍了中国企业的创新。"张平向国家专利复审委员会提出飞利浦名为"编码数据的发送和接收方法以及发射机和接收机"（专利号为 ZL95192413.3）的专利无效，属于垃圾专利。该专利是 3C 联盟专利池中为数不多的中国专利之一，为基础性技术专利。该专利已被广泛运用到手机、DVD、数码相机等数码产品中。飞利浦表示，"3C 的 DVD 专利池模式是要比分别许可累计专利的专利费总额要低。

实际上，3C 专利池也未要求被许可方对新加入专利池的专利而增加付费，这对被许可方是很有利的。"

"3C 的专利一揽子费用，并非国家法律规定，而是相关行业行规，是这些跨国企业制定出来的。我们不能要求飞利浦等企业改变专利收费标准，但是我们将他们的垃圾专利、无效专利和非必要专利一一打出来以后就可以据此来改变不合理的收费标准。"张平认为❶。

以下对专利池运作机理的讨论，都是基于这种标准技术"专利池"来进行的。

就像任何事物一样，专利池也是有它的"生命周期"的。专利池的最初形成一般可以是这样的过程：

（1）一些标准专利的持有人有意共同组建一个专利池，于是开始就其中的问题进行深入讨论，达成协议后，由其中一家公司全面负责专利池的运营。或者各公司有初步意向后，共同选择一个专利池管理公司，由该公司组织大家进行讨论，并在专利权人达成协议后负责运营专利池。

（2）某个标准冻结后，一些专门的专利池管理公司认为该标准未来有广阔的市场前景，于是利用各种手段（例如发新闻稿、在网站上进行宣传）召集该标准的必要专利持有人参与其专利池筹备活动❷。专利池管理公司负责组织各专利权人进行专利池相关问题的讨论，并在达成协议后负责专利池的运营。

负责专利池运营的公司，被称为许可管理人（Licensing Administrator）。许可管理人除了组织专利池筹备工作外，更重要的职责是在专利池建立之后对专利池的管理，包括①寻找市场上的技术买家进行许可，必要时还要组织专利权人提起法律诉讼，这实际上是一项销售工作；②对被许可人的产品销量等进行一定的监控，以确保其按照许可协议的约定支付许可费；③将许可费在不同专利权人间进行分配等。

如果是某一家专利权人来负责组织、管理专利池，这种可以称为"联合授权方案"。例如，飞利浦是 3C DVD 专利池联合授权方案的组织方，而他本身也是专利权人。另外一种"有管理者的专利池"是更为普遍的情况。国际上赫赫有名的专利池管理公司包括 Sisvel、Via Licensing、MPEG LA 等。

当标准技术已经被新技术取代，或者专利池运营不成功（原因可能是多样的，如技术标准本身未被市场接受，许可管理人未能开展有效的许可等），则专利池将根据协议解散。

整个专利池的生命过程可以用图 10-1 表示：

初步意向/专利召集 → 专利池筹备活动 → 专利池成立 → 专利池运营 → 专利池终止

图 10-1 专利池的生命过程

一个专利池的运作主要涉及三方：专利权人、许可管理人及被许可人。在法律关系设

---

❶ 案例来源：http://it.sohu.com/20060819/n244883975.shtml。

❷ 相关的召集新闻稿可以参考 http://finance.ifeng.com/usstock/realtime/20100201/1784551.shtml，http://cn.reuters.com/article/pressRelease/idUS129779＋26－Aug－2009＋BW20090826? symbol＝DLB.N 等。2012 年 4 月 27 日最后访问。

计上，许可管理人与专利权人间可以是代理关系，也可以是许可关系（即专利权人将专利许可给管理人，并允许其进行分许可）。这三者间的关系可以用图 10-2 表示：

图 10-2 专利权人、评可管理人和被许可人关系

一般而言，许可管理人与不同专利权人签署的入池协议都是相同的，其中设定了如何进行专利评估、如何进行许可费分配、如何进行诉讼决策等一系列条款，这些条款对不同专利权人都是透明的。许可管理人对外许可适用的费率，是由各专利权人一起讨论决定的（为行文方便，我们在此将其称为"一般式专利池"）。

但也有一些专利池，不同专利权人与管理人签署的协议并不相同，且这些条款对其他专利权人保密。这种模式下的专利池更像是一个简单的"代理集合"，即管理人分别从不同专利权人处获得标准专利的许可代理权，然后统一对外许可。对外许可费无需经专利权人集体讨论，只需简单地将各权利人要求的费率相加即可（在本文中我们将其称为"代理集合式专利池"）。笔者后文将会论述，从整个产业发展的角度看，这样的专利池只是专利权人的收费工具而已，并不会为产业发展带来太多的好处。

从实践看，为满足 RAND 原则的要求，管理人与不同的被许可人都一概签署相同的许可协议。许可协议的文本实际上在专利池筹备阶段即由专利权人、管理人拟定好。在专利池运作中，该文本类似于格式合同，标准实施者要么签署，要么走开。

事实上，在专利池筹备阶段，专利权人之间，或者专利权人与管理人还会签署一项筹备协议。该协议主要规定筹备费用的分担、对讨论的内容保密等条款，筹备协议中还会包括评估条款。在实践中，能够参与专利池筹备讨论的人，必须是相应技术标准的必要专利所有人，这主要是出于避嫌反垄断法的考虑。因为专利池筹备活动中，各公司会讨论未来的许可费、许可收益的分配等问题。很多反垄断律师认为未持有基本专利的公司未来无法作为许可人加入专利池，其参与这些敏感问题的讨论是不合适的。当然，也有部分观点较为激进的律师认为这么做并没有违反反垄断法。但目前还没有见到哪个国际专利池敢于进行这样的实践。参与筹备活动的公司，必须至少持有一件被评估认定的基本专利。

筹备活动中主要讨论的就是专利池如何对外许可（比如针对什么产品进行许可、收多少许可费、有人不交钱时怎么办等）以及收到钱后怎么分的问题。而且一般一旦谈定，被许可人就能只接受。

组建专利池是一个非常复杂的工程。由于涉及的产业情况、技术标准的不同，各专利池都会有其特有的问题需要解决。这里仅介绍一些不同专利池共通的重要问题：

（1）许可哪些专利

这个问题似乎很简单，即相应标准的必要专利。但实际上，这一问题与评估、针对哪些产品许可这两个问题是联系在一起的。

例如，专利权人 A 有多项必要专利，但其中有一项并未进行评估，那么专利权人 A

是否也需将这项专利进行许可？理论上，A 当然可以保留；但实际上没有哪个专利池会允许成员这样做。这是因为某一被许可人从专利池拿到实施某技术标准的许可后，则其当然认为专利池成员已经允许他实施该技术标准；而如果被许可人获得许可后还面临着侵犯某一成员必要专利的风险，那被许可人还不如一开始就单独同专利权人单独谈许可，专利池一站式许可的优势则不复存在了。

再如，某一必要专利 X 分别保护编码和解码的流程，但专利池许可的产品只针对编码器，不针对解码器。则被许可人获得专利池许可（包括 X 专利的许可）后，只允许生产或销售编码器，而不允许生产或销售解码器。

（2）是否必须评估

虽然独立第三方评估是反垄断法明确要求专利池必须具备的特性，但在实践中并非僵化地严格执行。在一个国际专利池项目中，一项许可涉及的是全球不同地区的专利，如果每一件专利都进行评估，则成本将非常巨大，这会影响持有大量基本专利的公司加入专利池。另外，在有些国家可能根本找不到能够进行独立评估的专利代理人或律师。

于是，专利池往往会采用变通的方法。例如，规定在某几个地域内的专利必须经过评估，而在其他地域的同族专利，只需权利人声明即可。当然，对这些"声明"的专利，允许其他成员提起质疑程序。

（3）针对哪些产品进行许可

一项技术标准的实施往往涉及很多产品。例如，通信标准涉及终端、基站，终端又有手机、数据卡、电脑等，甚至手机也可以再细分为智能手机和功能手机；再如，视频标准涉及解码器、编码器、数据流、存储介质等。有的专利池会针对各种类型的产品均进行许可，有的仅针对其中某些类别。

（4）针对产业链上的哪一环进行许可

一个合理的专利池应该只针对产业链上的一个环节进行许可。例如可以针对许可芯片厂商，也可以针对整机厂商，当然还可以针对销售者。

从法律的角度看，许可管理人在向销售者进行许可后，当然还可以向制造者收取许可费。但这将导致整个产业链多重缴纳许可费的问题，这是不合理的。实践中专利池一般都是针对整机的制造商进行收费。

（5）许可费及其分配

针对不同产品收取多少许可费，是专利池的核心问题。往往是专利权人在进行专利池筹备时的争议焦点。从专利权人的角度，许可费并非越高越好。过高将不利于产业的发展，技术标准实施者减少，最终导致专利权人的利益受到损害；另外，有些专利权人本身也需要从专利池获得许可，他们往往不愿意将许可费定得过高。

另外，许可费如何分配也是一个关键问题。分配方式多种多样，可以完全由专利权人讨论决定。上文提到的那种"代理集合式专利池"，从另一个角度也可以看作一种许可费的分配方式。专利权人 A、B、C 分别对其标准专利主张 1 美元、3 美元、2 美元的许可费，管理人向被许可人收取 6 美元，并分别按照专利权人的要求对这 6 美元进行分配。

（6）如何处理无赖公司

所谓"无赖公司"，即实施了技术标准，但又不愿意支付专利费的公司。许可管理人最开始会通过电话联系、拜访等方式要求标准实施者购买许可。但确有一些公司不愿意合作，此时就需要通过诉讼手段解决问题。

有的许可管理人会要求专利权人在加入专利池时即签署一项协议，将发起诉讼的决定权转让给许可管理人，这是一种比较激进的做法。这种方式有利于许可管理人开展许可，使其利益最大化，但不一定对专利权人有利。有的专利池则较为温和，专利权人可自行决定是否起诉。在有些机制下，甚至以专利池名义发动诉讼，还需经专利权人投票表决。对于进行诉讼的公司，一般还会给予一些奖励，例如在专利许可费中为其分配更多的份额。

（7）专利权人如何进行防御

专利池的许可都是开放式的，即任何公司均可要求管理许可人给与其许可。这可能导致如下的问题：专利权人A将其必要专利放入某一标准技术的专利池，标准实施者B获得了专利池许可，之后B又以其专利控告A侵权。此时A无法与B进行交叉许可。这种情况导致了专利池无法吸引那些以专利防守为主要战略的必要专利持有人。

因此专利池中往往还会为专利权人设置一定的防御机制。最典型的是"防御性终止"和"回授权"。在防御性终止机制下，若B也以同样标准的必要专利控告A侵权，则A通过专利池对B的许可自动终止。之后A可以以其专利与B进行交叉许可；在回授权机制下，B在获得专利池许可的同时，必须将其同样标准的必要专利以一定条件（例如免费，或者与专利池相同的条件）授权给专利池成员。

这两个机制最大的缺陷在于，所针对的专利，必须是同样标准的必要专利。之所以要做这样的限定，是出于反垄断法的考虑。换言之，假设B采用其他专利来攻击A，则A将无能为力。

一个好的专利池是有利于相关产业发展的，它能给产业带来的好处包括：

（1）降低产业的专利成本。一般而言，专利池整体许费低于专利权人单独进行许可的许可费之和。并且专利池的一站式打包许可，也可以降低标准实施者的专利许可谈判成本。

（2）一个代表广泛的专利池，能为整个产业的专利许可价格设定标杆。专利池能召集到所有必要专利池持有人的例子是非常罕见的。总有部分公司喜欢待在池外自己行动。如果市场上有一个代表广泛的专利池存在，则这些公司对其专利漫天要价的行为，将难以得到法院支持。这是因为一个代表广泛的专利池的许可价格，代表了整个行业基本可以接受的价格，法院在判决侵权赔偿额会以此作为重要参考依据。如果专利池中每件专利仅收取0.1美元许可费，而池外公司却对其每件专利的许可费要价1美元，那法院显然不会支持后者。

在此，我们可以分析一下前文所述的"一般式专利池"与"代理集合式专利池"的区别。一个一般式专利池，它的一切讨论都是对专利池成员透明的，这些成员虽然都是专利权人，但可能来自于产业链的不同环节，他们对各种问题，尤其是专利费这一问题的讨论，实际上是一个产业链博弈的过程。最终达成的结果代表了整个产业链对这一问题的互相妥协。因此通过这种过程确定的许可费具有很强的代表性，能够完成上述第（2）项使命。经过讨价还价后，得到的是一个"妥协后"的整体专利费，这比各专利权人主张的专利费叠加在一起要低，因此这种专利池也能完成上述第（1）项使命。

反观代理集合式专利池，其成员与许可管理人仅进行双边商谈，没有产业链互相妥协的过程，最终总的许可费不具有代表性。并且总的许可费是"叠加后"的整体专利费（而非"妥协后"的整体专利费），产业的专利成本也无法降低。正是因为这种专利池的总许可费偏高，难以被标准实施者接受，因此许可管理人往往采用激进的诉讼措施逼迫标准实施者就犯。

❀ 加入专利池的战略考量

如果你很幸运拥有了某个标准的基本专利，而又有人正希望就这个标准的基本专利组建一个专利池，那么你是否要加入这个专利池的筹备活动？如果专利池最终组建成功，你是否要加入专利池呢？

要考虑的东西当然很多。不同的公司当然还会有不同的考量因素。这里我们介绍一下加入专利池筹备活动以及最终加入专利池可能的影响，以为决策时提供参考：

（1）专利池筹备活动

1）费用相对昂贵

专利池筹备，一般要经过1~2年的过程。平均每2~3个月开一次会。对于一个国际专利池来讲，每次开会地点不固定，通常都是在世界各大洲轮流开会。路费、住宿费用由参会者自己承担，会议费用（包括请反垄断律师的费用）由各参会者共同分担。一般而言，每次会议的花费在4000美元左右。

2）不参与筹备活动，不意味着不能加入专利池

专利池一般都是对所有的基本专利权利人开放的。因为只有筹集到的基本专利越多，这个专利池才越具有代表性，市场的接受程度才越高（尤其是有管理人的专利池，管理人是靠许可费提成来盈利的，专利池中拥有的基本专利越多，他们才越能够挣钱）。因此你即使在筹备阶段不加入，等专利池成立后再加入也是可以的。

3）不参与筹备活动，意味着你无法参与专利池谈判

专利池的所有问题，包括协议（包括专利权人与管理许可人的协议、未来的对外许可协议）都是在筹备期间谈妥的。一旦谈定，则后面几乎没有改变的机会。因此，如果在专利池成立后再加入，也就只有接受这些条件了。

但是要注意的是，虽然表面上看，各公司在专利池筹备会上都有相同的表决权（一公司一票），但实际上的谈判筹码多少，是由各公司拥有的基本专利数量来决定的。这个道理很简单：专利池管理人要确保留住那些拥有很多专利的公司，这样这个专利池最后才是靠谱的，市场才容易接受。而市场接受度越大，他们销售出的许可也就越多，获得的提成也才越多。

我们举一个极端的例子：假设一个专利池筹备会有10个公司参与，其中8个都只有一件基本专利，另外两个公司各自拥有20件基本专利。在对许可费投票时，那9个公司支持1美元/设备的费率，而那个大专利权人却不支持。根据会议的决策程序，1美元的费率得到通过。但这个费率可能使得大专利权人最终选择不加入这个专利池。这个结果当然是专利池管理人（LA）不愿意看到的。于是LA会不断与各个公司进行协调，不断把费率问题再次搬回谈判桌上让大家讨论，争取能够达成一致。如果最终实在差距太大，LA必须面临选择的时候，那他多半会放弃那8家小专利权人。

但这里面其实是有一个悖论的：在参加专利池筹备活动中，各公司为了节约成本或者隐藏真实实力的考虑，往往只提交一件基本专利进行评估（因为只要有一件，就具有了参加专利池筹备活动的资格）。那专利池管理人怎么知道到底谁拥有的基本专利多呢？答案是：靠猜。当然，不是瞎猜。他们都会基于前期标准制定过程中的提案量等指标，来分析一下各参与者大概的基本专利数量。

（2）加入专利池

1）加入专利池，意味着你无法再"拒绝许可"

虽然标准专利要遵循"RAND"许可原则，但是一般认为，专利权人的禁止权仍然保留在手中。这个禁止权非常重要，它可以用来实施很多的战略制衡。例如，2012年在三星与苹果的专利大战中，三星在美国战场上完败。法院禁止三星继续在美国销售其三款手机，并需向苹果支付巨额赔偿。随后不久，苹果计划发布iPhone5手机。三星在事前就放出风来，只要苹果的iPhone5手机支持LTE功能，他们将立即起诉。三星号称拥有大量的LTE标准基本专利。

但是如果你加入了专利池，你的基本专利就将随着池中的其他专利一起被许可掉了。比如，如果三星加入了LTE专利池，苹果可以向LTE专利池的管理人买一份许可，就立即获得了三星的所有LTE基本专利。这时三星无法再将这些专利作为战略资源来进行使用。

2）加入专利池，你仍然有一定的防御能力

专利池一般会为其成员设立一定的防御条款。但这种防御仅限于对方用同样标准的基本专利来攻击你。例如，A通过专利池将其WCDMA的基本专利许可给了B，但如果B用他自己拥有的WCDMA基本专利起诉A的话，A是可以终止许可的。

3）即使加入专利池，你对自己的专利仍然有一定的把控力

虽然加入专利池后，别人将可以通过联系专利池而轻易获得你的专利许可，但这并不意味着你就被专利池绑架了。你自己也可以同时对外进行许可。因为你授予专利池管理人的许可是非排他的，专利权仍然在你自己手中。你甚至还可以一女多嫁，将同样的标准专利授权给不同的专利池许可人（当然，实践中这种情况很少发生）。

4）加入专利池后，无法随意退出

专利池管理人为了保证其专利池的稳定性，一般不会允许加入者有权随时退出。因此你一旦加入，那么在协议期间，专利池管理人都可以将你的专利对外许可。

> 这一章我们介绍了专利标准化以及与其有关的专利池的一些知识。专利标准化是我国在大力倡导的一种战略，如果能够成功，将很大地提升我国在国际贸易中的话语权。至于专利池而言，那只是基本专利的一种许可手段。相信通过更多专利许可实践，更多许可的问题可以通过这个庞大的市场自己解决。

第11章 专利奖励与激励

从经济学的观点看,专利制度的目的是为了激励创新。否则发明创造将成为一种"公共物品",任何人都可以无需付费地使用,没有人再有动力进行技术革新。专利制度使得更多地人参与到技术创新中来。新技术源源不断地被开发出来,并受到专利保护。

但哪些专利真正能为技术创新者带来回报?这必须要回归到市场的需求上来。只有那些市场需要的技术,才能真正为技术创新者带来利益。本章中,我们将为大家展示专利能为创新者带来的利益。

11.1 申请专利与奖励

小学的时候,我们都学习过爱迪生的故事。相信大部分人当时都有一种长大当个发明家的美好梦想。然而不幸的是,爱迪生的传说只能停留在19世纪。马克思所描述的"工业化大生产",已经不再只是面向工业产品。在技术创新领域,那种靠个人单打独斗,手工作坊式的技术生产模式,已经一去不复返了。取而代之的,是以高额投资、团队作业为特征的生产方式。所以,我国的知识产权战略明确的提出来:企业才是现代创新的主体。

虽然如此,但实际做出发明创造的,还是那些一个个的自然人。因此对他们的创新激励才是激励的根本。所以,真正重视专利的企业,都会采取相应的奖励措施,以鼓励自己的员工尽量多地为企业创造出有价值的新技术,并由企业去申请专利。

这种奖励根据企业的专利战略的不同而有所不同。从形式上看,一般以奖金为主。毕竟已经是市场经济了,光靠精神奖励,不仅难以形成对发明人的有效刺激,而且有时候显得很可笑。而且,光进行精神奖励,本身也是违法的。我国专利法第十六条明确规定,"被授予专利权的单位应当对职务发明创造的发明人或者设计人给予奖励;发明创造专利实施后,根据其推广应用的范围和取得的经济效益,对发明人或者设计人给予合理的报酬。"

一般大的公司,都会在发明人的新技术通过内部专利评审,决定要申请专利后发放奖金,而不是像规定的等到专利授权后。当然,有些公司在专利授权后还会另外给一笔奖金。

另外一个问题是,应该给予多少奖励呢?这原则上可以由公司通过劳动合同与员工约定,也可以由公司制定管理制度来规定。如果没有约定或者规定,我国法律给了一个底线:(1)一项发明专利的奖金最低不少于3000元;一项实用新型专利或者外观设计专利的奖金最低不少于1000元;(2)如果这个专利真正被公司实施了,那恭喜你,还可以得到一笔钱:因公司实施发明专利、实用新型专利而获得的营业利润中的2%,如果是外观设计，则是 0.2%；(3) 如果专利还被公司对外许可了，那你还可以至少得到许可使用费的 10% 作为奖励。

对于"专利授权奖"（正如我们前面所说，更多的时候其实是"专利申请奖"），一般大的公司都会有自己的奖励标准，而且普遍比《专利法》的规定要高，有的甚至能达到万元以上。但对于所谓"专利实施奖"，其实没有太大的操作可行性。首先，"因实施专利而获得的营业利润"，这一点就很不好确认。一个企业营业的成本包括了前期研发成本、产品制造成本、公司运营成本、销售成本等。把这些成本摊到某个产品中去，再由产品的营业额减去这些成本，才得到产品的利润。如果某个公司就只有一款产品，当然这种计算是相对简单的。但如果这个公司有多款产品，要计算每一款的利润，就要难得多。但更难的是，把利润算出来后，其中有多少是因为专利带来的？这几乎无法评估。难上加难的是，如果这个产品有很多专利，那如何确定每件专利给这个产品增加了多少利润？所以在实践中，很少听到哪个公司真正按照这个标准在执行。

虽然专利制度越来越多地成为（有些学者使用了"异化"这个词）企业的竞争工具，但它鼓励人们创新的原始初衷始终没有改变，并且继续捍卫着那些伟大发明家们的智力结晶。

> **案例❶**：每年有大量的个人发明人向专利局提交专利申请文件。但这些专利技术很多都因为技术本身不靠谱，最终都无法为发明人带来实际的利益，反而使得他们花费了大量的心血去维权，最后得到的却是一个又一个的打击。在这些石头当中，总有一些真正的金子，他们是经过发明人潜心研究而得到的，对社会确实具有实际的价值。这些专利的发明人，终究会得到回报。2009 年 6 月 17 日上午，刚刚入夏的济南已经很炎热了。位于济南的山东大厦人山人海。这里正在进行"山东黄金集团并购平邑归来庄金矿暨平邑县政府与山东黄金集团战略合作"签约仪式。
>
> 而这天的主角却是一个叫做郑晓廷的人。他 10 年前潜心研发的专利技术"一种全泥氰化锌粉置换与炭浆吸附串联提金方法"真正为他"提"来了金子。这件专利将作价 1617 万元，入资山东黄金集团平邑县归来庄金矿矿业有限公司，按照该公司的资本核算，郑晓廷个人将持有公司 2.59% 的股份。
>
> 郑晓廷从事金矿工作 10 余年，这件专利是他花费了四五年的时间才研究完成。该方法的提出，彻底改变了原有的淘金方法，不仅可以节水，而且还减轻了污染，开创了世界淘金的新方法。这项专利还曾经获国家科技进步三等奖，山东省科技进步特等奖。

上述案例是一种比较特殊的情况。正如前面所讲，由于投资的原因，现代大部分的专利都被各企业持有。为了保护发明人的利益，一些国家的法律明确规定了对于这些发明创造人的奖励，以期他们能够有动力作出更好的发明。

---

❶ 案例来源：http://finance.sina.com.cn/focus/IPO23-XDXC/index.shtml。

案例：在20世纪整个80年代以及90年代初，中国流行着一句顺口溜：搞导弹的不如卖茶叶蛋的，拿手术刀的不如拿剃头刀的。知识分子似乎是贫穷的代名词。不过不断健全的专利制度，将这种脑体倒挂的现象远远地扔到了历史的洪流中去了。知识的价值，因为专利，一下子便摸得着、看得见了。

"高亮度蓝色发光二极管"被称为20世纪的一项伟大发明，它促使了全彩色LED屏幕的出现，并产生了能够取代白炽灯和荧光灯的新一代节能照明灯具。

它的发明者就是日本科学家中村修二。

中村修二是加州大学圣塔芭芭拉分校（UCSB）工程学院材料系的教授。他在日本日亚化学工业株式会社（Nichia Corporation）就职期间，基于GaN开发了高亮度蓝色LED，为日亚化学获得了近2000亿日元受益，尚不包括将来的和向其它公司专利授权的收入。不过最初时候，日亚化学仅向中村修二支付了2万日元的奖励，甚至还将其调离研发一线。中村修二成为了名副其实的"中村奴隶"。不过在接下来漫长的围绕巨额等价报酬的职务发明诉讼案——"蓝色LED诉讼"，或称为"404专利诉讼"中，则以"奴隶"最终取得完胜收场。

最初，中村修二实际要求等价报酬的专利项仅涉及蓝色LED等氮化镓（GaN）类化合物结晶成长法"2Flow MOCVD装置"中的"404专利"一项，但东京高等法院认定，在蓝色LED等发明中除404专利外，还包括对GaN类化合物进行p型转化的"热退化处理"（退火法）专利，低温GaN缓冲层（低温GaN缓冲层）专利，双异质结构的有关专利、量子井结构的有关专利、透明电极的有关专利，通过荧光体与蓝色LED的结合而得到白色光的专利等重要或有效专利。并在最终出具的调解书中，将中村修二在日亚化学工业工作时作为发明人而参加的上述全部专利，全部计算了等价报酬。

最终，日亚不得不向中村修二支付高达8.4亿日元（约为6700万元）赔偿金，中村修二也因此得以由"奴隶"摇身一变成为财富新贵[1]。

案例：2004年3月，77岁的中国工程院院士李瑞麟获得了他人生最大的一笔收入——250万元。1993年，面对前列腺肥大患者日益增多的现状，李院士尝试用激素调控治疗前列腺疾病，经过反复试验，研究出了疗效满意的新成果。李院士将这项可开发成国家一类新药的成果申请了国家发明专利。它比传统药物疗效长、价格低、副作用小，停药后也不易复发。

这项技术属于他所在的单位上海科学院所有，上海科学院和一家国内知名企业谈成了这项专利的转让合同，转让费500万元。双方并一致同意转让费50%归这位院士所有。

李院士用转让专利所得的这笔钱，在上海一个优雅的地段买了一套价值约140万元的三房一厅。他感动地说："这是我投身科研数十年来获得的最大一笔收入。"上海科学院一位副院长负责这项专利的转让。他说，这项成果有巨大的社会效益和市场效益，这位院士为它耗费了10多年的心血，放弃了许多休息日，因此，50%的转让费是他应得的正当收益。我们应当转变观念，推进科技成果分配机制的创新，让科研人员的智力劳动与收入更加一致。

---

[1] 案例来源：http://lights.ofweek.com/2010-11/ART-220018-8300-28432881.html。

但上述案例并不是事情的全部。依靠专利发财，有成功的，也有失败的。一个专利，从技术产生，到获得授权，再到真正为权利人带来价值，这是一个极其复杂和漫长的过程，需要投入大量的时间、金钱，甚至还需要运气，才能最终获利，这个成本是很高的。因此曾有人说过，专利有"三不搞"：钱少不搞，人少不搞，命短不搞。就是说一个公司如果没有大量的资本投入，没有很多专门的知识产权人员，或者本身这个公司就不准备长期经营，那就不要搞专利。公司如此，对于个人来讲，更是如此了。专利有风险，入市需谨慎。

> **案例**：1997年，在安徽宿州的市面上，手机销售正供不应求。一个叫做解文武的商人看准了商机，决定开一家手机店。他通过贷款、借债等各种方式，凑到了100万元人民币，准备进行一次人生的赌博。赌输了，血本无归；赌赢了，一夜暴富。无论输赢，解文武都做好了心理准备。
>
> 但事情却发生了戏剧性地变化，朝着他没有想过的方向发展。1999年1月1日，解文武的第二家手机店开业了，位于宿州市邮电局旁边，面积约40m²。然而让他意想不到的是，1月10日晚上，这家新开张不到半个月的小店就遭到盗贼洗劫，价值4万元的手机及配件不翼而飞。同年12月，解文武的店再次被盗。这次让他损失了大约有17万元。随后，他家的手机店生意越来越好，还曾入驻中国联通营业厅，在那里开了柜台。但是，让他没想到的是，联通营业厅开张不到3个月，就又遭遇了盗窃！
>
> 事实上，从第一次被盗窃后，解文武就开始了他对手机防盗技术的研究。在第三次店铺被盗窃后，解文武加快了对"手机防盗报失"方案的完善。2000年以后，解文武终于完成"手机智能报失解决方案"的发明，并申请了专利。从2001年起，解文武开始推广自己的发明。
>
> 2001年9月底，国内著名手机生产商夏新以10万元的价格与解文武签订了专利技术普通实施许可协议。事情开始向着好的方向发展。解文武似乎感受到了命运正向他微笑。他更加自信，开始向国内各手机生产厂家，宣传和推广自己的发明专利。然而推广效果并不理想。这其实已经为他后面的悲惨命运埋下了伏笔。
>
> 2003年12月3日，解文武终于获得国家发明专利证书。2004年5月，解文武在手机市场上发现海尔信鸽3100系列手机具有"智能防盗"功能。之后，解文武与海尔进行了多次沟通、谈判，无果之后，他开始拿起法律的武器。但是，让解文武大吃一惊的是，一审法院以"禁止反悔原则"驳回了他的诉讼请求：解文武是在明确将"非法用户不能正常使用"的情形排除在专利保护的范围之外的情形下才获得了专利权。而海尔的手机，非法用户仍然能够正常使用。2005年最后的十几天，北京市高级人民法院维持了北京市第一中级人民法院的判决，驳回了解文武的诉讼请求。❶

这场官司起了连锁反应，之后再没有手机厂商向他支付过专利费。

---

❶ 案例来源：http://news.qq.com/a/20060424/002513_1.htm。

11.2 国家专利奖励介绍

我国一直在努力从中国制造到中国创造转变。各级政府、政府相关部门，也纷纷出台各项政策，希望能促进我国的本土技术创新。

其中，奖励政策被视为一项很重要的措施。这一节我们重点向您介绍两个国家层面的专利奖励政策。奖励制度及专利制度都是鼓励创新的重要制度，两者既有重叠，又有补充。如果说，专利制度是给天才之火浇上了利益之油的话，那么奖励制度，则是给这团火又扇了把利益之风。二者相互结合，成为促进我国科技进步、技术创新的重要力量。

（1）中国专利奖

中国专利奖是我国唯一对获得专利权的发明创造实行奖励的政府部门奖，并且已经得到联合国世界知识产权组织（WIPO）的认可。从 2009 年开始，为落实《国家知识产权战略纲要》，加大对我国本土技术创新的支持力度，评选的频率从两年一次改为了一年一次。到 2013 年，已经是第 15 届了。

根据《中国专利奖评奖办法》，发明、实用新型专利评奖要求发明、实用新型专利所提供的技术方案构思巧妙、新颖，原创性强，技术水平高，对促进本领域的技术进步与创新有突出的作用，而且，该发明、实用新型专利为应对国内外市场竞争发挥了重要作用，取得了突出的经济效益或社会效益；外观设计专利评奖要求外观设计专利在形状、图案、色彩或其结合上具有较高水平，且该外观设计专利取得了突出的经济效益或社会效益。

中国专利奖不仅仅是个噱头，获得中国专利奖的发明人，"名"自然不在话下，背后的"利"也是实实在在看得见摸得着，根据《中国专利奖评奖办法》，对荣获中国专利奖的发明人或设计人，所在单位应将其获奖情况及相关业绩记入本人档案，并作为考核、晋升、聘任技术职务的依据之一，所在单位或上级主管部门并应给予相应的奖励。

例如，广东省政府为鼓励发明创造，对获得"中国专利金奖"称号的单位给予每项 100 万元奖励，对"中国专利优秀奖"单位给予每项 50 万元的奖励。2010 年，中国专利奖评审委员会共评选出第十一届中国专利金奖项目 15 项，优秀奖项目 170 项，其中，中兴通信独得两项"金奖"和两项"优秀奖"，并因此捧走广东省政府 300 万元大奖。

（2）高新技术企业

如果你经营着一个企业，你的企业每年要交多少税呢？一般来讲，企业所得税的税率是 25％。也就是说你挣了 1000 万，需要向政府交 250 万的企业所得税。有一种情况可以将税率从 25％降低到 15％。

这种情况就是申请高新企业认证。如果你的企业属于高新技术企业，那么你可以享受到上述优惠税率。而顾名思义，所谓高新企业，那自然你的公司要属于科技公司，有一定的技术实力才行。而技术实力的一个很重要的体现就是专利。所以专利也就是评定高新企业的一个必要的指标。

根据《高新技术企业认定管理办法》，高新企业认定的条件之一，就是"近 3 年内通过自主研发、受让、受赠、并购等方式，或通过 5 年以上的独占许可方式，对其主要产品（服务）的核心技术拥有自主知识产权"。这里的知识产权是指发明、实用新型、以及非简单改变产品图案和形状的外观设计（主要是指：运用科学和工程技术的方法，经过研究与开发过程得到的外观设计）、软件著作权、集成电路布图设计专有权、植物新品种。

高新企业认定是通过打分的方式来确定的，分为四个评价维度：知识产权、科技成果转化、科研管理水平以及成长性指标。其中知识产权的满分是30分。按照拥有的知识产权数量不同，企业在这一项被分为A（6项，或1项发明专利）、B（5项）、C（4项）、D（3项）、E（1~2项）、F（0项）六个档次，每个档次的系数分别为：A，0.80~1.0；B，0.60~0.79；C，0.40~0.59；D，0.20~0.39；E，0.01~0.19；F，0。所以如果你拥有一项发明专利，那你的知识产权得分就将是30×(0.8~1)，即24~30分之间。

> 这一章我们简要介绍了关于专利奖励的相关知识。在一个市场经济环境中，对于专利真正的奖励，应该来源于市场的需求，而非国家的政策或者命令。即使是对发明人的奖励，其实也完全可以在一个市场框架下解决：如果市场对专利有需求，会刺激企业对专利的供应，而企业当然也愿意花更多的钱去"采购"其雇员的技术创新，这些更多的回报自然能够刺激雇员的创新热情。所以，市场才是创新的真正驱动力。而国家的法律、政策对创新的激励，只能作为补充，否则无异于舍本求末。

第四篇：管理专利

亲爱的读者，当你读到这个部分时，你的专利理论已经达到大学毕业的水平了，现在该找工作了，你准备找什么样的专利工作呢？首先让我来告诉您你，社会上有哪些专利工作岗位。归纳起来，专利工作岗位分成三类：第一类是专利公务类，包括专利立法、专利审查、专利行政、专利诉讼等；第二类是专利代理，即为客户提供各种专利服务的工作；第三类是企业专利工作。

在这三类专利工作中，由于企业是专利创造的主要源泉，是专利运用的主要主体，是将专利工作与社会活动联系最为紧密的载体，所以企业专利工作是社会中主流的专利工作。现在就来和大家讨论企业专利工作，看看大家的专利理论知识能否运用到企业中去。

第 12 章　企业专利工作的多样化

　　一个企业开展专利工作的具体起因多种多样，很多企业开始启动专利工作时，往往是跟着现实需求走。如果是最近产生技术创新成果了，就开始进行专利申请工作；如果是他人向自己主张专利权利了，就开始召集相关人员进行专利许可谈判；如果是他人提起专利诉讼了，就开始进行专利分析或者聘请律师应诉。而这些现实需求过去后，企业专利工作或陷入停滞，或仅对某项已经开始的专利工作单一地进行下去。当新的现实需求产生时，又重新启动相关流程，如此往复。这种作法不但难以总结经验，为后续需求做好准备，也常常顾此失彼，专利工作畸形发展。例如，一个企业仅仅开展他人专利信息分析工作，从他人专利信息中获取技术情报，为自己所用，而不对其中的专利风险进行评估、规避或应对，那么这个企业的专利工作在给企业经营能带来短时间成效的同时，也很有可能将自己带进生死攸关的陷阱。

　　那么一个企业应该如何启动他的专利工作呢，或者说作为一名企业专利工作人员，当企业领导要求你拿出企业专利工作规划时，你的第一步从何处迈起呢？

　　古人云"三思而后行"，作为一名企业专利工作的开创者，你首先要对以下问题进行详细考虑，有了答案后才能开始你的专利工作：

　　（1）一个"理想"的企业中，客观上存在哪些专利工作，也就是说企业专利工作的全集包括哪些内容？

　　（2）本企业需要开展哪些工作，也即在企业专利工作的全集中需要选择哪些工作作为本企业专利工作的内容？对于本企业要开展的各项专利工作，应当采取什么样的态度，哪些是重点，哪些仅是关注？

　　（3）企业中不同的专利工作，应该如何开展，需要采取什么样的措施，高效地达到工作目的？

　　（4）如何让企业专利工作的各项内容落地，如何让专利工作与本企业的日常运营活动相结合？

　　好了，企业专利工作的开创者们，让我们开动脑筋，就这几个问题逐一进行解答。

12.1　构建企业专利工作的"理想国"

　　（1）如何构建企业专利工作的"理想国"（开国大典）

　　华罗庚先生主张读书："书要从薄读到厚，再从厚读到薄"。对于企业专利工作人员，第一步就是从企业专利工作这个简单的内涵中发掘出丰富的外延来，只有这样才能总揽全局，避免挂一漏万。

当然企业专利工作本身的内涵随着社会的发展，外延也在不断变化，每当出现新的技术革命或者法律变革时，都会有老的专利工作内容消失，新的专利工作内容出现。因此为了能够足够接近上述目标，我们需要构想出一个企业专利工作的"理想国"，在一个"理想"的企业中，如果他需要开展所有的企业专利工作，那么应该有哪些呢？

为了揭开企业专利工作的"理想国"中有哪些"公民"，我们采用模块化工具来完成这项工作。

模块化是以系统工程原理和方法、标准化原理和方法为指导，对管理对象加以分析和归纳，形成各个模块功能独立而又相互联系的有机整体。在现代企业管理中，模块化在化解复杂性和不确定性、形成平行操作、加快企业决策等方面的独特优势，使得组织模块化、职权模块化已经成为新的管理趋势。

我们要进行的企业专利工作模块化就是根据一定的逻辑关系，将企业涉及的专利工作内容划分成若干个模块，进行针对性的管理，这些模块之间职能相对独立，但又相互关联、共享信息，能够全面覆盖企业专利工作。

那么如何构建全面、实用的企业专利工作模块体系呢？因为模块是构成系统的、具有特定功能的独立单元，模块既可构成系统，又是系统分解的产物，模块划分是否合适，直接影响整个系统的运作效率，因此企业专利工作模块的划分遵循以下原则：

1) 覆盖全面，各个专利工作模块之间不可避免地存在着一定程度的交叉、重叠，但在最大程度地减少耦合的同时，一定要保证整个企业的专利工作内容被所有专利工作模块全面覆盖，防止部分企业专利工作内容被遗漏。

2) 规模适中，模块不能过大，太大了控制过于复杂，失去了划分的意义；模块也不能太小，太小了功能意义消失，反而使模块之间关系增强，模块的独立性降低，从而影响模块的阶层机构。模块的大小以模块的功能意义、复杂程度便于理解、便于管理为标准。

3) 逻辑合理，模块之间需要具有一定的独立性，以便于管理；同时各模块之间要能够相互关联，以免只重局部、忽视整体，或者局部之间发生抵触。

在以上原则的指导下，我们开始构建企业专利工作模块体系。在模块化的过程中，有两种不同的方向。一个方向是自上而下，采取分析的工作方法，比如将企业专利工作作为一个母概念，根据某种角度进行拆分，拆分出若干个子概念，对于这些子概念再根据某种角度进行拆分，依此类推，直到最低一个层级的概念达到所需要的细分程度，这些概念就是我们所说的模块了，而这些层级不同的模块就构成了完整的企业专利工作模块体系。另一个方向则是自下而上，采取归纳的工作方法，比如先获取企业专利工作所有的最底层模块，然后将这些企业专利工作模块按照某种内在的逻辑关系进行归纳综合，群分类聚，获得上一层级的模块，最后形成完整的企业专利工作模块体系。

然而这两种工作方法都有一定缺陷，分析的工作方法会因为我们拆分的角度不对，而无法搭建正确实用的企业专利工作骨架，遑论依附于上的工作模块了；归纳的工作方法则会因为未能获取全部的最底层企业专利工作模块，而使得最后的企业专利工作模块体系是不完整的。

因此我们在构建企业专利工作模块体系时，是采用了先归纳、再分析的工作方法，将两种工作方法结合起来，尽量保证我们能够到达"理想国"。这一过程包括以下步骤：

1）由参与企业专利工作的不同角色对自己所涉及的所有专利工作内容进行分解，穷举出具有单一功能的专利工作单元，这里的企业专利工作不同角色包括专利工作管理者、专利管理人员、专利工程师和专利法务人员；

2）确定模块划分的角度，分析这些专利工作单元之间的逻辑关系，将这些专利工作单元归纳成若干个专利工作模块，初步建立企业专利工作模块体系；

3）转换方向，自上而下对初步建立的企业专利工作模块体系采用逻辑方法进行检测，判断是否存在逻辑漏洞，最终形成企业专利工作模块体系。

（2）"理想国"的公民们

通过上述步骤，可以把企业专利工作模块体系划分为三个层次，如图12-1所示，第一层次是战略层面，用于从整体角度为企业专利工作提供方法论，明确各项专利工作目标，把控各项专利工作实施，调整各项专利工作方向；第二层次是实施层面，为实现专利工作目标而采取各项专利工作举措，构成日常专利工作的主体；第三层次是支撑层面，为了各项专利工作能够顺利、高效开展，从人力资源、制度流程、数据平台和工作环境等方面提供保障。

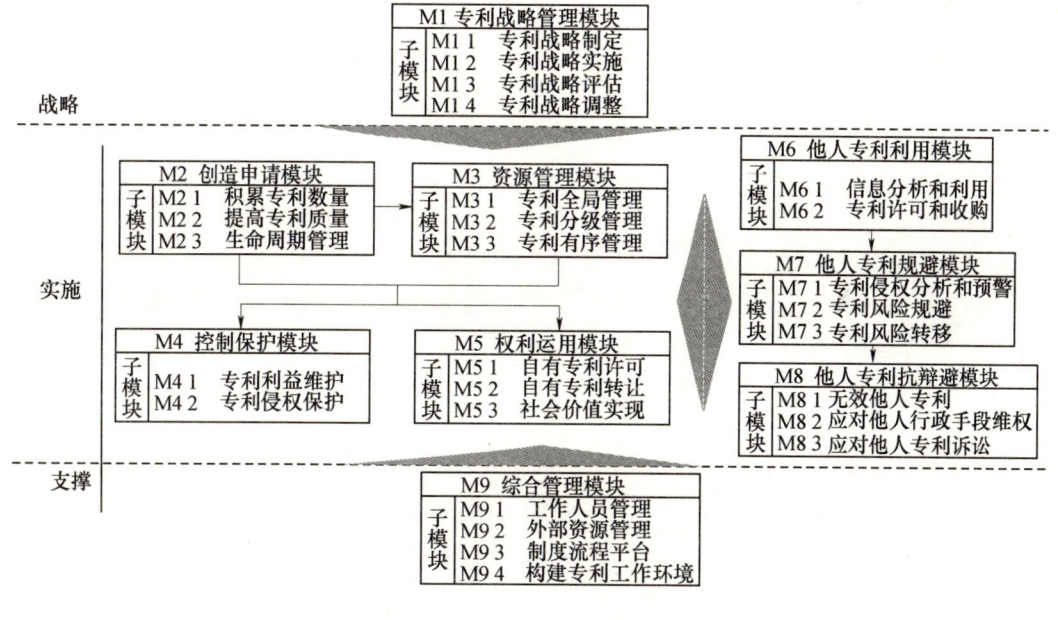

图12-1 企业专利工作模块体系

1）战略层面

战略层面设置一个一级工作模块，即专利战略管理模块，在战略层面管理公司的整体专利工作，主导专利工作方向，整合专利工作模块，协调专利工作环境。在专利战略管理模块中，根据专利工作策略的闭环实现分解成四个二级工作模块：专利战略制定模块、专利战略实施模块、专利战略评估模块和专利战略调整模块。

其中专利战略制定模块是结合专利工作战略定位和专利工作环境制定专利工作策略；专利战略实施模块是监控实际专利工作对专利工作策略的贯彻情况；专利战略评估模块是根据专利工作战略定位和专利工作环境定期对专利工作策略进行评估；专利战略调整模块

是根据专利工作策略的评估结果定期对专利工作策略进行调整。

2）实施层面

实施层面中，所有活动都是围绕专利这一客体开展的，而专利作为一种权利，最直接的划分就是分为自有的专利和他人的专利，并且针对自有的专利和他人的专利，采取的措施几乎完全不同，两者几乎没有交集，因此可以将企业的专利工作划分为自有专利管理和他人专利应对两个方面。

①自有专利管理方面

自有专利管理是将自己的创新技术成果申请专利，获得授权后对专利进行管理、保护和运用，来积累专利实力、提高竞争力。自有专利管理工作的发起、实施和控制对于企业来说是一种主动行为，其可以通过可预见的流程来支撑，因此对于企业自有专利管理方面，可以根据流程的阶段来划分一级专利工作模块：自有专利创造申请模块、自有专利资源管理模块、自有专利控制保护模块和自有专利权利运用模块。

其中自有专利创造申请模块的内容是通过严格的程序，完成创新技术成果——专利申请——授权专利——专利生命周期整个过程，实现企业专利质与量的提升与积累。自有专利申请创造模块还可以进一步分为以下二级模块：

a. 积累专利数量模块。逐步积累与企业相匹配的专利申请数量和专利授权数量，为其他专利工作奠定基础；

b. 提高专利质量模块。提高专利的个体质量和整体质量，为其他专利工作奠定基础；

c. 专利生命周期管理模块。妥善完成专利整个生命周期的程序性工作，保护创新技术成果，防止专利权利丧失。

自有专利资源管理模块的内容是将取得的自有专利作为企业一项重要的资源，对其进行有效的管理，使其处于随时发挥作用的状态，进一步地，通过有效管理，提高自有专利的个体价值和整体价值。自有专利资源管理模块进一步还可以分为以下二级模块：

a. 专利全局管理模块。在企业内部统一规划专利资源布局，建立有弹性的、适合的集团内各公司的专利资源体系；

b. 专利分级管理模块。对自有专利的重要程度进行评估，对于重要专利采取重点管理措施，对于无用专利进行清除；

c. 专利有序管理模块。对自有专利进行有序管理，保证自有专利处于可使用状态。

自有专利控制保护模块的内容是通过控制创新技术成果的专利申请和自有专利的处置流向，以及知识产权的共同管理，来保护专利利益免受损害或者打击侵犯自有专利的他人，保证自有专利的真实体现。这是因为专利是一种无形资产，对其的处置流向监控非常困难，而且他人侵犯自有专利难以发现，如果自有专利被他人侵犯而不能进行有效打击，专利的价值就无从体现了。自有专利控制保护模块进一步还可以分为以下二级模块：

a. 专利利益维护模块。对创新技术成果的申请专利权利进行监控，维护自己的专利利益；

b. 专利权利保护模块。对自有专利的权利进行日常监控，当自有专利被侵权时采取适当措施。

自有专利权利运用模块的内容是将自有专利这种权利加以灵活运用，达到实现企业整体战略和实现自身价值的双重目标，实现专利工作的良性循环。自有专利来自创新技术，但其本质是一种权利，一种合法的垄断权利，如果不加以利用，其自身是不能产生任何价值的，如果能够有效地加以利用，不仅能够配合企业其他的经营业务，实现企业整体战略，而且还可以独自创造利润空间，实现专利工作的良性循环。自有专利权利运用模块进一步还可以分为以下二级模块：

a. 自有专利许可模块。根据公司相关策略，处理向他人进行自有专利许可的具体事宜；

b. 自有专利转让模块。根据公司相关策略，处理向他人进行自有专利转让的具体事宜；

c. 自有专利价值实现模块。以自有专利为运用对象，发挥自有专利作用，并配合公司相关业务开展。

以上自有专利创造申请模块、自有专利资源管理模块、自有专利控制保护模块和自有专利权利运用模块四个一级模块各自相对独立，职责不同，对人员的要求不同，但从逻辑上覆盖了自有专利管理的整个流程，同时又相辅相成，各个模块的有机结合才能实现自有专利全面管理。

②他人专利应对方面

他人专利应对是当他人现已存在的专利对企业产生限制、威胁，甚至是阻碍时，采取措施加以利用或者应对，降低或者避免他人专利带来的风险。由于专利的状态无形性和权利范围的不明确性，再加上专利数量众多的原因，他人专利产生影响在多数情况下是偶然发生的，为了降低这种偶然性，加大企业在他人专利应对上的控制能力，企业可以从三个逻辑层面上开展工作。他人专利应对方面也因此可以划分为三个工作模块：他人专利利用模块、他人专利规避模块、他人专利抗辩模块。

其中他人专利利用模块的内容从广义上讲，包括他人专利的技术利用和权利利用，他人专利的技术利用是指对他人专利所保护的创新技术方案的借鉴，为自己的技术产品研发提供信息资源；他人专利的权利利用是指将他人对专利的权利通过某种方式获取，成为自己的权利，并加以利用。他人专利利用模块进一步还可以分为以下二级模块：

a. 他人专利信息的分析和利用模块。主动或者协助相关部门对他人专利中蕴含的技术信息和经济信息进行分析和利用；

b. 他人专利许可和收购模块。根据公司的运营策略，对他人的专利获得许可或者进行收购。

c. 他人专利规避模块的内容是当自己的产品或者业务与他人的专利所涉及的产品或者业务相关，同时又无法或者无需利用他人专利，为了自己产品或者业务不侵犯他人专利，而从技术、合同等方面采取规避措施。他人专利规避模块进一步还可以分为以下二级模块：

a. 专利侵权分析与预警模块。对可能存在的侵犯专利风险进行分析，并给相关部门提出预警；

b. 专利风险规避模块。当自己的产品或者业务可能侵犯他人专利时，通过对自己产品或者业务进行针对性修改，避免侵犯他人专利；

c. 专利风险转移模块。当自己的产品或者业务有存在侵犯他人专利的可能时,采取措施将可能产生的侵权责任转嫁给相关方面。

他人专利抗辩模块的内容是当自己的产品或者业务与他人的专利相冲突,但既无法利用他人专利、又无法进行规避时,利用法律或者行政手段对他人专利实施抗辩,降低自己的经营风险。他人专利抗辩模块进一步还可以分为以下二级模块:

a. 无效他人专利模块。当自己的产品或者业务侵犯了他人专利时,采用宣告无效手段使他人专利灭失;

b. 应对他人专利行政手段维权模块。当他人以行政手段主张专利权利时,采取适当措施进行应对;

c. 应对他人专利诉讼模块。当他人以诉讼手段主张专利权利时,采取适当措施进行应对。

上述他人专利利用模块、他人专利规避模块、他人专利抗辩模块三个模块可以独立存在,但是这三个模块往往又是处理他人专利问题的三个阶段,解决的问题也是一致的。

3) 支撑层面

支撑层面设置综合管理模块,综合管理模块的内容是为专利工作的顺利开展,提供资源、制度、组织保障,实现专利策略的落地。综合管理模块进一步还可以分为以下二级模块:

a. 专利工作人员管理模块。配置数量适当、素质合格的专利工作人员,并进行日常的管理和培训;

b. 外部资源管理模块。优选专利工作外部资源,进行有效管理,融入公司专利工作;

c. 专利工作制度流程平台建设模块。根据专利工作策略和各工作模块的工作内容建立完善日常制度、流程和平台;

d. 构建专利工作环境模块。为企业构建有利的专利环境,能够对企业专利工作起到润滑剂、催化剂作用,帮助企业更好地实现专利工作目标。

至此,我们已经尽我们的能力构建起一个"理想"的企业专利工作模块体系,通过这个企业专利工作模块体系,我们能够看到企业专利工作的全貌,触及企业所能涉及的全部专利工作内容了。有了这个企业专利工作模块体系作为基础,企业专利工作人员、尤其企业专利工作的开创者或管理者才能做到"胸怀天下,治国安邦",有的放矢地规划本企业的专利工作。

> 小贴士:通过上面对企业专利工作模块体系的构建,要在企业专利工作中消除一个误解:专利管理≠管理专利,简单地讲,前者是对企业运营活动中涉及专利的各项工作进行管理,而后者仅是对自有专利申请的管理,后者只是前者的一小部分。

12.2 企业如何玩转专利

面对我们构建起的这个企业专利工作"理想国",有些企业专利工作的开创者慢慢会在脑海中对企业专利工作脉络有了比较清晰的了解，然而过后，又会陷入另一个困境，就像"读书从薄到厚"，在丰富了知识之后又落入到了知识的海洋，认不清方向，摸不着深浅，而无所适从，无处着手。一个"理想"的企业要面对这么多专利工作内容，那么一个"现实"的企业需要开展哪些专利工作呢？本节将为企业专利工作人员解决这个问题，帮助大家"读书从厚到薄"。

(1) 圆桌会议，你的位置在哪儿

我们既然讨论的是企业专利工作，也即在企业中开展的专利工作，那么首先就要明确专利工作在企业的位置，才能知道企业专利工作是为了什么而存在的。

在现代企业管理理论中，企业战略可分为三个层次：公司战略（Corporate Strategy）、业务战略或竞争战略（Business Strategy）和职能战略（Functional Strategy）。三个层次的战略都是企业战略管理的重要组成部分，但侧重点和影响的范围有所不同。

公司战略，又称总体战略，是企业最高层次的战略，它需要根据企业的目标，选择企业可以竞争的经营领域，合理配置企业经营所必需的资源，使各项经营业务相互支持、相互协调。如在海外建厂、在劳动成本低的国家建立海外制造业务的决策。

公司的二级战略常常被称作业务战略或竞争战略，主要任务是将公司战略所包括的企业目标、发展方向和措施具体化，形成本业务单位具体的竞争与经营战略。如推出新产品或服务、建立研究与开发设施等。

职能战略，又称职能层战略，主要涉及企业内各职能部门，如营销、财务和生产等，如何更好地为各级战略服务，从而提高组织效率。

专利工作在企业里属于什么层面战略呢？一般来讲，专利工作多属于职能战略，为了公司战略和业务战略、甚至其他职能战略服务的，但也有些企业里，专利工作是作为业务战略而存在的，是企业市场竞争力的直接体现，例如美国高通公司、高智公司等。

既然专利工作是一种企业职能战略的体现，那么就要为这个"现实"的企业服务，就要根据这个企业的"现实"情况构建本企业的专利工作模块体系。

> 小贴士：企业专利工作开创者一定要避免两个极端，一个极端是将企业专利管理视为就是管理专利，认为做好专利挖掘、专利申请、专利维护等专利生命周期管理工作就是企业专利工作的全部；另一个极端就是不顾企业实际情况，将所有专利工作全面铺开，每项专利工作内容都是缺一不可的，生怕领导万一问到某项工作，而自己没有开展，往往造成项项都做、项项都弱的结果。

(2) 龙生九子，你是谁

上一节提到要根据企业的"现实"情况构建本企业的专利工作模块体系，那么企业的"现实"情况是什么呢。从与专利工作有关的角度来看，需要考虑三个方面：一是外部环境；二是内部环境；三是专利工作本身现状。具体包括以下内容：

外部环境是指一个企业所处的、能够对企业专利工作产生影响的外部因素总和。具体可以细分为企业所处的技术领域、企业使用技术的成熟程度、企业所处的产业链环节、企业所处的市场状况、企业所处的市场地位、企业所处的社会法律环境等。

内部环境是指一个企业内部对专利工作产生影响的因素总和。具体可以细分为企业的发展战略、企业的技术实力、企业的经营模式、企业的财务状况等。

专利工作本身现状是指企业专利工作发展所处的阶段，是起步阶段、发展阶段还是成熟阶段。

通过上述三个方面对一个企业的分析，可以确定该企业专利工作的基本内容，企业专利工作者可以根据这些基本内容，抽取"理想"的企业专利工作模块体系中相关的专利工作模块，辅之以自己的理解与梳理，形成本企业的专利工作模块化管理方案。

例如 A 公司是一家刚刚成立不久的 GSM 通信芯片制造商，技术人员较少，财务状况紧张，在这种情况下，A 公司应该建立怎样的企业专利工作模块化体系呢？我们进行以下分析：

1）外部环境中，第一，A 公司所处的技术领域分跨通信领域和芯片领域，通信领域的专利态势是数量巨大，专利权人众多，但呈高度集中，由于通信技术的互通性要求很强，互相实施其他方专利是一种常态，所以专利权利主张频繁，专利纠纷较多，且诉讼额度较高；芯片领域专利数量较少，但因技术门槛很高，专利集中在几家专利权人手中，芯片技术半衰期较长。第二，GSM 技术已经非常成熟，市场虽然是全球市场，但规模在萎缩，拥有 GSM 专利的专利权人关注度已经转移到 3G、甚至 4G 上，对 GSM 专利主张强度降低。

2）内部环境中，第一，由于技术人员较少，关注度主要集中在产品的实现上。第二，企业因为缺少盈利点，财务状况比较紧张，难以支撑众多人员和大量专利申请。

3）专利工作本身现状中，第一，处于刚刚起步阶段，缺少对企业专利工作的理解，专利工作是一片空白。第二，无法成立专门的专利管理部门，没有专职的专利工作人员。

基于上述分析，我们可以初步构建 A 公司的近几年的专利工作模块化体系：

1）战略层面，以专利战略制定模块为主，以专利战略实施模块为辅，深入剖析企业专利工作所处外部环境、内部环境和自身现状，以公司战略为导向，制定专利工作的目标、重点及措施。专利战略评估模块和专利战略调整模块暂不用涉及。

2）实施层面，在自有专利管理方面，由于自有专利较少，应以自有专利创造申请模块为主，辅之以自有专利控制保护模块，实现专利实力的积累。待自有专利实力积累到一定规模时，才考虑自有专利资源管理模块和自有专利权利运用模块。

在自有专利创造申请模块中，又以专利生命周期管理模块为主，提高专利质量模块为辅，而积累专利数量模块的关注系数较低。这是因为无论多少数量的专利，如果生命周期管理很差，即使只有一件专利，也难以获得预期的效果。同时由于企业无法支撑大数量的专利申请费用，所以就要关注提高专利质量，而专利质量不仅包括个体专利质量，也包括专利整体质量，即专利布局产生的质量。对于 A 公司，其专利布局的重点应在芯片领域，而非 GSM 领域。

他人专利应对方面，由于 A 公司尚无产品上市，在研发阶段，主要关注点是他人专利利用模块，尤其是其中的他人专利信息的分析和利用模块，通过获取专利中的信息为自己的研发提供思路，辅之以他人专利规避模块，对他人专利技术（重点是芯片技术、而非 GSM 技术）进行规避设计或者在其上进行改进创新，以降低专利风险。至于他人专利抗辩模块则暂不用考虑。

3）支撑层面，由于本企业专利工作内容较少，无法聘请专业的专利工作人员，并且缺乏对企业专利工作的理解，本企业的其他部门人员不能完成专利工作任务，因此应重视外部资源管理模块，并辅之以专利工作制度流程平台建设模块，通过聘请外部专业专利机构，为本企业提供专业的专利服务，一方面能够降低成本，另一方面也可以获得高质量的服务。当然为了规范和管理外部资源，也需要制定内部的工作制度和流程。至于专利工作人员模块暂时无需考虑，构建专利工作环境模块则是无能力开展。

企业专利工作实行模块化管理具有以下优点：

① 条块清晰、便于管理。企业专利工作内容非常庞杂，管理起来千头万绪，而通过模块化管理，可以将企业专利工作分解为若干个功能相对独立的模块，每个模块流程简单、职责明确、评估方便，出现问题也容易及时发现、查漏补缺、有效处理。

② 适应未来专利工作的变化。企业的专利工作内容在不断更新调整，在企业工作模块化管理过程中，即使出现新的工作内容，可以通过模块的增减变化，来自由调整整个企业专利工作，而不需要影响其他模块。

③ 信息共享、减少重复工作。企业的专利工作不仅内容庞杂，而且牵涉企业多个部门主体，实施企业专利工作模块化管理，可以明确规范各个工作模块的输出信息，供相关部门主体共享，工作信息的透明，能够有效地减少重复性的工作。

④ 专利工作模块化不仅可以用于对专利工作进行评估，还可以用于专利工作目标的分解和专利工作重点的选择。

好了，我们已经回答了"理想"企业的全部专利工作内容和"现实"企业如何构建自身的专利工作体系这两个问题，同时也对一个企业专利工作的战略层面如何实施进行了剖析，下面将回答"企业不同的专利工作，应该如何开展，需要采取什么样的措施，高效地达到工作目的"这个问题，也即对企业专利工作的实施层面进行详细阐述。

12.3 我的专利，我做主

作为我国国家战略的《国家知识产权战略纲要》开宗明义提到"为提升我国知识产权创造、运用、保护和管理能力，建设创新型国家，实现全面建设小康社会目标，制定本纲要"。

我们在企业专利工作中，对于自有专利，也是采用了创造、运用、保护和管理这四个概念，创造对应的是自有专利创造申请模块，管理对应的是自有专利资源管理模块，保护对应的是自有专利控制保护模块，运用对应的是自有专利权利运用模块。

如上文提到，自有专利申请创造模块、自有专利资源管理模块、自有专利控制保护模块和自有专利权利运用模块四个一级模块各自相对独立，但从逻辑上覆盖了自有专利管理的整个流程，同时又相辅相成，各个模块的有机结合才能实现自有专利全面管理。

在这个企业自有专利工作的有机体中，我们可以形象地认为"创造是箭，保护是弓，管理是力道，运用是方向"，这四者的结合构成了企业自有专利的工作核心竞争力。其中创造是自有专利工作的基础，创造出的专利成果给企业自有专利工作提供了"枪弹"、提供了后续工作的原料；保护是创造的支撑，没有保护的创造就像"有箭没有弓"，甚至连

"箭"都不复存在，无法产生任何作用；管理是创造和保护的成果进行管理，只有得到有效、高效管理的创造和保护成果才可能实现现实的价值，不至于半途而废；运用是创造、保护和管理成果对于企业产生现实价值的直接体现，也是检验创造、保护和管理是否正确、有效的主要手段，更是企业自有专利工作的主要目的，因此是否有自有专利可以运用以及是否有能力运用自有专利是企业自有专利工作的目标方向。

一个企业的自有专利工作中，必须准备充足的"锐箭"，配置以"良弓"，由拥有"悍力"的射手所掌握，精确瞄准预定的"方向"，这四者浑然一体，才能射取自有专利工作的丰硕成果。

(1) 巧妇难为无米之炊，专利创造应量质并重

自有专利的创造申请工作可以说是绝大多数与专利能挨上边的企业都开展过的工作，也是在企业专利工作的起步阶段中占据主要工作量的事务。

一个企业自有专利的创造申请工作在流程上分为专利创新点挖掘、技术交底书撰写、专利申请文件撰写和专利生命周期管理这四个阶段，下面择其要点阐述。

1) 首先，谈谈专利创新点挖掘阶段。在很多专利人员较少或者粗放型管理的企业中，往往会省略这个阶段，直接进入技术交底书撰写阶段，即上来就是由技术人员将自己认为创新的技术方案撰写成技术交底书，提交给专利工作人员处理，觉得这样可以节省工作量。殊不知专利创新点挖掘正是后续专利工作能够有效、高效开展的重要基础。

① 专利创新点挖掘是专利工作主动性的重要体现。一个企业里，欲申请专利的技术方案虽然来自于技术人员，但技术人员多对专利制度知晓不深，不知道哪些申请专利，哪些不能申请专利，申请专利需要提交哪些技术内容，其提交技术交底书往往出于主观认识，将自己所从事的开发工作内容中，认为可能申请专利的方案写成技术交底书，提交给专利工作人员。在客观上，可能有些能够申请专利、而且是重要专利的技术方案，由于技术人员没有认识到，或者没有积极性，而未能形成技术交底书；还可能技术人员在技术交底书中只提供了其在实际工作中实施的、适合本项目的技术方案，而不是最佳技术方案或者其他替代方案，这样就造成创新技术方案流失。开展专利创新点挖掘，就是让专利工作人员主动深入研发工作，与技术人员一起寻找专利创新点，并从专利角度帮助技术人员规划专利创新点，这样的主动工作才能保证企业研发创新成果能够得到专利的全面保护。

② 专利创新点挖掘能够提高工作效率。正如上面所说，技术人员由于是基于主观认识，将其判断可以申请专利的研发成果，费尽辛苦撰写成技术交底书，提交给专利工作人员。但是在这些提交的技术交底书中，常常会因为两个原因而导致无法继续下去，一个原因是技术交底书中内容并非专利保护客体，另一个原因是技术交底书中的技术方案明显缺乏新颖性和创造性。这种无效技术交底书的比例在某些企业高达 50% 以上，从而给技术人员带来了大量的无效工作，长此以往，技术人员的专利申请热情就会受到很大挫折。而通过专利创新点挖掘，专利工作人员从一开始就对研发成果有所了解，可以对是否专利保护客体进行判断，并进行检索初步判断是否具备新颖性和创造性，在完成了上述工作后再由技术人员撰写技术交底书，这样不仅节省了技术人员撰写技术交底书的工作量，也提高了专利授权率，技术人员看到他的研发成果成为了授权专利，自然能够提高其进行专利申

请的热情，专利工作人员的工作随之也容易开展。

当然有些企业因为专利工作人员较少，难以全部投入到研发项目中，所以也可以采取表格方式，将专利创新点挖掘表发给技术人员，由技术人员填写表格，反馈给专利工作人员，专利工作人员再继续后续的工作（图12-2）。

专利申请创新点挖掘信息表

提出人信息	姓名		所在项目组	
技术所在阶段	1、预研　2、在研　3、在制造　4、已上市（四进一）			
研发过程中遇到什么问题				
为什么会产生这个问题				
如何解决这个问题				
有什么好的技术或社会效果（如降低成本、容易使用）				

图 12-2　专利申请创新点挖掘信息表

该专利创新点挖掘表由于内容非常简单，类似便笺，技术人员可以在日常工作中，有了创新或者"灵光一闪"时，随手记录下来，就可以发给专利工作人员处理，不但不会加大技术人员工作量，而且能够帮助技术人员实时记录他的研发思路，为以后可能发生的专利权属争议提供相应证据。

2）其次，谈谈技术交底书的撰写。技术交底书是专利申请文件的"胚子"，技术交底书质量的高低直接决定着专利申请文件的质量。然而技术交底书和专利申请文件终归是两类不同的文件，技术交底书作为技术文档，其质量不在于形式多么完美、言辞多么严谨，而在于能否完整、清晰地向专利代理人员叙述出自己的技术方案及其创新之处。因此技术交底书就是两大部分：第一部分是现有技术是怎样的，存在哪些缺陷；第二部分是针对这些缺陷，自己的技术方案是怎样的，在自己的技术方案中，由于哪些改进，弥补了缺陷，产生了效果。

针对技术人员撰写技术交底书书不知从何处下手的问题，建议采用看图说话的方式，即先绘制相应的系统结构图或者流程图，再对照系统结构图和流程图，逐步描述现有技术方案和本发明的创新技术方案。

3）再次，谈谈专利申请文件的撰写。一般来说，专利申请文件多由外部专业的专利代理人撰写。对于企业来说，这个阶段主要工作是对专利申请文件的审核，专利申请文件主要从两个角度进行审核，一个是技术角度，即由技术人员对专利申请文件描述的技术方案是否正确、完整，用词是否准确，独立权利要求中技术特征是否必要等进行审核，另一个是法律角度，即由专利工作人员对专利申请文件中权利要求的布局是否合适、权利要求书和说明书体例是否规范、不同专利申请之间的内容安排是否合理等进行审核。

4）最后，专利生命周期管理阶段中，专利工作已经从企业内部走向企业外部了，这个阶段时间延续最长，流程最为繁琐严格。在这个阶段要牢记三个要素：时限、文件和费用。专利生命周期管理阶段中不论是授权前还是授权后，都要经历多个环节，每个环节都有时限要求，在规定的时限内，提交了对应的文件和费用后，才能启动下一个环节，否则会导致专利实体权利的丧失。

在自有专利创造申请工作中，企业都会面临两个问题：专利的质量和数量，即什么是专利的质量，如何提升专利质量；本企业需要多少专利数量，如何提高专利数量。下面逐一分析：

什么是专利的质量的另一个提法就是什么是高价值的专利，要回答这个问题，就需要先给专利建立一个评价体系。专利价值评估指标体系应包括以下四个方面，这四个方面从逻辑上是层层递进的：

第一，专利法律状态的稳定性（权利意义）。专利是一种法律权利，其法律状态是其价值是否存在的基础，如果专利的法律状态不稳定，或者专利申请的质量不高，对其价值影响巨大。但这类指标在不同阶段的重要性完全不同。

第二，不可规避程度（技术意义）。由于专利的价值是通过技术方案实施的垄断性来体现的，如果该专利状态很稳定，但其技术方案无实施的必要性，则价值将大打折扣，因为一是不会因为他人不能实施，自己单独实施而带来利益；二是他人也不会请求许可或者转让。

第三，证据获得难易程度（法律意义）。如果一件专利技术方案必须实施，则体现了该专利的技术意义，但是专利作为排他权，要想做到排他，必须知道他是谁，证明他在做，否则专利的垄断意义就丧失了，专利价值就无法在法律层面上实现。

第四，市场规模容量（市场意义）。由于专利价值最终体现的就是其经济利益，而专利的经济利益就在于由于其垄断性而给权利人带来的超出一般技术方案的超额利益，这种利益在数量上体现为专利技术方案市场总规模的某个百分比，由于比例变化不大，那么市场总规模的意义就凸显出来了，市场总规模越大，专利的价值越大，反之亦然。

知道了什么是高价值专利后，如何获得高价值专利呢？提供几个措施供参考：加强标准工作与专利工作合作，积累基本专利；准确把握市场需求，产生杀手专利；加大研发力度，开展基础研究，产出基础专利；关注初创企业的技术创新，购买高质量的技术或者专利；充分发挥专利工程师角色功能，提高专利申请质量；加强专利申请文件审核和审查意见答复，提高专利授权质量；开展回溯管理，重新发掘专利价值。上述提高专利个体质量的措施，可以分成两类：一类是通过提高专利保护的技术方案的质量来提高专利的质量；另一类是通过提高专利申请流程的质量来提高专利的质量。

> 小贴士：专利都是保护创新技术方案的，因此专利在申请或者授权时，很可能没有被市场采纳或者被他人使用，专利使用价值还无法体现，这并不能说该专利就没有价值了，如果过一段时间，实施该专利的环境或者条件具备了，可能该专利就被市场采纳了或者被他人使用了，专利的使用价值体现是有滞后性的，因此可以对已有专利开展回溯管理，重新去评估专利的价值。

讲到企业应该拥有的专利数量，从理论上看，当然是"韩信点兵，多多益善"，这是因为数量对于专利工作有其特殊意义：

首先，专利数量是一个企业专利实力的直接体现，大数量的专利能够对外界形成有效的威慑力。这种威慑力不仅可以防止企业的竞争对手贸然向企业主张专利权利，也可以防止企业的竞争对手为某种目的来无效企业的专利。试想想，如果 A 企业只有两个专利，他的竞争对手 B 企业可能会为了市场上不受 A 企业两个专利的制约，费尽心机地去无效掉 A 企业的两个专利。但如果 A 企业拥有 100 个专利的话，B 企业还会去主动无效 A 企业的 100 个专利吗？

其次，专利能否授权不仅受到客观法律的要求，也会遭遇专利审查员的主观判断，专利授权率决定着一个企业要想获得一定数量的授权专利，必须要有远超授权专利数量的专利申请数量。

再次，专利是否能给企业产生价值，或者是否会被市场所实施，都不是专利申请时就能够获知的，很有可能一些在申请时不起眼的专利几年后才派上大用场，而有些专利在申请时认为很重要但很快就被市场淘汰，这也就是说，专利价值体现的滞后性要求专利数量上要有些"冗余"，做到"广撒网"。

最后，专利的数量就是专利的价值。由于专利的价值、尤其仅对应系统中某一技术的专利的价值很难给出客观的评价，那么在专利交易时，所有的专利会被视为同价值的，这时专利的数量就显示其巨大作用了。

企业对于专利数量，也是有不同关注点的。以下几个关于专利数量的概念要有所区分：企业拥有的专利总量、企业年专利申请量、企业授权专利总量、企业年授权专利总量、企业不同类型专利申请量与授权量、企业不同技术领域的专利申请量和授权量、企业不同地域的专利申请量和授权量。这些概念代表着企业专利实力的不同方面，企业在构建

· 205 ·

自己专利实力时要考虑到这些专利数量之间的平衡。

提高专利数量有以下措施：加大研发力度，实施专利申请规划，提高专利申请数量；采取合理措施，尽快提高专利授权数量；加强流程管理，避免专利损失；加大外部专利来源的监控力度，避免专利流失；完善专利申请奖励制度，建立长效机制。

    小贴士：一件专利从撰写技术交底书、申请到授权是一个长期的过程，时间约为2～3年，而在这个时间内，许多环节都需要研发人员参与，因此企业的专利申请奖励制度应做相应调整，在多个环节对研发人员进行奖励，以激励研发人员在整个专利流程中的积极性。

（2）专利保护的目标是"滴水不漏，尽入吾毂"

企业专利控制保护工作主要包括两个方面的内容，分为专利申请前和专利申请后。专利申请前是专利利益维护模块，对创新技术成果的申请专利权利进行监控，维护自己的专利利益；专利申请后是专利权利保护模块，对自有专利的权利进行日常监控，当自有专利被侵权时采取适当措施。

由于专利所保护的技术方案以及其本身作为一种权利，都是无形的。技术方案的无形使得对其的复制难以被其所有者所发现，而他人对技术方案的复制不仅可能导致技术方案被公开，从而破坏技术方案的新颖性，使得技术方案所有人无法获取专利权利。甚至有可能该技术方案被复制人拿去申请专利，技术方案的复制人反过来以该专利来约束技术方案的所有人。

权利的无形使得专利被他人侵权实施，专利权人难以获知这种侵权行为的发生，从而难以阻碍侵权行为的发生或者向专利实施者主张专利权利，但一旦这种后果发生，将严重损害自有专利工作的成果。

那么该如何对自有专利实施控制保护呢？

1）专利申请前，主要是对创新技术成果的申请专利权利进行监控，这项工作又可分为两种情况，一种情况是创新技术成果由本企业的人员在企业内部完成的，另一种情况是创新技术成果由其他企业的人员完成的，后一种情况也包括本企业与其他企业合作完成的创新技术成果。

①对于创新技术成果由本企业的人员在企业内部完成的情况，可以采取法律层面和技术层面的措施，对创新技术成果的申请专利权利进行保护。

法律层面上，首先我国法律已经就企业人员完成的创新技术成果的权利归属进行了明文规定。我国《专利法》第6条规定"执行本单位的任务或者主要是利用本单位的物质技术条件所完成的发明创造为职务发明创造。职务发明创造申请专利的权利属于该单位；申请被批准后，该单位为专利权人"。在《专利法实施细则》中，又对职务发明进行了明确的细分，企业完全可以根据这些法律规定约束企业人员对创新技术成果的控制。其次如果企业有特殊需要的，也可以与企业人员之间就创新技术成果的权属通过合同的方式进行明确，保证企业在法律层面上能够对本企业人员完成的创新技术成果的控制。

技术层面上，则要对企业人员的创新技术成果实时进行审视，从其中找到可以或者需要申请专利的技术方案，并及时开展专利申请活动，防止创新技术成果的专利权丧失。

②对于创新技术成果由其他企业的人员完成的情况，同样可以采取法律层面和技术层面的措施，对创新技术成果的申请专利权利进行保护。

法律层面上，我国《合同法》的第18章技术合同部分专门对不同技术合同方式中创新技术方案申请专利权利及专利权的归属进行了规定。但合同法的相关规定还是有些失之粗略，而企业之间的关系是异常复杂的，所以企业在涉及技术合作的，一定需要就合作过程中的专利关系进行详细的规定，以防止以后产生纠纷。其中一个重要的问题就是争取创新技术成果的申请专利权利。

> 小贴士：我国《合同法》第339条规定"委托开发完成的发明创造，除当事人另有约定的以外，申请专利的权利属于研究开发人。"根据这条规定，企业A花钱委托企业B开发某项技术，如果双方在委托开发合同中没有明确开发成果的知识产权归属，则对于开发成果的申请专利的权利是属于企业B的，而非出钱人企业A。既然申请专利的权利是属于企业B的，如果授权后，专利也自然属于企业B的，这时候企业A叫屈也找不着门了。

技术层面上，虽然可能合同规定合作企业完成的创新技术成果的申请专利权利归属本企业所有，但是由于本企业难以直接掌握合作企业的研发成果，无法判断合作企业是否有创新技术成果出来，或者无法判断合作企业提供过来的创新技术成果是否为其最好的技术方案，因此为了维护本企业的利益就必须遵循合作合同中的规定，要求合作企业的交付物中包含的技术方案一定能够达到合作合同中的规定的要求，本企业并应及时对交付物中的技术方案去申请专利。

2) 专利申请后，主要是对自有专利的权利进行日常监控，当自有专利被侵权时采取适当措施。

专利是一种排他权，简单地说就是通过不让他人实施技术方案，而由专利权人实施，独家供应市场带来的利益。如果任何人都实施了专利技术方案，那么专利权人也就不存在任何权利了。所以说专利权人为了维护自己的权利，就必须防止他人实施自己的专利技术方案，同时由于专利作为一种私权，属于"民不问，官不究"的范围，因此必须由专利权人找到他人实施自己专利技术方案的证据，才能通过公权力维护自己的权利。

然而专利技术方案作为一种信息，而且是一种公开信息，任何人都可以获得，这种信息本身是无形的，信息的传播途径也是无形的，所以专利权人实现根本无从知晓哪些人获取了他的专利技术方案信息，哪些人准备实施他的专利技术方案，只有等到他人实施专利技术方案的成果公开后，才有可能找到他人实施的证据。

由于获取他人实施专利技术方案证据比较困难，因此收集证据的过程是一个长期的过程，要提高企业的人员收集侵权证据的意识，在日常工作中，通过各种途径收集相关资料，并加以妥善保管，当必要的时候，这些证据资料将会发生很大的作用，避免需要向他人主张专利权利时才"临时抱佛脚"。

(3) 专利管理要做到"瞎子吃汤圆，心中有数"

当一个企业完成了专利的初步积累，达到上千件专利或者专利申请后，随之而来的问题就是如何管理这些专利的问题了。

目前绝大多数拥有上千件专利或者专利申请的企业经常会出现以下两个场景：

场景A：专利工作人员向企业管理层汇报企业专利工作的进展，打开汇报PPT，上面有若干个制作精美的图表，展示着本企业目前专利申请总量、授权总量、年申请量发展趋势、年授权量发展趋势、不同类型专利的分布等。

场景B：企业经理某天将专利工作人员叫到办公室，告知专利工作人员，有一家公司向其提出专利主张，为了反制这家公司，请专利工作人员找出这家公司可能会使用到的本企业的专利。专利工作人员拿到这个需求，面对自己管理的上千件专利或者专利申请，要么一脸茫然，要么一通字面检索，就提交给经理了，自己可能都不清楚是否找全了、找准了经理需要的专利。

上述两个场景真实地反映了绝大多数企业的专利工作是将专利作为一种产出，作为专利工作的终极目标，专利是专利工作人员的成果与绩效的最终反映，而不是将专利作为企业的一种资源，一种需要进行管理的原材料，并能够为企业带来利益的资源。

当一个企业只有几件或者几十件专利时，企业专利工作人员凭借个人的记忆可以掌握所有的专利细节，而当达到几百件或者几千件专利时，这些专利所包含的信息就无法通过专利工作人员的个人记忆而掌握了，如果不作为资源管理起来，必然成为一堆数字。

专利资源管理就是让专利成为可以利用的资源，而可以利用就是让专利管理人员能够在需要时迅速地找到相关的专利。目前的作法是从专利文件中抽取若干个关键词来建立该专利的索引，需要时通过关键词的检索来查找相关的专利，但是这种方法局限性很大：首先关键词是从专利文件中抽取的，这些关键词有时无法全面描述该专利，比如一件专利是关于手机射频单元的，但是在通篇专利文件中就没有出现手机一词，所以关键词是射频，而不包括手机，这样查找手机的相关专利就不可能查到这件专利了。其次不同的专利文件中对同一事物可能用词不同，可能导致无法检索，比如一件专利采用手机作为关键词，但是专利工作人员使用终端检索，就无法检索到这件专利了。这种在需要时无法找到的专利，即使再有价值，也没有任何意义。

根据信息管理的方法，企业可以这样来管理越来越多的专利，首先建立和维护一张叙词表，这张叙词表包括了技术词汇、用途词汇、社会词汇、备注词汇等，其中技术词汇用来描述技术特征，比如终端、射频等；用途词汇用来描述专利的用途，比如成本、质量等；社会词汇用来描述这些专利的社会状况，比如行业标准、企业标准等；备注词汇用来描述专利其他方面情况的，比如被侵权等，这些词汇都是唯一的，同义或者近义的词汇通过参见方式建立联系。其次请相关人员对专利文件进行二次加工，利用叙词表中的叙词来对专利进行描述。由于这些叙词涉及方面广泛，能够更准确、更有针对性地描述专利，在需要时，能够更加快速、准确地获取相关专利，而且由于这些叙词是唯一的，所以也不会出现一种事物两种表达的情况。

（4）专利运用要做到"权衡利弊，有的放矢"

自有专利权利运用从实现途径来看，主要包括专利许可和专利转让，但是对于企业来说，专利许可和专利转让只是专利运用的最后一个环节。在进行专利许可和专利转让之前，企业需要进行大量的调研，才能确定是否要进行专利许可或者专利转让，以及以什么方式开展专利许可或者专利转让。这是因为专利并非独立的企业业务,而是与企业的市场行为紧密结合在一起的,"牵一发而动全身",贸然地推动专利许可和专利转让都会对企业造成很大的影响。因此企业在进行专利许可或者专利转让时,都需要做到"大胆假设,小心求证",见图12-3。

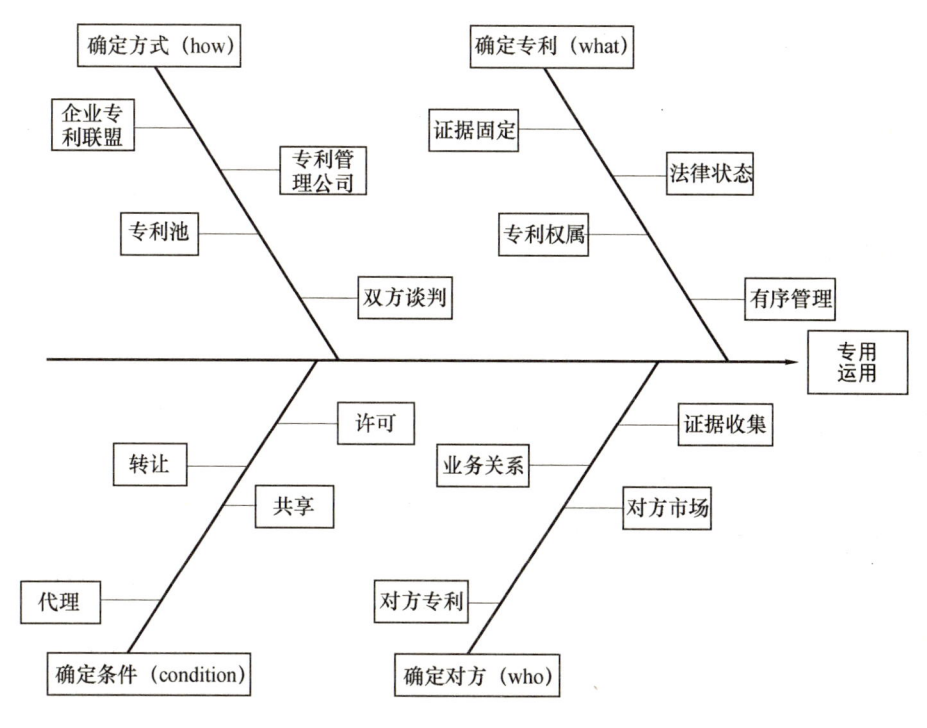

图 12-3 专利运用

1)确定专利,即找到自己拥有哪些可以运用的专利

首先,通过对自有专利的有序管理,从中筛选出哪些专利是当前适合进行专利运用的,比如是某个技术领域的,或者是与某个产品或者业务有关的、或者是自己不再实施的,等等。

其次,对于筛选出来的这些专利,明确其权利归属,也就是确定本企业是否拥有完全的进行专利运用的权利,权利是否有瑕疵。比如,这些专利是否处于质押状态下、是否与他人共有、是否已经做过独家许可或者独占许可而现在无法再许可了,等等。

再次,对将要进行许可的专利的法律状态进行审核,是否还是属于有权状态。

最后,对他人实施这些专利的证据进行固定,包括专利权利要求与产品技术特征的对比、专利权利要求与标准文本的对比,等等。

2)确定对方,即明确专利运用的对象

首先,需要收集哪些人实施了本企业的专利技术方案,只有收集到证据的才能作为专利运用的对象。

其次,需要考虑本企业与专利实施者之间的业务关系如何,如竞争对手关系、合作关系、产业链上下游的关系,不同的业务关系将会产生不同的运用方式。

再次，考察专利实施者的市场情况，对方市场是否与本企业重合，对方市场的发展趋势是上升还是下降，等等。

最后，还要考虑到对方拥有的专利情况，本企业是否会实施对方专利，本企业是否已经有了应对对方专利的措施。

3）确定方式，即采用什么样的方式来运用自己的专利

专利运用方式可谓多种多样，按照运用主体来区分，可以包括双方谈判、专利池、专利管理公司和企业专利联盟等。

双方谈判即是由专利权人直接与专利实施者谈判协商如何进行专利运用。

专利池一般是针对与标准相关的基本专利，将符合某一标准的所有基本专利聚合起来，由专利池管理机构与专利实施者进行谈判，完成专利运用。

专利管理公司则是专门从事专利运用业务的企业，其一般作为专利权人的代理，将专利推向专利实施者。

企业专利联盟是由若干个专利权人组织起来，形成一个联盟，由该联盟出面，与专利实施者开展专利运用的谈判工作。

4）确定条件，即明确以什么样的条件将专利提供给对方

主要包括许可和转让，在某些特殊情况下，也可以采用共享和代理的方式，让对方对自己的专利拥有一定的权利。

12.4 如何在专利丛林中生存

在当今的绝大多数技术领域里，任何一个企业在其中拥有的专利数量在专利总量中都是很小的一部分，因此任何一个企业时时刻刻都面临着大量他人的专利。那么企业应该以什么样的态度和措施应对这些他人的专利呢？有的观点是"独善其身，我全部独立开发，不会涉及他人专利的，所以没有专利问题"；有的观点是"兵来将挡，水来土掩，我只关注自己的专利，无论你有什么专利，我就用自己的专利迎战"；还有的观点是"拿来主义，我就照着专利技术方案做，有问题了再说，大不了不做"。这些观点代表了不同专利实力的企业对他人专利的态度，都存在一定的片面性。应对他人专利可以采取"三步走"的方案：

（1）首先是对他人专利的利用。专利制度的意图就是在授予发明创造所有人专利权，让其获得利益而进一步进行发明创造的同时，要求发明创造者公开其发明创造的完整方案，供社会公众获取。专利制度让社会公众获取专利信息有两个目的：一个是让社会公众了解该专利的保护范围；另一个是让社会公众从专利信息中了解掌握知识，让社会公众能够利用专利。

利用专利分为两个层面：一个层面是信息层面，单个专利文献包含有技术信息，群体专利文献还包含有经济信息，企业通过对他人专利信息的掌握，为自己的产品研发和市场活动提供情报资源；另一个层面是法律层面，即通过许可或者转让等方式，将他人的专利权利全部或部分转移过来，从而能够实施他人的专利技术方案。

（2）其次是对他人专利的规避。当企业处在专利丛林时，必须经常审视自己的专利环境，进行专利风险管理，必要时开展风险规避，见图12-4。

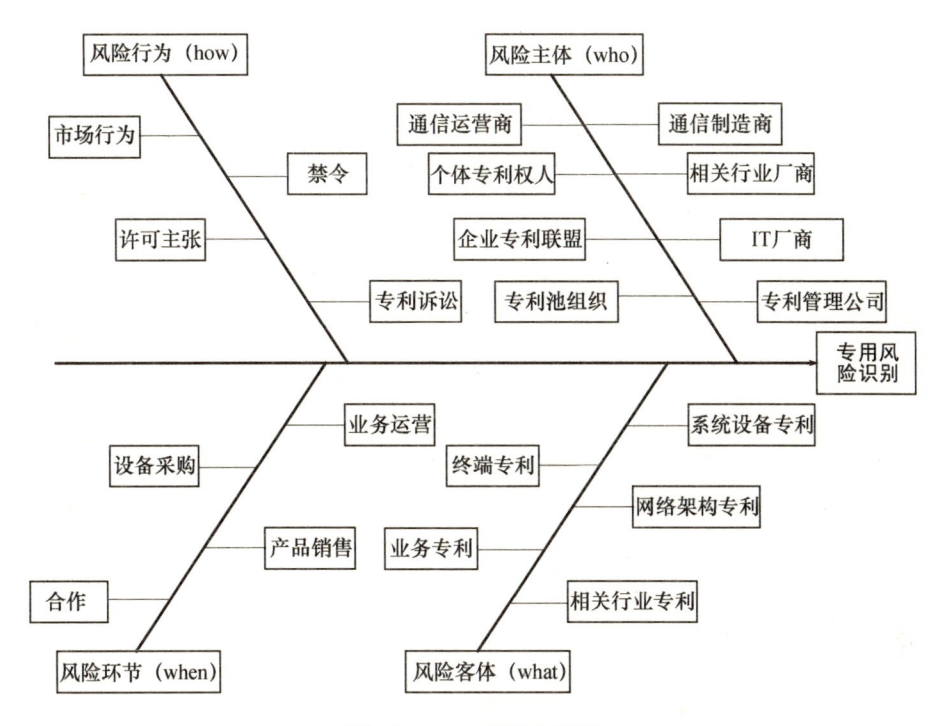

图 12-4 专利风险识别

专利风险管理是指如何在一个确定有风险的环境里把专利风险减至最低的管理过程。包括三个环节：风险识别、风险控制和风险规避。

风险识别是在风险事故发生之前，运用各种方法系统地、连续地认识所面临的各种风险以及分析风险事故发生的潜在原因，重点评估风险主体、风险客体、风险表现形式。

风险控制是指采取各种措施和方法，消灭或减少风险事故发生的各种可能性，或者减少风险事件发生时造成的损失，重点工作为内部控制、内部审计。

风险规避是通过计划的变更来消除风险或风险发生的条件，免受风险事故的影响或者将自身可能要发生的潜在损失以一定的方式转移给对方或第三方。

风险规避主要包括以下两个方式：

技术规避，如果企业无法从他人处获取其专利的实施权利，而企业需要实施这些专利，那么为了稳妥起见，企业在研发过程中，需要在吸收这些专利的技术思想，在具体的实现方案上进行规避设计，使得自己的技术方案与专利技术方案在某些特征上有所区别，降低侵犯他人专利的可能性。

合同或者业务模式规避，通过与其他企业之间的合同或者业务模式，将风险主体转移，比如可以转移给自己的供应商或者上游厂商。

（3）最后是对他人专利的抗辩。当企业为了市场竞争，必须使用他人的专利时，应该首先评估其中的专利风险，当市场利益大于专利风险时，可能需要硬着头皮实施他人的专利，因为企业的首要任务是营利。但是在营利的同时，就要开始为可能即将发生的专利纠纷做准备了。

当他人向企业主张专利权利时，企业必然要提出抗辩，法律给企业提供了以下几种抗辩方案：
　　①无效他人的专利，当他人专利无效后，企业所有的顾虑都消除了。
　　②诉讼中以专利技术方案是公知常识为由，提出没有侵犯他人的专利。
　　③降低侵权产品的额度，将侵权的客体从自己产品中抽取出来，以降低赔偿的基数。

> 　　企业的专利工作者们，在这一章的介绍中，我们采用"搭积木"的方式给您构建了企业专利工作的理论框架，您是否对企业的专利工作有了整体的了解呢？当然，正如本章的名称所提，在这有限的文字中，我们只能"管中窥豹"式地见识到企业专利工作的表象，而蕴含在企业专利实际工作中的各种精彩，还需要您亲身体会、深入挖掘。

第 13 章　企业专利工作的展开落实

企业专利工作是一项专业性非常强的工作，要想做好企业专利工作，并非"纸上谈兵"就可以获得成功，正如军队打仗，要想一个胜利接着一个胜利，必须信息、装备、后勤等各个方面一起努力，企业专利工作也是一样，要从各个方面做好支撑，才能使得企业专利工作事半功倍。这一章的内容就是和大家一起讨论如何把上一章确定的工作开展起来，让它开花结果。

13.1　21 世纪缺什么，人才

任何一项事业成功的重要前提就是要有一支热爱这项事业、而且具备专业技能的队伍，企业专利工作中同样需要建立这样的队伍，您作为企业专利工作的最高统帅，应该如何带领这支队伍，排兵布阵呢。

（1）企业专利工作机构设置，为人才搭建舞台

在很多刚刚开展专利工作的企业里，往往没有设置专门的机构来从事专利工作，多是由项目管理人员或者行政人员来兼职完成这些工作。但是正如在前文中提到的，企业专利工作非常庞杂，而且程序性非常严格，兼职人员由于工作繁多、不熟悉专利业务，很难关注到专利业务的每一个细节，即使将大部分专利工作委托外部代理机构完成，也会因为外部代理机构不能准确把握本企业的专利政策（或者说由于本企业没有专职人员而根本不存在专利政策）而不能有针对性地提供服务。因此这种由兼职人员从事专利工作的方式只能在初期只做几件专利申请的阶段采用，专利申请一旦数量增多或者出现多种专利业务形态，就必须建立专门的专利机构来从事企业专利工作了。

在企业专利工作机构的设置上，目前基本上有三种作法：

1）将专利工作机构设置在技术部门之下。这种作法的初衷是考虑专利来源于技术研发，将专利工作机构设置在技术部门之下，可以与技术研发相结合，有利于专利的产出。这种作法多是存在于那些研发实力较强、自发开展专利工作的企业中。

2）将专利工作机构设置在法务部门之下。这种作法则是将专利工作作为一种法律业务看待，多是存在于那些由于应对专利主张或者诉讼而被迫开展的专利工作的企业中。

3）将专利工作机构与商标、版权（有的企业还包括信息安全）等机构合并，设置独立的知识产权部门，这种企业中该知识产权部门的人员数量比较多，人员种类也配备得比较齐全，能够独立开展专利申请业务和专利法律业务。

以上三种作法各有特点，也各有利弊，不同的企业需要根据自己的情况选择适用的作法。

另外在一些企业中，由于专利工作的重要性，也由于专利工作涉及企业的多个部门、多种业务，会设置公司层面的专利委员会，该委员会中吸收了公司领导及相关业务部门领导，能够决定企业的专利战略以及对重要的专利个案作出决策，然后由专利工作机构具体执行专利委员会的决策。

(2) 企业专利工作角色的安排与要求，人尽其才

不管企业的专利工作机构如何设置，其里面的工作人员的角色却是相对固定的，主要包括以下四种角色：

专利工作管理者，也可以是部门经理，负责制定企业专利战略、政策，协调专利工作机构与企业其他部门的关系，安排本部门内部人员的工作。

专利管理人员，全程参与专利生命周期管理，完成各项专利流程工作，是一般企业专利工作人员的主体。

专利工程师，直接参与到研发活动，提供专利技术信息，挖掘专利申请，为专利分析提供技术支撑，进行专利技术规避设计，多为兼职专利工作人员。

> 小贴士：在企业专利工作人员中专利工程师是重要的角色，专利工程师作为研发项目组的成员之一，不仅了解专利基本知识，其本身就是研发人员。专利工程师通过对现有专利文献的技术分析，能够帮助研发项目组充分理解现有的研发成果，从而提高研发的起点，避免低水平重复。专利工程师还可以充分利用自己的专利知识，对研发项目组的研发成果进行专利挖掘，并制定完善的专利申请策略，尤其是专利工程师从专利的角度去提供专利技术交底书，避免一般研发人员只从技术角度去提供专利技术交底书，局限了专利申请质量。对于其他员工提出的拟申请专利的技术，专利工程师应起到审核的作用，不仅可以从中筛选出重要的专利，并且可以提出技术交底书的修改意见，甚至可以根据自己的经验对技术方案本身提出修改、完善意见，以提高专利申请的质量。

专利法务人员，负责处理涉及专利的各项法务工作，包括专利权属的处理，专利的许可和转让，解决与其他公司的专利纠纷。

这四种角色的工作内容基本覆盖了企业的全部专利工作内容，不同角色安排多少人员，需要根据不同角色的工作量进行安排，可能有的角色需要安排多人，也可能一个人分担多个角色。

那么一个企业需要配备多少专利工作人员呢，其数量通常有两种方法进行估算：

一种是本行业比例法。例如通信业界内企业，专利工作人员总数与年专利申请量比例一般为1∶15～1∶25，企业A目前尚处于专利工作的发展阶段，专利申请工作所占比例较大，因此专利工作人员总数与年专利申请量比例可以建议为1∶25～1∶30，企业A年专利申请量在今后的一段时间将维持在750～900件（包括国外申请），因此企业A的专利工作人员总数可以配备在25～36人。

另一种是业务分工法。首先确定企业A选定的专利工作模块，再针对企业A专利工作模块，提出每个模块需要的专利工作人员数量，对于其中性质相近似的专利工作模块，专利工作人员做适当合并，战略管理模块1～2人，创造申请模块15～18人，资源管理模

块 2~3 人，控制保护模块 1~2 人，专利权利运用模块和他人专利利用模块共 2~3 人，他人专利规避模块 2~3 人，他人专利抗辩模块 2~3 人，综合管理模块 1~2 人，也可以估算企业 A 的专利工作人员总数需要 26~36 人。

(3) 外部资源的合理利用，外来的和尚会念经

俗话说"一个篱笆三个桩，一个好汉三个帮"，世上没有什么都会、什么都精的人，同样也很难有一个企业什么专利工作都能够独立完成，这是因为企业不可能配备所有专利工作领域的专业人员，让他们全天候待命，有些专利工作可能若干年才在一个企业中出现一次，为这"昙花一现"的专利工作安排专职人员是企业不能接受的，因此当这种专利工作出现时，企业就要找作为"雇佣军"的外部资源帮忙。

外部资源对于企业专利工作，可以说至关重要，让专业的人干专业的事。然而外部资源天然地是以其自身的经济利益为最终出发点，所以要加强对这些外部资源的监控力度，保证这些外部资源能够为我所用。

在专利工作外部资源的管理上，有其特殊点需要注意：

首先，需要建立多家服务提供者并存的局面，只有在这些服务提供者之间营造适当的竞争氛围，才能更好地激励这些服务提供者提高优质服务。但目前中国国内能够提供优质的外部资源比较少，所以在促进竞争的时候，也要避免"坏币驱逐良币"现象的发生，要做到优质优价、良性竞争。

其次，专利工作是一个长期工作，延续性很强，所以不仅要保证提供服务的外部公司的稳定性，还要尽可能保证提供具体服务的工作人员的稳定性，因此企业对外部资源监控不仅要针对个案的专利申请质量，也要关注外部资源提供服务的延续性，甚至采取一定措施帮助培训提供具体服务的工作人员。

13.2 信息平台的建设

企业专利工作中，不论是自有专利的申请、生命周期管理、资源管理，还是他人专利的检索分析、侵权证据、规避设计，等等，都会涉及大量的数据信息，这些数据信息不可能仅由专利工作人员大脑来掌握，也不可能仅通过专利工作人员的口手相传来与企业其他人员来共享，因此必须借助现代化的信息平台，构建企业专利信息系统，来完成各项企业专利工作。

在企业内部，有两类专利信息平台，供专利工作人员和企业其他相关人员使用，一类是动态的流程平台，另一类是静态的数据库。

动态的流程平台就像办公电子流，通过这个流程平台，不同角色的人员根据自己的权限和工作提交或者处理相关事务。技术人员通过这个平台提交专利创新点挖掘表和技术交底书，并通过这个平台审核专利申请文件；评审专家通过这个平台评审专利创新点挖掘表和技术交底书；专利管理人员通过这个平台审核专利创新点挖掘表、技术交底书和专利申请文件，并通过这个平台监控专利生命周期的各个环节。

而静态的数据库则用于相关信息的存储，包括自有专利生命周期各个环节产生的文档，如专利创新点挖掘表、技术交底书、专利申请文件、过程文档，包括对自有专利进行

资源管理过程中产生的信息，包括自有专利被他人实施的情况和证据以及自有专利的运用信息，还可以包括他人专利的文本、分析数据以及使用情况，数据库还可以包括本企业的专利制度、专利相关合同、专利奖励数据等与企业专利有关的各种信息。

当然动态的流程平台与静态的数据库往往结合在一起，数据库为流程平台提供数据源，流程平台对数据源进行处理后再返回到数据库进行存储。

在企业专利信息平台中，需要注意信息共享和信息保密之间的关系，信息共享是企业专利信息平台的主要功能，但对于其中涉及企业机密的信息，比如未公开的自有专利、他人侵犯本企业专利的证据、对他人专利的分析数据等，都必须严格保密。

13.3　企业专利工作如何实现

对于企业专利工作机构的负责人来说，在制定了企业专利政策后，最重要的任务就是如何落实企业专利工作，将企业专利工作转化成日常活动。但是很多企业的专利工作机构负责人常有无从着手的感觉，这里其实有两个问题：一个是如何将专利工作与企业的日常活动相结合；另一个是如何专利工作分配给相关的专利工作人员。

对于第一个问题，根据目前企业管理作法，不论是产品线管理方式，还是集成产品开发方式，都是将一个产品从预研，到研发，再到市场由一个团队来负责，因此专利工作也可以并且应当嵌入到这个团队的日常活动中，成为该团队的一项工作。

采取这种嵌入式专利工作方式，专利工作人员不再是独自开展各项专利工作，专利工作也不是独立进行的工作了，专利工作人员将成为产品团队的一份子，专利工作将成为产品生命周期中的一项分支活动，这样将专利的创造、管理、保护和运用通过一个产品融合在一起，构成有机体。

在嵌入式专利工作活动中，可以采取以下步骤：

① 研发项目组提供研发项目的研究内容或者研究方向，研发项目组与专利人员确定研发项目的技术点和相关专利检索关键词；

② 专利人员进行检索，将检索结果信息，以及初步的专利申请建议，提供给项目组参考；

③ 项目组针对检索出来的专利技术信息，提出本项目的创新技术方案，以摘要的方式提供给专利人员；

④ 专利人员对本项目的创新技术方案进行进一步检索分析，提出创新技术方案的专利申请建议；

⑤ 项目组提出技术交底书，专利人员提出检索分析报告，向集团提出专利申请评审，以撰写专利申请文件；

⑥ 项目结题后，专利人员提出项目实施专利应用和专利风险的分析和建议，形成完整的研发项目专利工作报告。

通过这种嵌入式专利工作方式，对于产品团队，带来以下好处：

① 对他人专利技术方案的借鉴，可以有效提升研发项目的起点和质量。

② 专利产出是研发项目重要的质量标志和成果体现。

③ 专利保护是研发项目成果产生效益的主要保障。
④ 培养技术人员把专利作为研发工作有机组成部分的意识和能力。
对于专利团队，也有以下好处：
① 可以充分发挥专利工作对研发工作的导向和提升作用。
② 提高专利申请的主动性、系统性、计划性，从源头保障专利申请质量。
③ 提升专利人员的技术能力以及对研发项目需求的理解力。
④ 实现各专利工作模块的有机统一。
⑤ 有效解决合作和委托项目的知识产权归属，为后期发挥知识产权价值打下坚实基础。

对于第二个问题，也即如何专利工作分配给相关的专利工作人员，不同的管理者可能有不同的方法，下面是一张工作安排表，可以供大家参考。

表 13 - 1

作为责任人的工作															
工作名称	M71 提供专利分析预警服务														
工作内容	M71 服务 对中国移动各项活动中可能存在侵犯专利风险进行分析。并给相关部门提出预警														
评估指标	P711 对公司相关业务的专利风险扮析力度 P712 对他人专利进行侵权分析的效率 P713 对业界相关专利纠纷信息了解程度 P714 向相关业务部门发布专利预警信息的作用				09 年目标	提高专利风险分析效率。实现专利风险分析和预警常规化									
主要措施	责任人员	配合人员	配合人员工作	主要完成标志	起止时间	进度安排									
~	~	~	~	~	~	2009 年									
~	~	~	~	~	~	1	2	3	4	5	6	7	8	9	10	11	12
C61 收集业界纠纷信息，做好预警工作																
C62 形成专利分析波动机制																
C63 共享专利分析信息																
C64 提高专利分析针对性																

13.4 企业专利工作如何保持常胜

经过以上的理论学习和实践检验，想必您的企业专利工作得到了领导的承认，恭喜您，但是不能骄傲，前面提到了我们要"从一个胜利走向另一个胜利"。现在，我们来到了本书的最后一节，要和大家谈谈如何保证我们能够一直走在通往下一个胜利的路上。

古人要做到"一日三省吾身"，企业专利工作人员比较忙，可能做不到，但是企业专利工作人员也需要不时地朝后看看，哪里做得好，哪里做得还不足；再朝前看看，哪里可以再努力,哪里必须做修正。这就是要求企业专利工作人员对自己的工作进行持续的、正确的评估。

对于企业专利工作的评估,两种不同的评估目标带来两种不同的评估体系,一种是绩效评估,就对企业专利工作的整体或者从事企业专利工作的具体个人的工作结果进行评估,比如一个企业去年的专利申请量为100件,今年的专利申请量达到了150件,那么这个企业的专利工作绩效就提高了50%。这种绩效评估方法比较简单易行,但是只是简单的进行纵向数量对比,无法体现企业专利工作对于企业的价值,也即对企业的贡献度的变化。例如,去年企业要求申请专利100件,年底完成了95件,今年要求申请专利150件,年底完成120件,虽然绝对值提高了,但是对于企业的贡献度却下降了。如果今年由于某些原因要求申请专利80件,而年底却完成了120件,则这种超额完成任务非但不是一种绩效,而是一种负担了。同时绩效评估也无法实现不同企业之间的横向比较,因为不同企业之间的专利工作要求大相径庭。

那么如何判断一个企业的专利工作的质量呢?这里就提出了一种基于绩效评估,但以企业贡献度为最终目标的企业专利工作评估体系。这个评估体系包括了评估流程和评估指标,为了便于大家理解,这里的评估流程从通用的企业专利工作评估流程、评估指标体系讲起,再讲到具体企业如何开展专利工作评估流程,如何设置自己企业的专利工作评估指标体系。

(1)通用的企业专利工作评估体系,天地之间有杆秤

企业专利工作模块体系为全面掌控企业专利工作提供了工具,如何在此基础上建立全面、科学的企业专利工作评估体系,则必须有一套完整的管理理论和可行的操作流程作为支撑。

首先,界定工作模块内涵,分解工作要素。就是首先对企业的各个专利工作模块的内涵理解清楚,以确定各个专利工作模块的外延,即包括那些具体的工作要素。在这些工作要素中,既存在战略要素,又存在辅助要素,而将所有的工作要素都放到企业专利工作评估体系是不现实的,因此需要从这些工作要素中筛选出战略要求,即那些对于实现本工作模块的长期目标起到决定性作用的工作单元;同时摒弃辅助要素,即对于实现本工作模块的长期目标,起到配合战略要素作用的工作单元。

其次,设立评估指标。战略要素确定后,如何对这些战略要素设置评估指标是建立评估体系的核心。这里借鉴平衡计分卡的管理理论,从三个维度给各个战略要素设立评估指标,第一维度是工作结果,即企业在这个战略要素上完成了哪些工作;第二维度是外部效果,即对本战略要素上完成工作对其他战略要素产生了什么影响;第三维度是可发展性,即本战略要素目前完成的工作对其自身长期发展带来什么样的影响。采用了这三个维度去设立评估指标,评估指标的设立不再是盲目的,而是有目的的,而且这样的评估指标反映了专利工作手段和结果的平衡、外部和内部的平衡、长期与短期之间的平衡。

最后,对指标设计评估方法和数据收集方法,形成指标库。完成了评估指标的设立,并不代表完成了评估体系的建立。在实际评估过程中,不同的评估人员对于评估指标的理解是不同的,采用的数据也是不同的,因此为了保证评估过程的客观性、可操作性,必须对每个评估指标的评估方法和数据收集方法进行确定,这样评估指标再加上各自的评估方法和数据收集方法,才能形成完整的指标库。

通过以上过程建立的企业专利工作评估体系,具备以下优点:①全面,评估指标能够

覆盖了企业专利工作的所有重要内容；②科学，评估指标分成三个维度，兼顾了内部与外部、短期与长期；③客观，每个评估指标的评估都是统一的流程、统一的数据，得出的结果是唯一的；④可操作，每个评估指标都有具体的评估流程和数据来源。

根据企业专利工作模块体系和企业专利工作评估体系建立过程，针对企业的专利工作二级模块，设立了评估指标，每个评估指标对应一个评估指标文件，这些评估指标文件构成了企业专利工作评估指标库。

(2) 企业专利工作评估体系的具体适用

通用的企业专利工作评估体系对于一个具体企业来讲，可以用于对本企业专利工作的不同时期表现进行比较，但是如果用于与业界其他企业进行比较，还是缺乏适用性。这是因为不同的企业存在不同的规模、不同的模式、不同的阶段、不同的专利工作重点，即使同一个企业内部，专利工作也是动态发展的，这些企业或者一个企业多年都采用同一个专利工作评估体系，并对评估出来的结果进行比较是没有任何意义的。比如一个专注研发、以技术许可为主营业务的企业和一个以制造为主、劳动密集型企业都采用这个评估体系进行评估，并进行比较，前者肯定是好于后者的，但是这种结果并不能真实反映出两者专利工作能力与水平，只是反映了两者的专利实力，而企业的专利实力不过是企业专利工作能力与水平的其中内容之一。

为了解决这个问题，每个企业在使用这个专利工作评估体系，都应当根据自己的战略定位或者长期工作目标，有针对性地为每个评估指标赋予权值，通过不同的权值反映企业的不同情况、用不同的权值来消除差异带来的影响。

另外，这种通用的企业专利工作评估体系也并非一成不变的，随着企业专利工作的发展，在企业专利工作评估过程中，也会发现有些指标不能真实反映情况、有些指标无法获取或者缺少有些指标，这都需要回过头来，再对指标库内的评估指标进行调整。

每个企业专利工作评估的具体流程可以包括以下步骤：

首先，根据各企业的战略要求，确定各评估指标的预设值，其中预设值是指企业对专利工作要求的客观数值，比如年申请量、年授权量等。

其次，根据各企业对专利工作模块的战略规划，确定各评估指标的三级权值、二级权值和一级权值，其中三级权值对应二级工作模块下各评估指标的权值；二级权值对应一级工作模块下各二级工作模块的权值；一级权值对应各一级工作模块的权值。

最后，根据评估指标文件中的评估方法获得各评估指标的得分及各级工作模块的得分。

获得了评估结果后，企业内部可以根据历年的评估指标得分、二级工作模块得分、一级工作模块得分或者企业专利工作得分，对相关专利工作进行纵向比较。同时各企业之间可以根据评估指标得分、二级工作模块得分、一级工作模块得分或者企业专利工作得分，对相关专利工作进行横向比较。

通过对企业专利工作的评估，能够了解企业专利工作的现状与企业要求之间的差距，然后不断调整企业专利工作的方向，改进企业专利工作的各项措施，就能够让企业专利工作成为企业发展进程中的"排头兵"，引领企业"从一个胜利走向另一个胜利"。

第四篇：管理专利

亲爱的读者们，到这里，我们这本书的主体部分就要结束了。在这最后一章里，我们以一个正坚守在企业专利工作最前线的战友的身份，向您提供了一些我们在日常工作中总结的实务经验，能够帮助您将对企业专利工作的理想转化为现实，希望对您能有所启发，对您所在的企业能有所裨益。

附 录

附录

一、专利申请技术交底书模版

公司编号	
发明名称	请采用所属技术领域通用技术术语，简要反映要求保护的发明或实用新型的主题和类型
申报单位	请填写至省公司即可
申报类型	请选择发明或实用新型
发明人	请填写对发明创造的实质性特点作出创造性贡献的人员
技术联系人	请务必填写姓名、E-mail、手机

注意事项

1. 技术联系人应为深入了解本申请提案技术方案的技术人员，如交底书撰写人，负责向专利审核人员和代理人解释技术细节、修改交底书、审核申请文件等工作，请务必填全技术联系人的姓名、E-mail、手机；

2. 请按照集团公司提供的本技术交底书模板逐项填写，除交底书第八部分为可选项外，其他均为必须填写的内容。填写不全的专利申请提案，集团公司不予立案。

3. 专利申请不要求已具体实现或实施，形成完整的技术方案即可提交申请，特别是需要向合作方公开、向标准提案或以其他方式公开的重要技术构思应在公开前尽早申请；

4. 技术交底书文件命名要求：发明名称＋短横线（半角）＋交底书＋版本号，例：一种短消息群发方法－交底书 v1.doc

一、发明名称

【发明名称应尽量清楚、简要、全面地反映技术方案的主题和类型,并尽可能使用所属技术领域通用技术术语。】

二、技术领域

【请在下述技术领域中选择本申请提案中技术方案所属领域:无线、核心网、传输与IP、网管、业务支撑、数据业务、其他(包括通信电源及其他外围支持技术等)。如果本申请提案的技术方案跨越多个领域,请按照相关性从高到低的顺序选择多个领域。】

三、现有技术的技术方案

【请在这部分写明以下两个部分的内容:

其一是作为本申请提案基础且能够帮助代理人理解本申请提案的公知技术;这部分内容以与本申请提案密切相关的公知技术为限,且简单介绍即可;

其二是现有技术中与本申请提案最为接近的技术方案;这部分要写明现有的技术方案是怎样实施的,尤其是对现有技术方案与本申请提案的不同之处要描述清楚,清楚到足以让阅读交底书的人能够符合逻辑地推导出现有技术方案的缺点;而不能只给出现有技术方案的缺点。如果存在多个与本申请提案最为接近的现有技术,请将其逐一按照上述要求写明。如果与本申请提案最为接近的技术方案是检索到的专利文献,可以只给出专利文献的申请号或公开号,但需对公开的技术方案进行简单描述。

请注意:如果重新检索到更接近的对比文件,应当相应修改本部分内容。】

四、现有技术的缺点及本申请提案要解决的技术问题

【请针对技术中与本申请提案最为接近的技术方案,将其与本申请提案相比,写明现有的技术方案具有哪些缺点;如果有多个与本申请提案最为接近的技术方案,请逐一分别写明。这些缺点同时必须是本申请提案的技术方案能够解决的技术问题。

请注意:所写的缺点应当是技术性的缺点,比如资源利用率低、网络实体负荷过大等,而不能是管理性或商业性的缺点,比如依据人的主观评价或某个管理规范推导出的缺点、商业运行上的缺点等。如果重新检索到更接近的对比文件,应当相应修改本部分内容。】

五、本申请提案的技术方案的详细阐述

【请对本申请提案所提供的技术方案做详细描述,必须说明技术方案是怎样实现的,不能只有原理,也不能只介绍功能。

如果本申请提案的技术方案提供的是一种方法或者业务流程,则需要提供该方法或业务的流程图或信令交互图,并结合图以步骤的形式顺序描述技术方案的整体实现流程。如果本申请提案的技术方案提供的是一种系统或者一个设备,则需要提供该系统或该设备内部组成部分的结构图,并结合结构图,详细描述各个组成部分的功能或各个部分的信号处

理方式、以及各个部分之间的连接关系（该连接关系可以是物理的连接，如焊接；也可以是逻辑的连接，如传送了某种信号或某种信息）。

在方法的各个步骤或设备的结构中，对于本申请提案没有对其作出改进的步骤或组成部分（如和现有技术相同的实现）简要描述即可，对于本申请提案对其作出改进的步骤或组成部分，或者是新的步骤或组成部分，则需要详尽地描述，到本领域技术人员不需要付出创造性的劳动即可实施的程度。】

六、本申请提案的关键点和欲保护点

【请对本申请提案与现有技术不同的各个区别点进行提炼，按照区别点对本申请提案发明目的影响的重要程度从高到低顺序列出。】

七、与第三条中最接近的现有技术相比，本申请提案有何技术优点

【请按照重要性从高到低的顺序，写明本申请提案相比于现有技术所具有的优点，并逐一说明本申请提案是因为采用了怎样的技术手段才能具有某个优点。

请注意：至少要写明与现有技术缺点相对应的本申请提案的优点，如果本申请提案取得了更多的技术效果也请列出；这里所说的优点或效果是指技术上的优点，而不是管理上或商业上的优点。】

八、其他有助于理解本申请提案的技术资料

【如果现有技术中有其他的技术资料，比如相关的术语解释、协议、标准、论文、之前提交的专利申请文件等可以提供给审核人和代理人，以便其对本申请提案有更透彻的理解，请提供；如果没有，可以保留空白。】

二、专利申请检索报告模版

发明名称	与技术交底书中的发明名称保持一致
申报单位	
检索人	请务必填写姓名、E-mail、手机
检索日期	请填写进行检索的日期,而非撰写检索报告的日期

注意事项

1. 检索应当针对发明的关键点充分选取关键词,关键词应使用所属技术领域通用技术术语,而非直接用发明名称或自行命名的系统名称进行检索;

2. 请按照集团公司提供的本检索报告模板逐项填写,缺检索报告的专利申请,集团公司不予立案;检索报告存在明显问题的,要求重新进行检索;

3. 检索报告文件命名要求:发明名称+短横线(半角)+检索报告+版本号,例:一种短消息群发方法-检索报告 v1.doc

一、发明名称

【发明名称应与技术交底书一致。】

二、使用的中文与外文检索关键词

【**检索主要步骤**：1. 针对本发明所要保护的技术点选择本领域通用或常用的技术术语作为关键词，不要仅在发明名称中选择；2. 对于选取的关键词进行逻辑组合；3. 根据检索的结果调整检索关键词。

对于本技术领域中尚未完全统一的技术术语，应将可能的各种技术术语分别进行检索。熟悉专利检索的发明人可以结合专利国际分类号（IPC分类）进行检索。】

中文检索表达式（关键词的逻辑组合关系）：

1.
2.
3.
……

英文检索表达式：

1.
2.
3.
……

三、相关专利文献

【专利文献检索网址：http://www.soopat.com，http://pub.cnipr.com（这两个网站也可检索国外专利文献）；备用中文专利文献检索网址：http://www.sipo.gov.cn/sipo2008/zljs/；备用外文检索网址：http://ep.espacenet.com/。

进行专利文献检索时，首先根据标题和摘要判断其涉及的技术方案是否与本发明相关，若相关，则应进一步阅读该专利文献的全文，并基于该专利文献的全文进行分析。】

以第1条中文检索表达式，共检索出　　条专利；以第2条中文检索表达式，共检索出　　条专利；以第3条中文检索表达式，共检索出　　条专利；以第1条英文检索表达式，共检索出　　条专利；以第2条英文检索表达式，共检索出　　条专利；以第3条英文检索表达式，共检索出　　条专利。通过比较、分析，筛选出如下与本发明相关度较高的专利信息，现按照申请先后顺序列出：

1. 专利名称：
   申请人：
   申请日：
   申请号：

公开日：
摘要：

2. 专利名称：
申请人：
申请日：
申请号：
公开日：
摘要：

3. 专利名称：
申请人：
申请日：
申请号：
公开日：
摘要：
……

五、分析评述

【本部分中，首先通过一段话简要描述本发明的技术方案，然后基于全文逐个分析专利文献，并简要描述专利文献中与本发明相关的技术方案，和本发明技术方案与该专利文献中技术方案的区别点。】

本发明中，……。

在上述第一篇专利的第××页，公开了_____但该方案与本发明中的_____具有这样的区别：_____

在上述第二篇专利的第××页～××页，公开了_____，但该方案与本发明中的_____具有这样的区别：_____

在上述第三篇专利的第××页第××行～××行，公开了_____，但该方案与本发明中的_____具有这样的区别：_____

六、检索结论

【简单说明本发明的新颖性、创造性是否被上述专利文献所影响。】

三、专利咨询记录单模版

专利申请名称		发明人	
所属项目名称		所属部门	
咨询内容应当包括发明点的挖掘、可专利性的初步判断、如何撰写技术交底材料、专利文献的检索等与专利申请相关的内容			
咨询人		日期	

四、海外专利申请审核意见表模版
(第　　次审核意见)

公司编号			审核日期	
名称				
代理公司				
代理人		联系电话		E－mail	
审核人		联系电话		E－mail	
审核意见				

五、海外专利申请 OA 答复审核意见表模版
（第　　次审核意见或检索报告）

我司编号			审核日期	
名称				
代理公司				
代理人		联系电话		E-mail	
审核人		联系电话		E-mail	
审核意见				

六、海外专利申请 OA 答复策略确认函模版
（第　次审查意见或检索报告）

我司案号		贵司案号	
名称			
审核人		代理人	
是否答复是			
答复策略			

负责人：

七、国际检索报告分析表模版

PCT 申请号			国内申请号	
名称				
代理公司				
代理人		联系电话	E-mail	
我司审核人		联系电话	E-mail	
分析意见	\multicolumn{4}{l}{**1. 针对国际检索报告检索结论的分析** 请针对国际检索报告所列出的对比文件进行逐件分析，尤其是影响本申请授权的对比文件，对各项权利要求的新颖性和创造性给出分析意见，并给出各项权利要求授权前景的基本分析意见。 **2. 权利要求书修改建议** 根据第 1 部分的分析，给出有关权利要求修改或删除的建议，并请阐述理由。 **3. 是否要求国际初步审查报告的建议（如果已过初步审查报告提交时限则本项目无需填写）** 请给出是否要求国际初步审查报告的建议并阐述理由。 **4. 是否进入国家阶段的建议** 请给出是否进入国家阶段的建议并阐述理由。}

后 记

　　这本书终于要出版了。本书的撰写工作，基本上是团队各位同仁在承担繁重本职工作的同时，利用业余时间完成的。感谢他们的支持，我们共同的努力换来了这本书的顺利出版。

　　专利，对于普通读者来说，这是一个既熟悉又陌生、既遥不可及又近在咫尺的词汇。专利究竟是什么？我想面对不同的对象，答案肯定是千人千面。为什么？因为每个人需求不一样，面临的问题不一样，希望得到的答案自然也不一样。所以，在策划这本书的初期，这个问题困扰了团队很久。在进行详细的调研之后，我们最终发现这本书应该是写给"想做专利，并且想做出好专利的人"的。所以，这本书应该是如下这个样子的。

　　这本书是一部有趣的读物。伴随着移动互联网的发展，人们阅读时间在增加，但有效阅读时间在减少，而这些有效的时间又呈现碎片化、快速消化的特点。专利这个主题，可谓非常专业。如何适应这种新的阅读习惯？我们做了很多有益的尝试。比如，在本书的很多篇章，我们都试图用专利和蘑菇的关系、专利江湖揭秘等形象化的表述，力图用最浅显的语言、最生动的比喻、最准确的表达，来向读者描述"专利"这个融汇了技术和法律，又承载了太多商业竞争含义的概念。

　　这本书是一部工具书。纵观专利生命过程，呈现周期长的特点。在发明专利权的20年有效期内，从技术创意开始，到申请专利，再到递交专利局，拿到授权，至少也需要3年时间。如果再算上复审、无效、许可应用等环节，时间跨度之长，过程之复杂，要使得读者在一开始就掌握所有的专业知识就显得很难。而这本书的体例编排正是充分考虑了这个特点，按照专利生命周期编排篇章，使读者在不同阶段可以查阅不同的章节，它就是一本你在实验室的工具书，像字典一样，可以随时查阅。

　　这本书是一部讲"干货"的书。这本书中的大部分内容都是中国移动专利管理实践经验的积累总结，有些内容来自我们企业内部的专利案例库，有些小贴士来自作者多年来从事企业专利实务的经验积累，本书还附录了一部分企业正在使用的流程模板和专业工具，我们把这些总结出来就是为了告诉读者企业内部是怎样运营和管理专利的。

　　这本书是一部案例集。从一开始我们就明确这本书的定位，不写学术专著，不板起脸来当"先生"，而是从读者的需求出发，通过有趣的案例来表达专业的观点，以案说法。这本书里收录150多个专利创新的案例，从专利视角分析了读者所熟知的一些企业、发明家是如何做创新的，分析了大家熟知的一些技术、产品背后的专利故事。这本书里还收录了30多个专利运用的案例，包括耳熟能详的专利诉讼案例，也包括最新的专利池、专利标准化等专利运用形式的介绍。

　　这本书是一部讲授企业专利管理的秘籍。本书的第四篇是写给企业经营者和专利管理者的。企业作为市场经济活动的参与者，增加效益提高效率，是管理目标的核心体现。长久以来，关于企业经营管理已有相当成熟的模式和众多理论实践经验，但知识产权管理作为企业经验管理的有机组成部分，在国内的兴起与发展不过几年时间，积累还很薄弱，经验还很不丰富。在企业知识产权管理工作中，如何将企业知识产权管理工作与企业主体管理工作进行有效嵌入、整合、推动、运行，这个过程极富挑战性。要成为一名优秀的知识产权管理者，需要以技术为基础，以法律为工具，以行业为标尺，用管理者的眼光来看待知识产权管理问题。这一部分就是为了帮助读者解决这个问题。

我们衷心地希望这本诚意之作能够帮助大家。

王振凯
2013 年 8 月于创新大厦